GENERAL
EDUCATION 通识
大学生 教育

Chemical in Life

生活中的化学

■ 主　编　赵雷洪　竺丽英
副主编　邬凌羽　江　雷

ZHEJIANG UNIVERSITY PRESS
浙江大学出版社

序

　　化学既是基础研究创新性的科学，又是与国计民生相关的实用创造性科学。化学在为人类提供食物，提供穿衣住房，提供必要的能源和开发新能源，研制开发新材料，保护人类的生存环境，帮助人类战胜疾病、延年益寿，以及增强国防力量，保障国家安全等方面都起着及其关键的作用。目前全球关注的四大热点问题——环境保护、能源的开发和利用、新材料的研制、生命过程奥秘的探索都与化学密切相关。

　　编者编写《生活中的化学》一书，旨在提高读者的化学认知水平，对化学有更通俗的了解，使读者的生活质量更高，视野更开阔，有时更能防患于未然。

　　本书是在我校开设《化学与人类》、《化学与生活》等课程的基础上编写而成。"化学与能源"由赵雷洪和章琴兰编写；"化学与环境"由赵雷洪和李燕琴编写；"化学与材料"由赵雷洪与沈益波编写；"化学与服装材料"由沈益波编写；"化学与洗涤剂"、"化学与涂料"由邬凌羽和章琴兰编写；"化学与化妆品"由江雷与李燕琴编写；"化学与健康"由江雷与沈益波编写。本书成稿之后由竺丽英、邬凌羽统稿，并请郑绍成老师、麻锦达老师、汪彬老师提了一些修改意见，本书的教学课件由竺丽英负责完成。由于本书知识面较广，限于作者的水平，错误及描述不当之处在所难免，望读者批评指正。

　　本书可以作为大学非化学类专业学生的通识教材，也可以作为帮助高中生认识化学现象、化学本质的一本知识性的课外科普读物。

目　　录

第 1 章　　化学与能源

　　化学在能源开发和利用方面扮演着重要的角色。第一,要研究高效洁净的转化技术和控制低品位燃料的化学反应,使之既能保护环境又能降低能源的成本。这不仅是化工问题,也是基础化学问题。例如,要解决煤、石油、天然气的高效洁净转化,就要研究它们的组成、结构和转化过程中的反应,研究高效催化剂以及如何优化反应条件以控制过程。第二,要开发和利用新能源。新能源必须满足高效、洁净、经济、安全的要求。例如,利用核能、氢能、太阳能,研制新型绿色化学电源,开发生物质能源,利用海水盐差发电,都离不开化学这一基础学科的参与。能源的高效、清洁利用将是 21 世纪化学科学研究的前沿性课题。

　　能源是一个综合性的课题,涉及物理、化学、生物、天文、地理等。本章除了介绍能源的分类、能源利用史和能源消费概况外,主要尝试从化学角度来介绍一些重要的能源。

1.1　能源概述

1.1.1　能源的分类

　　能源是指可以直接或经转换提供人类所需的光、热、动力等任一形式能量的载能体资源。能源是人类生存和发展的重要物质基础,是从事各种经济活动的原动力,也是社会经济发展水平的重要标志。

能源的常见分类方法如下所示：

$$
能源
\begin{cases}
一次能源
\begin{cases}
常规能源
\begin{cases}
可再生能源（水能等）\\
非再生能源（煤炭、石油、天然气、核裂变\\
\qquad 燃料等）
\end{cases}\\
新能源
\begin{cases}
可再生能源（太阳能、风能、生物质能等）\\
非再生能源（核裂变燃料、油页岩、油砂等）
\end{cases}
\end{cases}\\
二次能源
\begin{cases}
煤制品——洗煤、焦炭、煤气等\\
石油制品——汽油、煤油、柴油、燃料油、液化石油气等\\
电力、氢能、余热、沼气、蒸气等
\end{cases}
\end{cases}
$$

生活信息箱

绿色能源

"绿色能源"是最近兴起的一个新概念,它有两层含义:一是利用现代技术开发干净、无污染的新能源,如太阳能、氢能、风能、潮汐能等;二是化害为利,将发展能源同改善环境紧密结合,充分利用先进的设备与控制技术来开发城市垃圾、淤泥等废物中所蕴藏的能源,以充分提高这些能源在使用中的利用率。

1.1.2　能量的转化

能源和能量既有联系又有区别。能量来自能源,但能量本身是量度物质运动形式和量度物体做功的物理量。能源包括机械能、热能、电能、电磁能、化学能、原子能等。机械能是与位置相关的势能和与运动相关的动能;热能是与原子和分子振动及运动有关的分子运动能;电能是同电子的流动与积累有关的一种能量;电磁能是与电磁辐射相关联的能量;化学能是一种存在于物质中各组分间连接键内的能量,它随化学反应而产生;原子能是粒子相互作用而释放的巨大能量,包括裂变能和聚变能。

能源的使用其实就是能量形式的转化过程。煤燃烧放热使蒸气温度升高的过程是化学能转化为蒸气内能的过程;高温蒸气推动发电机发电的过程是内能转化为电能的过程;电能通过电动机可转化为机械能;电能通过白炽灯泡或荧光灯管可转化为光能;电能通过电解槽可转化为化学能等。柴草、煤炭、石油和天然气等常用能源所提供的能量都是随化学变化而产生的,多种新能源的利用也与化学变化有关。

在能量相互转化过程中,尽管做功的效率因所用工具或技术不同而有差别,但是折算成同种能量时,其总值却是不变的,这就是能量转化和能量守恒定律。**热力学第一定律认为,能量可以从一种形式转化为另一种形式,在转化过程中能量既不会消失也不会增加。** 在能量转化过程中,未能做有用功的部分称为"无用功",通常以热的形式表现。**物质体系中,分子的动能、势能、电子能量和核能等的总和称为内能。** 内能的绝对值至今无法直接测定,但体系状态发生变化时内能的变化以功或热的形式表现,它们是可以被精确测量的。体系的内能、热效应和功之间的关系式为:

$$\Delta U = Q + W$$

式中:ΔU 是体系内能的变化;

Q 是体系从外界吸收的热量;

W 是外界对体系所做的功。

这是热力学第一定律的数学表达式,也是能量守恒定律的数学表达式。它说明,一个体系的能量发生变化时,环境的能量也必定发生相应的变化。

1.1.3 能源利用史

人类的文明始于火的使用,点火燃烧是人类最早的化学实践之一,燃烧把化学与能源紧密地联系在一起。人类巧妙地利用化学变化过程中所伴随的能量变化,创造了五光十色的物质文明。人类对于能源的利用存在着明显的阶段性,能源与人类社会的发展有密切的联系。人类对于能源的利用大致可以分为四个时期。

柴草时期 从火的发现到18世纪产业革命期间,树枝杂草一直是人类使用的主要能源。柴草不仅能烧烤食物,驱寒取暖,还被用来烧制陶器和冶炼金属。人类学会利用火,结束了茹毛饮血、以采摘野果为主的生活。

现代能源中煤炭和石油天然气的重要性虽已居首位,但以柴草作为生活能源却从未间断过,不少发展中国家的许多农牧民至今仍在使用柴灶。在能源危机的呼唤中,这种最古老的能源,又以它的易再生性而再度受到关注。

煤炭时期　煤炭的开采始于 13 世纪,而大规模开采并使其成为世界的主要能源则是 18 世纪中叶的事了。18 世纪 60 年代从英国开始的产业革命促使世界能源结构产生转变——从薪柴转向煤炭。在英国,1709 年开始用焦炭炼铁,1769 年瓦特发明了蒸汽机,1825 年世界第一条铁路通车。蒸汽机的推广、冶金工业的蓬勃发展以及铁路和航运的发展无一不需要大量的煤炭。于是,继英国之后,美国、德国、法国、俄国和日本都在产业革命的同时迅速地兴起了近代煤炭工业。在整个 19 世纪,煤炭成为工业化的动力基础。

石油时期　第二次世界大战之后,在美国、中东、北非等地区相继发现了大油田及伴生的天然气,每吨原油产生的热量比每吨煤高一倍。石油炼制得到的汽油、柴油等是汽车、飞机用的内燃机燃料。世界各国纷纷投资石油的勘探和炼制,新技术和新工艺不断涌现,石油产品的生产成本大幅度降低,发达国家的石油消费量猛增。到 20 世纪 60 年代初期,石油和天然气的消耗量开始超过煤炭而居首位。

新能源时期　随着化石能源的枯竭,煤、石油等造成的环境污染日益严重,地球上气、水、岩、生物四大圈层的平衡遭到破坏,太阳能、物体运动能、原子能、氢能等新型能源将取代煤炭、石油和天然气而成为人类的主要能源,新能源时期即将到来。新能源包括地热、低品位放射性矿物、地磁等地下能源,潮汐、海流、海水盐差、海水重氢等海洋能,风能、生物质能等地面能源,以及太阳能、宇宙射线等太空能源。

1.1.4　世界能源消费概况

1950—2007 年世界能源消费情况见表 1-1。

表 1-1　世界能源消费量和构成

年　份	在消费中所占比例/%			
	煤炭	石油	天然气	水电、核电、风电
1950	60.9	27.2	10.1	1.8
1960	49.5	33.3	15.1	2.1
1970	33.5	44.0	20.1	2.4
1980	30.8	44.2	21.5	3.5
1990	27.3	38.6	21.7	12.4
1996	26.9	39.6	23.5	10.0
1997	27.0	39.9	23.2	9.9
1998	26.2	40.0	23.8	10.0
2001	24.7	38.5	23.7	13.1
2004	27.2	36.8	23.7	12.3
2005	27.8	36.4	23.5	12.3
2007	28.6	35.6	23.8	12.0

　　从表 1-1 可以看到,1950—2007 年,各种能源在消费中所占百分比有明显变化:煤的比例下降,石油和天然气、水电和核电都呈增长趋势。由表中数据看,在 1960 年的能源总消费中,煤占 49.5%,石油和天然气占 48.4%,相差无几,此后石油和天然气的比例增大而居领先地位。目前,世界能源消费已呈现多种能源互补的局面。

1.1.5　中国能源消费概况

　　1955—2007 年中国能源消费情况见表 1-2。

表 1-2　中国能源消费量和构成

年份	在消费中所占比例/%			
	煤炭	石油	天然气	水电、核电、风电
1955	93.0	4.9	—	2.1
1960	93.7	4.1	0.5	1.5
1970	80.9	14.7	0.9	3.5
1980	72.2	20.7	3.1	4.0
1985	75.8	17.1	2.2	4.9
1990	76.2	16.6	2.1	5.1
1995	74.6	17.5	1.8	6.1
2000	67.8	23.2	2.4	6.7
2001	66.7	22.9	2.6	7.9
2002	66.3	23.4	2.6	7.7
2003	68.4	22.2	2.6	6.8
2004	68.0	22.3	2.6	7.1
2005	69.1	21.0	2.8	7.1
2006	69.4	20.4	3.0	7.2
2007	70.4	19.7	3.3	6.6

　　参看表 1-2 的数据,我国以煤炭为主的能源结构可能还要延续相当长的时间,因为石油的开发受资源、技术、资金等多方面的制约,恐难在短期内有所突破。江泽民在《对中国能源问题的思考》一文中指出:"我国能源消费以煤为主,能源结构需要优化。"自改革开放特别是 20 世纪 90 年代以来,中国能源结构总体上朝着优质化方向发展。如表 1-2 所示,煤炭消费占能源消费总量的比重由 1990 年的 76.2%,下降到 2002 年的 66.3%。但近年来,煤炭占能源消费的比重有所上升,2007 年达到 70.4%,而发达国家这一比重平均只有 21% 左右。中国是世界

上最大的煤炭生产国和消费国,在一次能源消费构成中,相比世界平均值,我国煤炭的份额高 41 个百分点,油气的比重低 36 个百分点,水电、核电的比重低 5 个百分点。目前,我国清洁能源、可再生能源开发利用还不充分,风能、太阳能、生物质能发展尚处于起步阶段,调整和改善能源结构的任务十分艰巨。

我国能源资源有如下特点:

首先,我国拥有比较丰富的能源资源,但是人均少,人均能耗及人均电力都远远低于世界平均水平。

其次,能源分布很不均衡。我国约 60.8％煤炭探明储量集中在华北,70％水能资源集中在西南,远离消费中心,数量庞大的石油和液化石油气使铁路运输不堪重负。能源资源、能源生产和经济布局不协调,北煤南运、西电东送、西气东输将是长期的格局。加快西部能源资源开发,实施西电东送、西气东输战略,是实现更大范围资源优化配置的客观要求。虽然"稳定东部,发展西部"取得了很大成效,但西北地区气候恶劣,地质情况复杂,生态环境脆弱,交通、通信基础设施落后,油气开发需要更多的技术和资金投入。

第三,以煤为主的能源结构面临严峻挑战。我国是世界上少数以煤炭为主要能源的国家,与世界能源结构相比,我国严重缺石油、天然气,石油和天然气储量的人均值分别仅为世界平均值的 11％ 和 4％。我国石油消费的增长速度大大高于石油生产的增长速度,石油供应前景严峻。自 1993 年起我国已成为石油的净进口国,预计到 2010 年我国原油的缺口将达 1 亿吨,约为国内原油产量的 1/3,而受到国力和外汇的限制,我国很难支持这样大规模的石油进口。在今后几十年内,我国能源需求的增长仍将主要靠煤炭来满足,而大幅度增加煤炭生产和利用将对环境和运输造成越来越大的压力。我国经济的快速发展迫切要求解决石油和天然气的缺口问题。

第四,能源利用率低,单位产值能耗高。中国的能源一方面很紧张,人均能耗低;另一方面,单位产值的能耗又很高,能耗利用率很低,造成能源的极大浪费。从单位国民生产总值的能耗水平来看,中国在世界上仅居第 133 位,即使与发展中国家相比,中国也是比较落后的。

第五，能源消费结构不合理，工业消耗能源占有较大比重。近年来我国的能源消费结构正在发生积极的变化。中国高度重视优化能源消费结构，煤炭在一次能源消费中比重由 1980 年的 72.2％下降到 2006 年的 69.4％，其他能源比重由 27.8％上升到 30.6％。其中可再生能源和核电比重由 4.0％提高到 7.2％，石油和天然气有所增长。终端能源消费结构优化趋势明显，煤炭能源转化为电能的比重由 20.7％提高到 49.6％，商品能源和清洁能源在居民生活用能中的比重明显提高。

第六，农村商业能源短缺。所谓商业能源，即商业贸易的能源，主导着能源的舞台。化石燃料——石油、天然气和煤，大约占全世界商业性能源需要量的 90％。商业能源不包括木材、泥煤和牲畜粪便。我国 8.5 亿农村居民 70％的生活用能中主要依靠生物质能。薪柴消耗超过合理采伐量，造成大面积森林植被破坏，水土流失加剧。而大量秸秆不能还田，导致土壤有机质含量减少，地力下降。

1.2　化石燃料

世界各国所需的燃料几乎全部来自化石燃料，即煤、石油和天然气。虽然人类对化石燃料形成的化学和地质学原理还未完全清楚，但到目前为止一般都同意这个观点，即埋藏在地下的植物经过几百万年才形成这些燃料。化石燃料贮存了太阳的能量，当化石燃料发生燃烧时，很久以前由太阳光通过光合作用而贮存起来的能量又被释放出来。不同种类的化石燃料所释放出的能量是不同的，如表 1-3 所示。

表 1-3　化石燃料所含的能量

燃　料	化学方程式	释放出的热能
煤	$C + O_2 \longrightarrow CO_2$	393.3 千焦/摩, 32.6 千焦/克燃料
天然气*	$CH_4 + 2O_2 \longrightarrow CO_2 + 2H_2O$	882.8 千焦/摩, 55.2 千焦/克燃料
石油**	$2C_8H_{18} + 25O_2 \longrightarrow 16CO_2 + 18H_2O$	5451.8 千焦/摩, 47.7 千焦/克燃料

* 甲烷（CH_4）是天然气中主要成分（含量高达 97％）。

** 辛烷（C_8H_{18}）只是石油中存在的多种碳氢化合物之一。

1.2.1　煤

世界各地虽然都有煤炭资源,但分布并不均匀,绝大部分都埋藏在北纬30°以上地区。我国的煤炭储量排名世界第二,约占全球煤资源的11.1％。煤炭作为化石燃料是非再生能源,按现在的开采速度估计,煤只能用几百年。煤炭可以直接燃烧,但这样只利用了煤炭应有价值的一半,对环境污染也比较严重,所以如何合理利用煤炭资源是很重要的问题。要了解煤炭的综合利用,有必要先了解煤炭的形成及其化学组成。

生活信息箱

2008—2009年中国煤炭价格走势

中国煤炭工业协会于2009年1月14日发布《2008年全国煤炭工业统计快报》。报告显示,2008年,我国煤炭产量为27.16亿吨,同比增加1.93亿吨,同比增长7.65％。2008年上半年煤炭价格大幅上涨。1—2月,受春运和大范围雨雪冰冻极端天气影响,煤炭出矿价格明显上涨;春节后,由于煤矿生产逐渐恢复正常,煤炭供应增加,市场需求因天气转暖相对减少,煤炭价格涨势放缓;进入5月,受夏季用电高峰和四川汶川地震造成部分煤矿停产等因素影响,煤炭价格大幅上涨;6月,国家对煤炭价格实施临时干预措施后,主产省煤矿出矿价格涨势渐缓;进入下半年,随着夏季用电高峰以及冬季取暖季节的到来,煤炭需求趋于旺盛,而受煤炭总量增长有限、地区产量结构不平衡以及运力紧张等因素影响,区域性煤炭供应紧张状况持续,加之国际能源价格高企,国内煤炭价格继续保持高位。但"好景"不长,到第四季度,由于耗煤行业需求急剧下降,煤炭价格急速跳水,回落至年初的水平。2008年,煤炭价格经历了一场"过山车"式的行情。2009年上半年,受供需影响,我国煤炭价格基本保持在2008年末的水平。

1. 煤的形成

煤是由古植物经过复杂的生物化学、物理化学和地球化学作用转变而成的固体有机可燃矿产。人们在煤层及其附近发现大量保存完好的古代植物化石；在煤层中可以发现炭化了的树干；在煤层顶部岩石中可以发现植物根、茎、叶的遗迹；把煤磨成薄片，置于显微镜下可以看到植物细胞的残留痕迹。这些现象都说明成煤的原始物质是植物。

这些古代植物是怎样变成煤的呢？按生物演化过程，地球的历史可以分为古生代、中生代和新生代三大时期。气候温湿、植物茂盛始于古生代中期，距今已有 3 亿年之久。植物从生长到死亡，其残骸堆积埋藏、演变成煤的过程当然是非常复杂的。经地质学家、煤田学家、化学家们的共同努力，现代的成煤理论认为煤化过程是：植物→泥炭（腐蚀泥）→褐煤→烟煤→无烟煤，这个过程称煤化作用。煤可根据煤化程度的不同分为泥煤、褐煤、烟煤和无烟煤 4 类。这些不同种类的煤的含碳量如表 1-4 所示。

表 1-4　煤的主要类型及其含碳量

煤的主要类型	含碳量/%
无烟煤	85～95
烟　煤	70～85
褐　煤	50～70
泥　煤	50

在地球的演变过程中，并不是每个地质时代、每个地区都可以成煤。煤田的形成必须具备一定的条件：①繁茂的植物以及植物死亡后大量残骸的堆积；②气候温暖潮湿以及为植物的繁茂生长创造的有利条件；③适宜的植物残骸堆积地形，如广阔的滨海、湖泊、沼泽地、盆地和地堑等低洼地带，这有利于植物残骸浸没于水中受厌氧菌作用发生变化并保存下来；④地壳运动，如地壳缓慢下降或海平面升高，使植物残骸容易积聚，并逐渐被泥沙等沉积物覆盖，从而发生一系列生物化学和地球化学作用，逐渐形成煤炭。

2.煤的化学组成

煤主要由有机质和无机矿物质的混合物组成,此外还有含量不同的水分。

煤中有机质是由原始植物演变而来的,它是植物生长过程中吸入组织内部的溶于地下水中的矿物质。煤中有机质主要是由碳、氢和氧3种元素组成,此外还有少量的氮、硫及微量的磷、砷、氯等元素。由于各种煤的碳、氢、氧、氮和硫等主要的比例不同,导致煤的组成结构不同。

碳 碳是煤在燃烧过程中产生热量的重要元素。一般来说,煤中碳含量越高,煤的发热量越大。煤中含碳量随煤化程度的加深而增高。

氢 氢也是煤中重要的可燃物质,氢的发热量最高,燃烧时每千克氢的低位发热量可高达 120370 千焦,是纯碳发热量的 4 倍。氢含量随煤化程度的提高而逐渐下降。

氧 煤中的氧多以羧基、羟基和甲氧基等含氧官能团的形态存在。氧含量随煤化程度的提高而降低。煤在燃烧时氧和煤中的氢元素结合生成水,所以氧不但不能产生热量,反而会吸收热量。

氮 氮来源于成煤植物的蛋白质,煤化程度越高,氮含量越低。煤在燃烧时,氮元素以气体(N_2)形态析出。

硫 煤中的硫有有机硫和无机硫之分。有机硫来源于成煤植物中的蛋白质,在煤中分布不均匀,很难用洗选方法脱除。无机硫则是混入煤中的黄铁矿,可用洗选方法脱除。

煤的化学组成虽然各有差别,目前公认的平均组成如表 1-5 所示。

表 1-5　煤的主要化学组成及其含量

元　素	C	H	O	N	S
含量/%	85.0	5.0	7.6	0.7	1.7

将其折算成原子比,可用 $C_{135}H_{96}O_9NS$ 代表,此外,煤中也还有微量的其他非金属和金属元素。

煤中的无机组分有矿物质和水分两种。无机矿物质是煤中除水分以外的所有无机质的总称。无机矿物质燃烧时发生水解、氧化反应变成灰分，它也是降低煤的有效热值的有害成分。

至于煤的化学结构，科学家们用多种化学的和物理的方法综合论证，至今已有几十种模型。煤是一种混合物，没有单一的分子结构，相对分子质量为300～1000，由大量的煤原子环组成，结构是以一些环相互键合（稠合）并与其他环键合成长链为特征的，链在各点上相互键合在一起。煤炭中含有大量的环状芳烃，缩合交联在一起，并且夹着含S和含N的杂环，通过各种桥键相连，所以煤可以成为环芳烃的重要来源。

3．煤的综合利用

煤在我国能源消费结构中位居榜首，煤的年消费量在10亿吨以上，其中30％用于发电和炼焦，50％用于各种工业锅炉、窑炉，20％用于日常生活，就是说煤的大部分是直接燃烧掉的，其中C、H、S及N分别变成CO_2、H_2O、SO_2、NO_x。这样的热效率并不高，如煤球热效率只有20％～30％，蜂窝煤可达50％，而碎煤则不到20％。直接烧煤对环境污染相当严重，二氧化硫、氮的氧化物等是造成酸雨的罪魁，大量CO_2的产生是全球气温变暖的祸首。此外，煤灰和煤渣等固体垃圾的处理与利用也是亟待解决的问题。为了解决这些问题，合理利用和综合利用煤资源的办法不断出现和不断推广，其中最令人关心的一是如何使煤转化为清洁的能源，二是如何提取分离煤中所含的宝贵的化工原料。现在已有的办法是煤的气化、煤的焦化和煤的液化。

（1）煤的气化

煤的气化是煤在氧气不足的情况下进行不完全氧化，并通过不同的气体介质（如空气、水蒸气、氧气或其他气体）将煤中有机质转化为含一氧化碳、氢、甲烷等可燃气体的过程。煤炭气化是煤炭转化最重要的手段之一。它不仅能将固态含杂质的煤炭转化为洁净易输送的气体燃料，而且也是发展煤化工的基础。煤炭直接燃烧的热利用效率一般为15％～18％，而通过煤炭气化这一化工过程将煤变成可燃烧的煤气后，热利用效率可达55％～60％。另外，煤气具有运输和使用方便、减轻环境污染等优点。

从能量转化角度来讲,煤气化技术是把煤的化学能转换成易于利用的气体的化学能的过程。它包括以煤(半焦或焦炭)为原料,以氧(包括空气、富氧、纯氧)、水蒸气、二氧化碳或氢气为气化介质,使煤经过最低限度的氧化过程,将煤中所含的碳、氢等物质转化成一氧化碳、氢、甲烷等有效成分的一个多相反应的化学过程。煤炭气化的主要化学反应过程有氧化燃烧反应、还原反应(或称发生炉煤气反应)、水煤气反应、甲烷化反应(如催化合成甲烷的主要反应)4种反应。

以煤为原料生产合成气,国外称为"一碳化学"工业,是煤炭化学工业的基础,发展前景广阔。煤气发生炉中的气体成分可以调整,还可以把氢的含量提高,得到所需的原料气,又称为合成气。煤炭气化的目的一方面是制取清洁的气体燃料,另一方面是制取化工合成用的气体原料。

(2)煤的焦化

这也叫煤的干馏。这是把煤置于隔绝空气的密闭炼焦炉内加热,煤分解生成固态的焦炭、液态的煤焦油和气态的焦炉气。随加热温度的不同,产品的数量和质量都不同,有低温(500～600℃)、中温(700～900℃)和高温(1000～1100℃)干馏之分。

低温干馏所得焦炭的数量和质量都较差,但焦油产率较高,其中所含的轻油部分经过加氢可以制成汽油,所以在汽油不足的地方,可采用低温干馏。中温法的主要产品是城市煤气。高温法的主要产品则是焦炭。

煤的干馏产物如下所示:

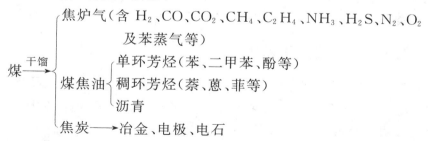

总之,煤经过焦化加工,使其中各成分都能得到有效利用,而且用煤气作燃料要比直接烧煤干净得多。

（3）煤的液化

煤的液化是煤具有战略意义的另一种转换,其目标是将煤炭转换成可替代石油的液体燃料和用于合成的化工原料。从理论上说,要将煤转化成石油,只需改变煤中氢元素的含量即可,因煤和石油的主要成分都是碳和氢,不同之处在于煤中氢元素的含量只有石油的一半。目前煤液化的主要方法有直接液化和间接液化两类。

直接液化法是在较高温度（大于 400℃ ）和较高压力（大于 10MPa）的条件下,通过溶剂和催化剂对煤进行加氢裂解而直接获得液化油。在此过程中,煤的大分子结构首先受热分解成独立的自由基碎片,在高压、氢气和催化剂作用下,这些自由基碎片又被加氢,形成稳定的低分子物。原理似乎很简单,实际工艺还是相当复杂的,涉及裂解、缩合、加氢、脱氧、脱氮、脱硫、异构化等多种化学反应。

间接液化法是使煤气化得到 CO 和 H_2 等气体小分子,然后在一定的温度、压力和催化剂的作用下合成各种烷烃（C_nH_{2n+2}）、烯烃（C_nH_{2n}）和乙醇（C_2H_5OH）、乙醛（CH_3CHO）等液态燃料。

世界能源发展现在正进入一个新时期,石油的黄金时代即将告终,大量增加煤炭的生产和利用已是当务之急。在各类能源中,今后 30 年内可大量增产以弥补石油不足的能源是煤炭,煤炭成了过渡到新型能源时期的桥梁,在相当长的时期内,煤仍将唱主角。我们的任务是寻求更为有效的、环境可以接受的利用途径,使每吨煤发更多的电,减少污染物的排放总量。煤炭的综合利用是今后的发展方向,现在世界各国正在执行清洁煤技术计划,这将是造福人类的伟大举措。毫无疑问,化学在实现这些目标的过程中将起到重要的作用。

1.2.2　石油和天然气

石油有"工业的血液"、"黑色的黄金"等美誉。石油的主要产地在发展中国家,如中东地区已探明的石油储量占世界的 60% 以上。就目前已查明的储量看,主要的含油带集中在北纬 20°～48°。

生活信息箱

世界两大产油带

世界两大产油带,一个是长科迪勒地带,北起阿拉斯加和加拿大,经美国西海岸到南美委内瑞拉、阿根廷;另一个是特提斯地带,从地中海经中东到印度尼西亚。

生活信息箱

石油输出国组织(OPEC)

沙特阿拉伯、伊朗、伊拉克、科威特和南美的委内瑞拉5国的石油出口量曾占世界总出口量的80%,它们在20世纪60年代初就成立了"石油输出国组织(OPEC)"。目前,OPEC共有12个成员国,它们是阿尔及利亚、伊朗、伊拉克、科威特、厄瓜多尔、沙特阿拉伯、利比亚、尼日利亚、卡塔尔、委内瑞拉、安哥拉和阿联酋。此外,过往成员包括印度尼西亚和加蓬。OPEC旨在通过消除有害的、不必要的价格波动,确保国际石油市场上石油价格的稳定,保证各成员在任何情况下都能获得稳定的石油收入,并为石油消费国提供足够的、经济的、长期的石油供应。

石油是国家现代化建设的战略物资,许多国际争端往往与石油资源有关。现代生活中的衣、食、住、行直接地或间接地与石油产品有关。

位于我国东海的大型油田——春晓油田已投入生产,据勘测,东海石油、天然气的储量十分丰富,仅石油就足够中国用80年。

2003年以来中国石油天然气集团公司天然气产量快速增长,由2003年的248亿立方米增长到2008年的617亿立方米,年均增加74亿立方米,年均增长幅度达到20%,为满足国内天然气需求快速增长提供了资源保证。

生活中的化学

2008—2009 年国际石油价格走势

　　2008 年,国际油价经历了过山车般的大起大落,以 7 月 4 日为分水岭,呈现出明显的倒"V"字走势。OPEC 限产、库存下降、发展中国家需求旺盛、美元疲软、剩余产能短缺、政治紧张局势可能导致供应中断的担心和投机基金的炒作,使国际油价从 2008 年初的 90 美元/桶连续 6 个月上涨至 145 美元/桶以上。7 月中旬开始,美元汇率的上升以及由美国金融危机引发的对全球经济增长的忧虑对石油需求的负面影响增强,尤其是美国及其他发达国家石油需求的大幅下降,使国际油价大幅震荡下跌并屡屡破位,2009 年 2 月份为 30 余美元/桶。随后,国际油价又有上升,10 月份在 80 美元/桶左右。

1. 石油和天然气的成因

　　世界上对石油的成因存在着不同的观点,从 18 世纪 70 年代到现在,先后有几十种假说,大致可分为无机生成学说和有机生成学说两大派。当前,石油地质学界普遍承认,石油和天然气的生源物是生物,特别是低等的动物和植物。它们先后聚集于海洋或湖沼的黏土底质之中,如果是还原环境的话,这些生物遗体就被保存下来。

　　在 19 世纪石油工业开始时期曾有无机成因说,主要以碳化物说及宇宙说为代表。碳化物说认为,地球核心部分的重金属碳化物和从地表渗透下来的水发生作用,可以产生烃类。宇宙说认为,当地球处于熔融状态时,烃类就存在于它的气圈里,随着地球的逐渐冷凝,烃类被岩浆吸收,就在地壳中生成了石油。无机生成石油理论认为碳氢化合物可在地下深处产生,并沿裂缝周期性上升,不仅在沉积层内,而且在岩浆岩和多孔火山岩内积聚。为了证明无机生成石油理论,已经有科学家通过实验室模拟地球深处的条件无机合成出了石油。另外,在绝无生命存在的空间星体上,也已发现类似于石油和天然气的物质。这似乎在证明无机生成石油的理论并非是没有根据的。可以预料,无机生成石油理论在未来将是能源科技发展前沿的重要依据。

天然气是蕴藏在地层中的烃和非烃气体的混合物,天然气的生成范围比液烃(石油)的生成范围要宽得多。在低温条件下,有机质可由细菌作用形成生物生成气;在"液烃窗"内有与石油共生的伴生气;在超成熟阶段的高温变质作用下,可生成大量的甲烷气;在煤系地层中,可产生大量煤层气。人们已发现和利用的天然气有六大类:油型气、煤成气、生物成因气、无机成因气、水合物气和深海水合物圈闭气。人们日常所说的天然气通常指天然气田、油田伴生气和煤田伴生气。

2.石油和天然气的组成

石油分为天然石油和人造石油两种。**天然石油(即原油)是从油田(油矿)中开采出来的;人造石油则是从油页岩中或煤炭经干馏或合成的方法提炼出来的。**世界各地所产的石油不尽相同,但无论何种原油或石油产品其主要成分都是碳(C)、氢(H)两种元素。石油的主要成分是烃类有机物。石油中含有多少种烃至今尚无法说明,但大量的研究发现,各种石油或石油产品基本上由 4 类烃组成,即烷烃、环烷烃、芳烃和烯烃,说明石油是一种碳氢化合物的混合物。石油中含硫、氮、氧的化合物都是非烃类化合物,它们的含量虽然不高,但对炼制过程和成品油的质量影响很大。例如硫化物除对金属有腐蚀作用外,还会恶化油品的使用性能,影响汽油的抗爆性。对于这些有害的化合物,一定要加以清除,并设法进行综合利用。

天然气的主要成分是甲烷(CH_4),也有少量乙烷(C_2H_6)和丙烷(C_3H_8)等低碳烷烃以及二氧化碳、氢气、硫化物等非烃类物质。甲烷含量高的称干气或贫气;C_2 以上烷烃含量较高的称湿气。它和石油伴生,但埋藏部位一般较深。据国际经验,每吨石油大概伴有 1000 米^3 的天然气,所以能源工作机构及能源结构统计往往把石油和天然气归并在一起。天然气是最"清洁"的燃料,燃烧产物 CO_2 和 H_2O 都是无毒物质,并且热值也很高(56 千焦·克$^{-1}$),管道输送也很方便。

3.石油的炼制

石油由许多种特性不一的碳氢化合物混合而成,其直接利用的途径很少。为了使石油中的各种组分都能发挥效能,必须通过炼制过程把它们一一提取出来。从油井采出的原油中常含有轻质气态烃类,并携带有少量水、盐和泥沙。因此,在进行炼制以前需要对原油进行预处理,将油气分开,沉降泥沙,并采用电法或化学法脱盐、脱水,然后将其运送到炼化厂,加工成为人们需要的能源产品。在石油炼制过程中,主要工艺过程包含原油分馏、催化裂化、催化重整和加氢等。

(1)分馏

碳氢化合物的沸点随碳原子数增加而升高,**在加热时,沸点低的烃类先气化,经过冷凝先分离出来**,借此可以把沸点不同的化合物进行分**离,这种方法叫分馏**。分馏属于物理变化,所得产品叫馏分。

分馏过程在一个高塔里进行,分馏塔里有精心设计的层层塔板,塔板间有一定的温差,以此得到不同的馏分。分馏先在常压下进行,获得低沸点的馏分,然后在减压状况下获得高沸点的馏分。每个馏分中还含有多种化合物,可以进一步再分馏。表1-6列举了石油分馏的产品和用途。图1-1是石油分馏示意图。

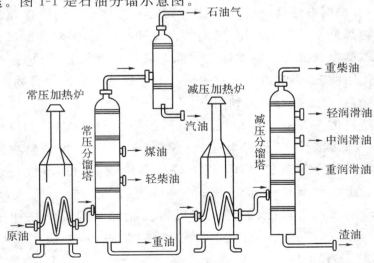

图 1-1　石油分馏示意图

表 1-6　石油分馏的产品和用途

分馏产品		分子所含碳原子数	馏程	用途
石油气		$C_1 \sim C_4$	$-164 \sim -11℃$	化工原料
溶剂油		$C_5 \sim C_6$	$30 \sim 180℃$	在油脂、橡胶、油漆生产中作溶剂
汽油		$C_5 \sim C_{11}$	$30 \sim 205℃$	飞机、汽车以及各种汽油机燃料
煤油		$C_{11} \sim C_{16}$	$180 \sim 310℃$	拖拉机用燃料、工业洗涤剂
柴油		$C_{15} \sim C_{18}$	$200 \sim 350℃$	重型汽车、军舰、轮船、坦克、拖拉机、各种高速柴油机燃料
重油	润滑油（锭子油、机油、汽缸油等）	$C_{16} \sim C_{20}$	350℃以上	润滑、密封、冷却、防锈
	凡士林	液态烃和固态烃的混合物		防锈、润滑、补裂等
	石蜡	$C_{20} \sim C_{30}$		化工原料、蜡纸、车蜡等
	沥青	$C_{30} \sim C_{40}$		沥青纤维、铺路、炼焦、防腐涂料
	石油焦	主要成分是碳		增碳剂、电极

在石油炼制过程中，沸点最低的 $C_1 \sim C_4$ 馏分是气态烃，来自分馏塔的废气和裂化炉气，统称石油气，其中有不饱和烃，也有饱和烃。不饱和烃，如乙烯（C_2H_4）、丙烯（C_3H_6）、丁烯（C_4H_8）都有双键，容易发生加成反应和聚合反应，所以这些烯烃都是宝贵的化工原料。将石油气中不饱和烃分离后，剩下的饱和烃中以丁烷（C_4H_{10}）为主，它的沸点为 $-0.5℃$，稍加压力即可液化，存储于高压钢瓶中，当打开阀门减压时即可气化点燃使用。

在 $30 \sim 180℃$ 沸点范围内可以收集 $C_5 \sim C_6$ 馏分，这是工业常用溶剂，这个馏分的产品也叫溶剂油。

在 $30 \sim 205℃$ 沸点范围内可以收集 $C_5 \sim C_{11}$ 馏分，这是需要量很大的汽油馏分。按各种烃的组成不同又可以分为航空汽油、车用汽油、溶剂汽油等。

生活中的化学

石油化工的重要原料——乙烯

乙烯以 O_2 为催化剂在 150℃、20MPa 条件下可制得高压聚乙烯,日常生活中用的食品袋、食品匣、奶瓶等就是用这种材料成型的。若用 $TiCl_4$ 作催化剂在 100℃、常压下,则可制得强度较高的低压聚乙烯,它可制造脸盆、水桶等器皿。乙烯在 $KMnO_4$ 催化下可加水成为乙二醇,它是制造涤纶的原料之一。众多的乙烯产品广泛用于工农业、交通、军事等领域。乙烯是现代石油化学工业的一个龙头产品,是一个国家综合国力的标志之一。

生活小贴士

当烧菜进行到一半突然断气时,可以在罐子外浇一点热水,甚至在气罐上敷上一块热毛巾,火会立刻大起来。这是为什么呢?

城市居民用石油液化气的主要成分就是丁烷,另外还含有在液化时带进的一定量的戊烷(C_5H_{12})和己烷(C_6H_{14}),它们的沸点分别是 36℃ 和 69℃。用户在室温下打开阀门时,这些杂质由于沸点较高,在室温下不能气化,而以液态沉积于钢瓶中。所以,加温实际上是使戊烷(C_5H_{12})和己烷(C_6H_{14})气化,它们同样是可燃气体,可使时间燃烧时间延长。

汽油主要用于汽化器或发动机(汽油机),是汽车和螺旋桨式飞机的燃料。汽油质量的好坏,不仅对行驶(飞行)的里程有很大影响,而且也直接关系到发动机的使用寿命。汽油的质量标准涉及许多方面,抗爆性是其中重要的一个方面。汽油的抗爆性是指汽油发动机在汽缸中燃烧时抵抗爆炸的能力,可用辛烷值度量,汽油的辛烷值越高,其抗爆性越好。

提高辛烷值的方法有两种:在汽油中加入添加剂,通过石油馏分的化学转化来改变汽油的烃类组成,以获得高辛烷值的汽油。几十年来,在汽油中添加抗爆剂四乙基铅一直是提高汽油辛烷值的主要方法。但四乙基铅会导致铅中毒,危及肾脏和神经,所以国内外已限制汽油中铅的加入量,逐步实行低铅化和无铅化。目前,人们一方面通过研究和开发新的提高汽油辛烷值的调合剂,例如甲基叔丁基醚(MTBE)、二茂铁[$(C_2H_5)_2Fe$]、五羰基铁[$Fe(CO)_5$]等,以此代替四乙基铅作为汽油的抗爆剂。另一方面,通过改进炼油技术,发展能生产高辛烷值汽油组分的炼油新工艺,如采用催化裂化、催化重整、烷基化、异构化、加氢裂化等方法来提高汽油辛烷值,尽可能降低汽油的含铅量。

生活信息箱

汽油牌号的根据——辛烷值

一般规定,具有很高抗爆性的异辛烷的辛烷值为100,最容易产生爆震的正庚烷的辛烷值为0。汽油的辛烷值等于与其具有相同爆震倾向的参比燃料中所含的异辛烷的体积分数,例如90号汽油就是爆震倾向相当于90%的异辛烷和10%的正庚烷混合的汽油。汽油牌号的数值和辛烷值相同,而且汽油的牌号越大表示汽油的抗爆性能越好,其质量也越高。

提高蒸馏温度,依次可以获得煤油($C_{11}\sim C_{16}$)和柴油($C_{15}\sim C_{18}$)。它们又分为许多品级,分别用于喷气飞机、重型卡车、拖拉机、轮船、坦克等。

在我国的工业、农业、交通和国防事业中,柴油的用量相当可观。高质量的柴油最主要是要有良好的燃烧性能。如果燃烧初期生成的过氧化物不足,最初喷入的燃料不能迅速自燃,燃烧时滞燃期太长,就会使喷入燃烧室的柴油积聚,并造成在汽缸内慢慢氧化自燃。这将与后面喷入的燃料同时燃烧,使汽缸内的压力急剧增加而发生爆震。燃烧性能越差的柴油,燃烧时滞燃期越长,压力增加越激烈,爆震也越严重。

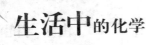

生活中的化学

这就要求柴油具有较好的自动氧化链式反应能力，在这一点上正好与汽油相反。

生活信息箱

评定柴油抗爆性的指标——十六烷值

自燃点为 205℃ 的正十六烷是抗爆性很好的柴油机标准燃料，将它的十六烷值定为 100；自燃点高达 529℃ 的 α-甲基萘是抗爆性很差的柴油机标准燃料，将它的十六烷值定为 0。由于 α-甲基萘容易氧化变质，现在已选用自燃点为 427℃ 的 2,2,4,4,6,8,8-七甲基壬烷作为标准燃料，它的十六烷值为 15。柴油的十六烷值是通过各种比例混合的标准燃料在标准的柴油发动机上对比评定而确定的。轻柴油的十六烷值不能低于 45，重柴油的十六烷值则没有规定。

生活信息箱

柴油牌号的根据——凝固点

0 号表示该号柴油的凝固点是 0℃，这样的柴油只适用于最低温度在 4℃ 以上的地区；-35 号表示柴油凝固点是零下 35℃。柴油的用量很大，地区性的四季温差又很大，只有根据气温选用不同凝固点的柴油，才能既保证供应又合理使用资源。往直馏柴油中加入高分子聚合物可以降低其凝固点，如乙烯—醋酸乙烯酯共聚物的作用是使油中的蜡析出时只形成微小的结晶，不会堵塞燃油过滤器，更不会凝固。一般加入质量分数为 0.05% 的降凝剂就可使柴油的凝固点降低 10～20℃。

蒸馏温度在 350℃ 以下所得各馏分都属于轻油部分，在 350℃ 以上各馏分则属重油部分。重油的碳原子数在 16～40 之间，其中有润滑油、凡士林、石蜡、沥青等，各有用途。

（2）裂化

为了将石油蒸馏过程中剩余的重组分裂解为轻组分,更多地获得价值较高的产品,还需要对其进行裂化。**裂化是将重油等大分子烃类分裂成汽油、柴油等小分子烃类的一种炼制方法。**由于内燃机的发展,汽油和柴油的用量猛增,直馏汽油和柴油已远远不能满足要求,重油裂化是制取高质量汽油的主要途径。常用的裂化方式有热裂化、催化裂化和加氢裂化 3 种,其中普遍应用的裂化方式是催化裂化。催化裂化是在硅酸铝和合成沸石等催化剂作用下使重油裂化成小的分子烃,反应产物是 $C_1 \sim C_{10}$ 的烃,既有饱和烃又有不饱和烃。裂解产物的种类和数量随催化剂和温度、压力等条件不同而异。对于不同质量的原油,催化剂的选择和温度、压力的控制也不相同。我国原油成分中重油比例较大,所以催化裂化就显得特别重要。经过 30 多年的研究和实践,我国已开发出适用于我国各种原油的一系列铝硅酸盐分子筛型催化剂。经催化裂化,从重油中能获得更多乙烯、丙烯、丁烯等化工原料,也能获得较多较好的汽油。

（3）催化重整

这是石油工业中另外一个重要过程。**催化重整是指在加热、氢压和催化剂存在的条件下,将汽油馏分中的烃类分子结构重新排列成新的分子结构,使原油蒸馏所得的轻汽油馏分转变成富含芳烃的高辛烷值汽油（重整汽油）,并副产液化石油气和氢气。**现用催化剂是贵金属铂（Pt）、铱（Ir）和铼（Re）等,它们的价格比黄金贵得多,化学家们巧妙地选用便宜的多孔性氧化铝或氧化硅为载体,在表面上浸渍 0.1% 的贵金属,汽油在催化剂表面只要 20～30 秒就能完成重整反应。

（4）加氢精制

这是提高油品质量的过程。蒸馏和裂解所得的汽油、煤油、柴油中都混有少量含 N 或含 S 的杂环有机物,在燃烧过程中会生成 NO_x 及 SO_2 等酸性氧化物,当环保问题日益受关注时,对油品中 N、S 含量的限制也就更加严格。现行的办法是**用催化剂在一定温度和压力下使 H_2 和这些杂环有机物起反应生成 NH_3、H_2S,留在油品中的只是碳氢化合物,这就是加氢精制。**

在石油工业中,常把原油预处理、常压蒸馏和减压蒸馏叫作一次加工,这是物理变化过程。而裂化、催化重整和加氢精制等则叫二次加工,它们都属于化学变化过程,这些过程都涉及催化剂,催化剂的研制是石油化工不可或缺的组成部分。三次加工主要指对二次加工产生的各种气体进行进一步的加工,以生产高辛烷值的汽油组分和各种化学品,包括石油烃烷基化、烯烃叠合、石油烃异构化等。习惯上将石油炼制过程很不严格地分为这三类过程。

1.2.3　可燃冰

自 20 世纪 60 年代以来,人们陆续在冻土带和海洋深处发现了一种可以燃烧的"冰"。这种"可燃冰"在地质上称为"天然气水合物(Natural Gas Hydrate,简称 Gas Hydrate)",又称"笼形包合物(Clathrate)"。在自然界发现的可燃冰多呈白色、淡黄色、琥珀色、暗褐色等轴状、层状、小针状结晶体或分散状。**可燃冰是以甲烷为主的可燃固体,是由甲烷和水形成的水合物**,气体和水之间没有化学计量关系,一般水合物的分子式表示为 $M \cdot nH_2O$,式中 M 表示甲烷等气体,n 为水分子数。在可燃冰中,水分子之间靠较强的氢键结合,而气体分子和水分子之间的作用力为范德华力。在低温高压环境下,甲烷被包进水分子中,形成一种冰冷的白色透明结晶,外貌极像冰雪或固体酒精,点火即可燃烧。甲烷在可燃冰中处于高压并冻结成固态,经测试,1 米³ 可燃冰可释放出 164 米³ 甲烷气体。可燃冰是一种能量密度高、分布广的能源矿产。近年来,一些国家在近海的海底油气勘探中发现了一种冰冻状态的可燃冰,这是一种新型能源。可燃冰在世界范围内广泛存在。在地球上大约有 27％的陆地是可以形成可燃冰的潜在地区。勘探研究证明,海洋大陆架是可燃冰形成的最佳场所,海洋总面积的 90％具有形成可燃冰的温压条件。已发现的可燃冰主要存在于北极地区的永久冻土区和世界范围内的海底、陆坡、路基及海沟中。据估计,全球可燃冰的碳含量约是当前已探明的所有化石燃料(包括煤、石油和天然气)中碳总量的 2 倍。因此,有专家乐观地估计,当世界化石能源枯竭殆尽,可燃冰能源将成为新的替代能源。

1. 可燃冰的形成

可燃冰形成的最主要地质条件是必须有充足的烃类气体来源、适当的温压条件和地质构造环境。可燃冰矿层的形成是自然界气候变冷、岩层温度下降以及分散在矿藏内部的碳氢化合物经长期积累的结果。海底有丰富的有机物沉淀,经过生物转化,可产生充足的气源;可燃冰可在 0℃ 以上生成,但超过 20℃ 便会分解,而海底温度一般保持在 2～4℃;可燃冰在 0℃、30 个大气压的条件下即可生成,而以海洋的深度,30 个大气压很容易达到,并且气压越大,水合物就越不容易分解。海底的地层是多孔介质,在温度、压力、气源三者都具备的条件下,可燃冰晶体就会在介质的空隙间中生成。

2. 可燃冰的开采

为了获取这种清洁能源,世界许多国家都在研究天然可燃冰的开采方法。科学家们认为,一旦开采技术获得突破性进展,那么可燃冰立刻会成为 21 世纪的主要能源。目前,可燃冰的开采方法主要有热激化法、减压法和化学试剂法三种。

热激化法主要是将蒸气、热水、热盐水或其他热流体从地面泵入水合物地层,也可采用开采重油时使用的火驱法或利用钻柱加热器来提供热量。只要能促使温度上升达到水合物分解的方法都可称为热激化法。热开采技术的主要不足是会造成大量的热损失,效率很低。

减压法是通过降低压力引起可燃冰稳定的相平衡曲线的移动,从而达到促使水合物分解的目的。减压法最大的特点是不需要昂贵的连续激发,因而可能成为今后大规模开采天然气水合物的有效方法之一。但是,单用减压法开采天然气速度较慢。

化学试剂法是指将某些化学试剂(如盐水、甲醇、乙醇、乙二醇、丙三醇)从井孔泵入后,改变水合物形成的相平衡条件,从而引起水合物的分解。化学试剂法较热激化法作用缓慢,最大的缺点是费用太昂贵。

以上各种方法仍然只停留在理论上,要真正做到大规模和商业化的生产还需要做很多研究。由此可见,"可燃冰"带给人类的不仅是新的希望,同样也有新的困难,只有合理的、科学的开发和利用,"可燃冰"才会真正为人类造福。

可燃冰开采需谨慎

天然可燃冰呈固态,不会像石油开采那样自喷流出。如果把它从海底一块块搬出,在从海底到海面的运送过程中,甲烷就会挥发殆尽,同时还会给大气造成巨大危害。如果开采不当,后果绝对是灾难性的。在导致全球气候变暖方面,甲烷所起的作用比二氧化碳要大得多,而可燃冰矿藏哪怕受到最小的破坏,都足以导致甲烷气体的大量泄漏,从而引起强烈的温室效应。陆缘海边的可燃冰开采起来十分困难,目前还没有成熟的勘探和开发的技术方法,一旦出了井喷事故,就会造成海水汽化,发生海啸翻船。可燃冰也可能是引起地质灾害的主要因素之一。由于可燃冰经常作为沉积物的胶结物存在,它对沉积物的强度起着关键的作用。可燃冰的形成和分解能够影响沉积物的强度,进而诱发海底滑坡等地质灾害。美国地质调查所的调查表明,可燃冰能导致大陆斜坡发生滑坡,这对各种海底设施是一种极大的威胁。可燃冰作为未来新能源,同时也是一种"危险"的能源。可燃冰的开发利用就像一把"双刃剑",需要小心谨慎。在考虑其资源价值的同时,必须充分注意到有关的开发利用将给人类带来的严重环境灾难。

3. 可燃冰在中国的状况

我国对海底可燃冰的研究与勘查已取得一定进展。20 世纪六七十年代,中国科学院兰州冰川冻土研究所在青藏高原 4700 米的五道梁永冻区钻探发现大量可燃冰的征兆。广州海洋地质调查局在南海西沙海槽等海区已相继发现存在可燃冰的直接标志,初步证实可燃冰在我国的存在。同时,青岛海洋地质研究所已建立有自主知识产权的可燃冰实验室,并成功点燃可燃冰。专家认为,若能将可燃冰充分利用,可大大缓解能源供需矛盾,保障能源安全,对改善我国的能源结构具有重要意义。

1.3 核 能

核能，又称原子能、原子核能，是原子核结构发生变化时放出的能量。核能释放通常有两种方式：一种是重核原子（如铀、钚）分裂成两个或多个较轻原子核，产生链式反应，释放的巨大能量称为核裂变能；另一种是两个较轻原子核（如氢的同位素氘、氚）聚合成一个较重的原子核，释放出的巨大能量称为核聚变能。

1.3.1 核能的产生

原子由带正电荷的原子核和核外带负电荷的电子组成。普通化学反应的热效应来源于外层电子重排时键能的变化，原子核及内层电子并没有变化；而核反应的热效应来源于原子核的变化。原子核由质子和中子（统称核子）组成。原子核内的质子—质子、质子—中子、中子—中子之间存在着一种短程的具有很强吸引性质的作用力，统称核力。由于核力的存在，带正电荷的质子不会因静电斥力而飞散，核力把核子凝聚成原子核。核力具有短程、与电荷无关、饱和性等特点。核粒子可以相互作用，使原子核内部发生变化，释放出蕴藏在原子核内的巨大能量。

在知道原子能以前，人们只知道世界上有机械能、化学能、电能等。这些能量的释放都不会改变物质的质量，只会改变能量的形式。爱因斯坦在发现质能关系以后指出，质量也可以转变为能量，而且这种转变的能量非常巨大。例如，核燃料在反应堆中"燃烧"时产生的能量远大于化石燃料：铀核裂变释放的原子能约为 200MeV，一个氘核和一个氚核释放出的核聚变能为 17.6MeV；而一个碳原子燃烧生成一个二氧化碳分子释放出的化学能仅为 4.1eV。以相同质量的反应物的释能大小作比较，核裂变能和核聚变能分别是化学能的 250 万倍和 1000 万倍，1 千克 U-235 相当于 2500 吨煤，1 千克氘相当于 1 万吨煤。

原子能是怎样产生的呢？科学家们发现，铀核裂变以后产生碎片，所有这些碎片质量加起来少于裂变以前的铀核，少量的质量转变成了原子能。物质和能量原来是同一事物的两种不同表现形式,它们之间可以相互转换,而相互转换的关系就是著名的物质—能量转换方程:

$$E = mc^2$$

式中:E 为能量;

m 为质量;

c 为光速。

因此,质量转变为能量后会是非常巨大的数量。爱因斯坦的这个质能关系正确地解释了原子能的来源,奠定了原子能理论的基础。

1.3.2 核裂变

1937 年 Hahn O 和 Strassman F 研究中子轰击 U-235 的产物时,发现了一类核反应——裂变。**$^{235}_{92}U$ 原子核受高能中子轰击时,分裂为质量相差不多的两种核素,同时又产生几个中子,还释放大量的能量,这就是核裂变。**裂变产物的组成很复杂,如 U-235 裂变时可产生钡(Ba)和氪(Kr)或氙(Xe)和锶(Sr)或锑(Sb)和铌(Nb)等。

$$^{235}_{92}U + ^{1}_{0}n \longrightarrow \begin{cases} ^{144}_{56}Ba + ^{89}_{56}Kr + 3^{1}_{0}n \\ ^{140}_{54}Xe + ^{94}_{38}Sr + 2^{1}_{0}n \\ ^{133}_{51}Sb + ^{99}_{41}Nb + 4^{1}_{0}n \end{cases}$$

U-235 裂变过程中,每消耗 1 个中子,能产生几个中子,这些中子又能轰击其他 U-235,使其他 U-235 发生裂变,于是产生更多的中子,导致更多的 U-235 发生裂变,这就形成了链式反应,如图 1-2 所示。

发展核能工业是降低大气温室效应的有效途径之一。核能是一种较清洁、安全的能源。改变能源结构,加快核能利用,对缓解环境污染有重要意义。近几十年来,大气层内温室气体的浓度一直在稳步上升。导致全球气候变暖的原因,从不同行业看,能源工业占主要因素,其中以排放 CO_2 为最主要。核电站不排放任何温室气体,建设一座 1000 兆瓦的核电站,每年就可减少 CO_2 排放量 600 万吨左右。现在全世

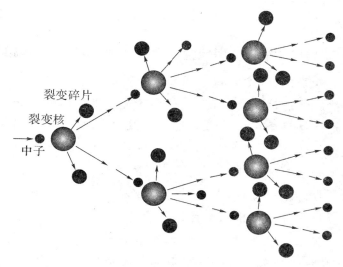

图 1-2 中子诱发 U-235 裂变形成链式反应

界已经运行的核电站所相应减少的 CO_2 排放量为 16 亿吨。核电的建设投资成本虽高,但运行时就没有运送煤炭、石油这样繁重的运输工作,因此还是经济的。所以,发展核电是解决当前电力缺口的一种重要选择。但核电站运行有两大问题:一是安全问题;二是核废料的处理问题。

　　核能的开发,安全必须先行。核电站对环境的影响主要是流出物中放射性物质对周围环境产生的辐射。放射性伤害,轻者有白血球减少、恶心、呕吐、脱发等症状,重者则有出血、溃疡、遗传失常、癌症等,所以核技术单位都应有严格的防护措施以保工作人员的安全。在核电站建设中必须坚定不移地执行"安全第一"的方针,站址要设在地质结构稳定的岩石层,能承受地震、洪水、飓风等各种自然灾害的侵袭,反应堆的外壳要充分考虑各种可能产生的高压高温情况,操作人员必须经过严格培训和考核才能上岗。国际原子能委员会还组织专家对各核电站进行评审,确保安全。

核电站附近的居民会不会受到过量的放射性辐射

专家提醒,这种担忧完全是没有必要的!由于核电站严格控制放射性物质的排放,在正常情况下,附近居民每人每年接受核电站释放出的稀有气体和微量放射性物质的辐射剂量只有 $1 \times 10^{-5} \sim 2 \times 10^{-5}$ 希,而每人每年从天然辐射中所接受的辐射剂量约为 1×10^{-3} 希(如看彩色电视每年约接受 1×10^{-5} 希,做一次胸部 X 光透视至少接受 2×10^{-5} 希)。国际放射防护委员会提出的允许辐射量为每人每年 5×10^{-5} 希。核电站有三道防止放射性物质泄露的屏障。第一道是燃料包壳,把核燃料裂变后产生的放射性物质密封在燃料包壳之内;第二道是压力壳,主要包括壁厚为 200 毫米左右的压力壳和不锈钢无缝钢管;第三道是安全壳。此外,核电站还有三个纵深防御措施。由于采用"多重保护、多道屏障、纵深设防"的设计原则,核电站一般不会发生事故,特别是发生严重事故的可能性极小。

核电站与广岛、长崎的原子弹悲剧的联系与区别

原子弹爆炸的能量和核反应堆的能量虽然都来自原子核裂变,但这是两种不完全相同的过程。做一个对比:原子弹就好像把一根火柴丢进一桶汽油中引起猛烈的燃烧和爆炸;而核反应堆犹如将汽油注入汽车发动机慢慢消耗一样。原子弹由高浓度(大于 93%)裂变物质 U-235 或钚-239 和复杂而精密的引爆系统所组成,通过引爆系统把裂变物质压在一起,达到临界体积,于是瞬间形成剧烈的不可控制的链式裂变反应,在极短时间内释放出巨大的能量,从而产生核爆炸。虽然核反应堆的结构和特性与原子弹完全相同,但反应堆大多采用

低浓度裂变物质作燃料,这些燃料都分散在反应堆内,在任何情况下都不会像原子弹那样将燃料压在一起而发生核爆炸。而且,反应堆有各种安全控制手段以实现受控的链式裂变反应,即当核能意外释放太快、堆芯温度上升太快时,链式裂变反应就会自行减弱,乃至停止。

放射性废物的安全处置

核废料的处理是非常棘手的事情。核电厂用的燃料是铀。铀是一种重金属元素,天然铀由三种同位素组成:U-235含量为 0.71%,U-238 含量为 99.28%,U-234 含量为 0.0058%。U-235 是自然界存在的易于发生裂变的唯一核素。U-235 裂变产生的碎核都具有放射性。反应堆工作一定时间后,必须更换新燃料,卸下的放射性废料就存在着如何处理、运输、掩埋的问题。早期曾将废料直接埋入地下,但即使掩埋较深,久而久之地下水也会使这些放射性物质扩散。后来又将废料装在金属桶里,外面加一层混凝土或沥青,弃于海底,在大西洋北部和太平洋北部都有这些废料的"墓地"。经多次国际会议商讨,现在认为应尽量回收用过的核燃料中还未燃尽的铀,这样既可提高资源的利用率,又可减少废料的放射性。废料中还有些有使用价值的放射性物质和非放射性物质,也应提取分离,这些过程统称为"后处理"。其他放射性废料应装入防震、防腐、防泄漏的特制容器,然后将容器深埋在荒无人烟的岩石层里,使它长期与生物界隔离。核工业 50 多年的历史说明,放射性废物可以安全处置。世界各国中低水平放射性废物永久处置场的运行历史表明,永久处置场对环境的影响极其微小。而对高放射性废物的处置,各国已经做了大量的研究,结果也说明完全可以实现高放射性废物的安全处置。随着核电的发展,核废料的处理是必须认真对待的重要问题。

1.3.3 核聚变

根据核子平均结合能图,将相对不稳定的相对原子质量小的核合并成更稳定的大核,也会释放能量。这个过程就称为"核聚变"。**核聚变是由两个或多个轻核聚合成一个较重的原子核并释放出能量的过程**。例如,四个氢核形成一个氦核,可以释放出 26MeV 的能量。在自然界中,只有在太阳等恒星内部,因温度极高,氢核才有足够动能去克服核内的斥力,而自动地发生持续的聚变。太阳等恒星内部所进行的正是氢核生成氦核的聚变过程,这种反应在太阳上已经持续了 150 亿年。人工聚变目前只能在氢弹爆炸或加速器产生的高能粒子碰撞中实现。氢弹的爆炸是利用核裂变所造成的极高温度来实现的。从获取核聚变能的角度看,目前参与核反应的氢原子核主要以氘(D)、氚(T)为主。氘作为氢的同位素,在海水中的含量虽只有 1/6700,但总量很大,氘在地球的海水中储量多达 40 万亿吨,如果全部用于聚变反应,释放出的能量足以保证人类长期能源的需求,而且反应产物是无放射性污染的氦。

核聚变的原料及其产物基本上无放射性,虽然氚的处理工艺比较复杂,但它只是中间产物,只在厂房内循环,较易控制。聚变堆在工作过程中没有大量高放射性废料。同时,由于核聚变需要极高温度,一旦某一环节出现问题,燃料温度下降,聚变反应就会自动中止。也就是说,聚变堆是次临界堆,没有裂变堆那种超临界爆炸的危险。因此,聚变能为人类未来的主要能源,具有安全、清洁、取之不尽用之不竭的特点。这就是世界各国尤其是发达国家不遗余力竞相研究、开发聚变能的原因所在。但是由于氢弹不受临界体积的限制,它的爆炸力比原子弹大千百倍,在氢弹中,核聚变反应一旦出现,就不可控制,直至爆炸。为了能利用核聚变能,科学家们正在研究可控的核聚变反应技术,尤其是室温可控核聚变技术。一旦此项技术有所突破,人类在能源问题上将高枕无忧。

1.4 化学电源

电能是现代社会生活的必需品。电能是最重要的二次能源,大部分的煤和石油制品作为一次能源用于发电。煤和石油在燃烧过程中释放能量,加热蒸气,推动电机发电。但这种过程通常要靠火力发电厂的汽轮机和发电机来完成,热效率低,能耗高,污染重。另外**一种把化学能直接转化为电能的装置,统称化学电池或化学电源,俗称电池**。各种各样的化学电源已成为人类社会能源供应中不可或缺的一部分,在航空、航天、舰艇、兵器、交通、电子、通信、家用电器等行业处处都有化学电源的用武之地。

1.4.1 化学电源的工作原理及组成

化学电源是一个能量储存与转换的装置。放电时,电池将化学能直接转变为电能;充电时则将电能直接转化成化学能储存起来。当正、负极与负载接通时,正极物质得到电子发生还原反应;负极物质失去电子发生氧化反应。外线路有电子流动,电流方向由正极流向负极;电解液中靠离子的移动传递电荷,电流方向由负极流向正极。这样一系列过程构成了一个闭合回路,两个电极上的氧化、还原反应不断进行,闭合通路中的电流就能不断地流过。

例如,如图 1-3 所示,在盛有 $ZnSO_4$ 与 $CuSO_4$ 溶液的烧杯中分别插入锌片和铜片,两瓶溶液用盐桥相连。盐桥是一支 U 形管,通常充满用 KCl(或 KNO_3)饱和了的琼脂胶胨。用导线连接两个金属片,并在导线中串联一个灵敏的电流计。

通过实验可以看到:电流计指针发生偏转,说明金属导线上有电流通过。根据指针偏转的方向,可以确定锌片为负极,铜片为正极。锌片开始溶解,而铜片上有金属铜沉积上去。

锌片溶解说明锌片失去电子,成为 Zn^{2+} 进入溶液,其反应式为:

$$Zn \longrightarrow Zn^{2+} + 2e^-$$

电子由锌片经金属导线流向铜片,溶液中 Cu^{2+} 从铜片上得到电子

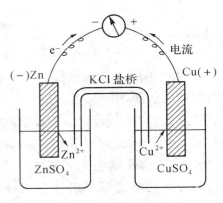

图 1-3　铜锌原电池

成为铜原子,在铜片上析出,其反应式为:

$$Cu^{2+} + 2e^- \longrightarrow Cu$$

上述装置中进行的总反应为:

$$Zn + Cu^{2+} \longrightarrow Zn^{2+} + Cu$$

这种借助于氧化还原反应将化学能转变为电能的装置称为原电池。上述由铜、锌及其对应离子所组成的原电池叫作铜锌原电池。通过这个例子我们可以知道,要使化学能直接转换成电能,必须具备两个条件:

①化学反应中失去电子的过程(即氧化过程)和得到电子的过程(即还原过程)必须分隔在两个区域中进行。这说明电池中进行的氧化还原反应和一般的化学的氧化还原反应不同。

②物质在进行转变的过程中,电子必须通过外电路。

因此,任何一个电池都应包括 4 个基本组成部分:电极、电解质、隔离物和外壳。

电极　电极(包括正极和负极)是电池的核心部件,它是由活性物质和导电骨架组成的。活性物质是指电池放电时,通过化学反应能产生电能的电极材料。活性物质决定了电池的基本特性。活性物质多为固体,但是也有液体和气体。目前,广泛使用的正极活性物质大多是金属的氧化物,如二氧化铅、二氧化锰、氧化镍等,还可以用空气中的氧气;而负极活性物质多 ～ 是一些较活泼的金属,如锌、铁、锂、钠等。导电骨架的作用是把活性物质与外线路接通,并使电流分布均匀,另外还起到支撑活性物质的作用。导电骨架要求机械强度好,化学稳定性好,电阻率低,易于加工。

电解质 电解质保证正负极间的离子导电作用,有的电解质还参与成流反应。不同的电池采用的电解质是不同的,一般选用导电能力强的酸、碱、盐的水溶液,在新型电源和特种电源中,还采用有机溶剂电解质、熔融盐电解质、固体电解质等。

隔离物 隔离物又称隔膜、隔板,置于电池两极之间,主要作用是防止电池正极与负极接触而导致短路。常用的隔离物质有棉纸、浆层纸、微孔塑料、微孔橡胶、水化纤维素、尼龙布、玻璃纤维等。

外壳 外壳也就是电池容器,在现有化学电源中,只有锌锰干电池是锌电极兼作外壳,其他各类化学电源均不用活性物质兼作容器,而是根据情况选择合适的材料作外壳。电池的外壳应该具有良好的机械强度,耐震动和耐冲击,并能耐受高低温环境的变化和电解液的腐蚀。常见的外壳材料有金属、塑料和硬橡胶等。

1.4.2 常用化学电源

目前我们最熟悉而又经常使用的化学电源莫过于锌锰干电池和铅蓄电池。

1. 锌锰干电池

由于锌锰干电池原材料丰富,结构简单,成本低廉,携带方便,因此其从诞生至今一直是人们日常生活中经常使用的小型电源。按电解质酸碱性可把锌锰干电池分为中性锌锰干电池和碱性锌锰干电池。

（1）中性锌—二氧化锰电池

该电池简称"锌锰电池",日常生活中用的 1 号、5 号干电池就属于此类电池。电池负极材料为锌,正极材料是二氧化锰,电解质为氯化锌和氯化铵。锌不仅是电池的负极材料,还是电池的外包装材料。中间突出的小铜帽为正极,外壳是负极。由于二氧化锰是粉末,所以小铜帽下插入一根炭棒以帮助导电。两层隔膜中间的电解液制成糊状,以限制其流动,但又可实现离子的迁移。其结构如图 1-4 所示。

图 1-4　中性锌锰干电池的结构

在使用过程中锌皮逐渐消耗,MnO_2 也不断被还原,电压慢慢降低,最后电池失效。锌是消耗性的外壳,在使用过程中会变薄穿孔,这就要求在锌皮外加有密封包装。这种电池适合间隙性的电器使用,如手电筒、收音机等,通常不适合于大电流连续放电,因为在糊状电解液中离子的迁移速度受到了限制,加上锌皮的表面积有限,这种电池难以产生大电流。

(2)碱性锌锰电池

该电池简称"碱锰电池",是锌锰干电池系列中的第四代产品,这是老式锌锰电池的改进型电池。其改进之处有以下两点:首先是将锌皮改为锌粉,大大地提高了锌电极的表面积,也就是提高了单位时间里参与化学反应的锌原子数,这样就可以产生大电流,放电容量比中性干电池大 3～5 倍。该电池另选其他的金属材料作外包装材料,并做成全封闭状态,电解液不再会渗漏,用户可放心使用。其次,电解液直接使用 KOH 的水溶液,加快了离子的迁移速度。

2. 铅蓄电池

铅蓄电池是最早出现的一类二次电池。这种蓄电池具有电动势高、电压稳定、使用温度范围宽、原料丰富、价格便宜等优点,但也有笨重、防震性差、易溢出酸雾、维护不便、携带不便等缺点。自 20 世纪 80年代以来,各种新型的铅蓄电池逐渐问世,它们在汽车、通信、飞机、船舶、矿山、军工等方面都有广泛应用。当前研究的主要方向是提高比能量、循环寿命和使用期限,基本途径是提高活性物质利用率,降低电池的质量,防止活性材料的脱落和寻找耐腐蚀的正极板等。

生活小贴士

使用干电池时,要注意以下几点:

①极性切忌装反。正确接法是电池上正极"＋"标志与电器上"＋"标志相接,电池上负极"－"标志与电器上"－"标志相接。

②电池千万不要短路,不要用导线或金属把电池正负极端直接相连。

③使用时应注意观察,一旦电池有漏液或气胀变形等现象发生,需及时取出,以免损坏电器。当电器长时间不用时,也应取出电池。

④不要长期贮存电池,因为电池本身有自放电现象。标准规定,大号电池贮存期通常为12个月,小号电池为9个月。

⑤不要震动与碰撞电池,因震撞易引起电池内部结构松动,会影响电池的性能。

⑥不要用加热与充电方法激活电池,以免产生气胀、漏液甚至炸裂。锌锰电池和碱性锌锰电池都是一次性电池,不能重复充电使用。若需充电电池,应选购镉镍电池。

⑦将电池置于干燥和阴凉的地方。电极铜帽、铁底若受潮会被氧化腐蚀,造成与电器接触不良。

⑧新旧电池不宜混用。因为旧电池内阻较大,本身就要消耗电能,新旧电池混用,会增加新电池的电能损失,使其寿命缩短,得不偿失。

⑨千万不要将废弃电池(特别是铁壳密封的电池)扔入火中,以防电池爆炸伤人。

⑩废旧干电池中含有的化学物质会污染环境和危害人类健康,废旧干电池应妥善处置。

1.4.3 新型化学电源

1.氢镍电池

氢镍电池是新型的二次电池,其正极是氧化镍,负极是氢电极。选择氢作为负极材料是因为它的相对原子质量小。电极材料轻,电池的重量就轻,这对航天工业是至关重要的。但氢气是气态的,重量虽轻体积却很大,为了能适应小型电器的使用,技术人员利用吸氢材料,让氢大量地吸附在电极材料的表面上,而吸附富集的氢已足以构成一个氢电极。它的工作状态分3种:正常工作状态、过充电状态和过放电状态。在不同的工作状态下,电池内部发生的电化学反应是不同的。此外,它承受过充电和过放电的能力很强。但它的初始成本较高,自放电速度较快以及还存在爆炸的可能性,所以至今尚未普及。尽管如此,这种电池的前景十分乐观,随着不断的改进,最终将全面取代镉镍电池。

2.锂电池

锂是自然界里最轻的金属元素,密度仅为水的一半。同时,因为它的电负性极低,选择适当的正电极与之相匹配,可获得较高的电动势。与金属钠和钾一样,金属锂遇水发生剧烈反应,所以电解质溶液都选用非水电解液。电池内部采用螺旋绕制结构,用一种非常精细而渗透性很强的聚乙烯薄膜隔离材料在正、负极间间隔而成。正极包括由锂和二氧化钴组成的锂离子收集极及由铝薄膜组成的电流收集极。负极包括由片状炭材料组成的锂离子收集极和铜薄膜组成的电流收集极。电池内充有有机电解质溶液,另外还装有安全阀和PTC元件,以保护电池在不正常状态及输出短路时不受损坏。

锂电池作为一种新颖的电池,其性能是十分吸引人的,主要是比能量高,有宽广的温度使用范围,放电电压平坦。以固体电解质制成的锂电池,体积小,无电解液渗漏,电压随放电时间缓慢下降,可以预示电池寿命,特别适合作为心脏起搏器的电源,目前已在便携式电器(如手提电脑、摄像机、移动通信)中得到普遍应用。目前开发的大容量锂离子电池已在电动汽车中开始试用,预计将成为21世纪电动汽车的主要动力电源之一。此外,锂电池将在人造卫星、航空航天和储能方面得到应用。

生活信息箱

北京奥运会中的锂电池

为打造"科技奥运"、"绿色奥运",新型的锂电池电动公交车在北京奥运村区域投入运行。北京奥运会以锂电池电动车取代传统公交车,实为"明智之举":首先,锂电池电动车更加环保,与普通公交车相比,没有尾气排放;再者,锂电池使用的寿命也比较长,一般可以反复充电500次甚至1000次以上;另外,它最大的优点是比较省电。

生活小贴士

锂电池在使用过程中常常会出现发热、燃烧现象,轻者影响主机使用,重者还会烧毁主机引起火灾。这是因为锂电池中的许多材料与水接触后可发生剧烈的化学反应并释放出大量热能,导致发热、燃烧。锂电池正极的二氧化锰只沾一小滴水便可出现发热现象;锂电池中的氯化亚硫与水接触后,在生成盐酸和二氧化硫的同时释放热能。几种因素使锂电池成为生活中的"火种"。因此,人们在使用锂电池时一定要注意防水、防潮湿。各种主机停用后,应取下锂电池置于干燥、低温处妥善保管,以避免因锂电池使用不当而引起的家庭火灾事故。

3.燃料电池

燃料电池是通过电化学过程将燃料中的化学能直接转化为电能的电池。与传统能源相比,燃料电池在反应过程中不涉及燃烧,具有高效、洁净的显著特点,被认为是21世纪首选的洁净高效发电技术。燃料电池发电装置的最大优点是在电化学反应过程中不存在动能做功造成的损失,因而与热机和发电机相比能量转换效率极高。第二,燃料电池作为大、中型发电装置使用时,可减少化学污染排放,而且操作过程中不产生噪声污染。第三,燃料电池可以使用多种多样的初级燃料,也可使用发电厂不宜使用的低质燃料,甚至城市垃圾,但需经专门装置对它们重整制取。虽然燃料电池有上述种种优点,在小范围应用中也取得了良好的效果,但由于技术问题,至今已有的燃料电池均还没有达到大规模民用商业化程度。

4. 水果电池

水果电池指的是在水果里面插入化学活性不同的金属电极,并用导线连接起来,由于水果里面有酸性电解质,而形成的一个原电池。水果电池的发电原理是,两种金属片的电化学活性是不一样的,其中更活泼的金属片能置换出水果中的酸性物质的氢离子,从而产生正电荷,由于整个系统需要保持稳定,所以会有电子的转移,产生电流。理论上来说,电流大小直接和果酸浓度相关。

1.5　节能和新能源的开发

我国长期面临能源供不应求的局面,人均能源水平低,能源利用率低,单位产品能耗高,所以必须用节能来缓解供需矛盾。所谓节能,就是在从能源生产到消费的各个环节减少损失和浪费,提高其有效利用率。节约能源,并不意味着影响社会活力,降低生产和生活水平,而是用同样数量的能源,获得更多可供消费的产品,以达到发展生产和提高人民生活水平的目的,或者是生产同样数量的产品,使能源消耗量最少,获得最大的经济效益。限制能源消费并不是本意,对能源更有效的利用才是节能的本意。

能源在生产、加工转换、运输、贮存直到最终使用的过程中,都要损失一部分能量。例如,火力发电时,煤炭在锅炉中燃烧,产生蒸汽去推动汽轮机做功,带动发电机发电。这一过程中,煤炭的化学能转换为热能,热能转换成机械能,机械能再转换为电能。仅是从煤炭到电,就要损失 60%～70%。电厂为了维持生产,还要消耗一部分蒸汽和电力;同时,把生产出来的电能输送到用户,还要损失相当一部分能量,这两者一般要占线路上总电能的 20% 左右。用户把电能再转换成其他形式的能量时,又要损失一部分,如白炽灯的 93%、电炉的 10%～15%、电动机的 8%～12% 被损失掉了。这样,电能利用的全效率(或称净效率)就非常低,照明只有 2%,电炉是 20%～21%,电动机是 21%～22%。如果再考虑煤炭开采和运输的损失,效率还要低一些。为了使最后被有效利用的能量尽可能大,必须按照能量转化规律选择最佳的转换系统和转换途径。

节能问题现已受到各国的普遍重视,作为能源经济发展的重要政策,节能也是我国的一项基本国策,这也是国民经济建设中一项长期的战略任务。江泽民在《对中国能源问题的思考》一文中指出:"能源政策是能源战略的重要保障,应实行有利于可持续发展的能源财税政策,财政、税收等经济手段对实施能源战略、落实能源规划,具有很强的引导和支持作用,有助于节能,推广应用能源新技术和新产品,加快新能源和可再生能源开发利用。"

燃油税

生活信息箱

燃油税等消费税种在许多欧洲国家和日本长期实施,促进了能效提高和技术开发,收到了显著的节能效果。燃油税于 2009 年 1 月 1 日正式在我国实施。燃油税是指对在我国境内行使的汽车购用的汽油、柴油所征收的税。它是费改税的产物,是取代养路费而开征的,其实质是汽车燃油税。它取代了先前不同车辆间几乎相同的养路费、车船使用税等固定支出。必须很好地使用燃油税这个经济杠杆,利用高燃油税政策,以促进节油、环保的小型车的发展。

在节能的同时我们也要积极开展各种新型能源的研究和探索,目前不成熟的新能源也可能成为未来的主要能源。当代新能源是指生物质能、太阳能、风能、地热能和海洋能等。它们的共同特点是资源丰富，可以再生，没有污染或很少污染，它们是远有前景、近有实效的能源。

1.5.1　生物质能

生物质(Biomass)是指生物体通过光合作用生成的有机物，包含所有动物、植物、微生物以及由这些生命体排泄和代谢所产生的有机物质，是地球上存在的最广泛的物质。生物质的种类繁多，植物类中有杂草、藻类、农林类废弃物(如秸秆、谷壳、薪柴、木屑等)；非植物类中有畜禽粪便、城市有机垃圾及工业废水等。生物质能(Biomass Energy)是以生物质为载体的能量，即把太阳能以化学能形式固定在生物质中的一种能量形式。生物质能是唯一可再生的碳源，并可转化成常规的固态、液态和气态燃料，是解决未来能源危机最有潜力的途径之一。在世界能耗中，生物质能约占14%，在不发达地区占60%以上。全世界约25亿人的生活能源90%以上是生物质能。生物质能的优点是易燃烧，污染少，灰分较低；缺点是热值及热效率低，体积大且不易运输。

1.生物质能的本质

生物质能是以生物质为载体的能量，即蕴藏在生物质中的能量，是绿色植物通过叶绿素将太阳能转化为化学能而储存在生物质内部的能量形式。因此，生物质能是直接或间接地来源于植物的光合作用。据估计，地球上植物每年光合作用固定的碳达2000亿吨，含能量达3×10^{21}焦，每年通过光合作用储存在植物的枝、茎、叶中的太阳能相当于全世界每年消耗能量的10倍。生物质遍布世界各地，蕴藏量极大，仅地球上的植物每年生产量就相当于目前人类消耗矿物能的20倍，或相当于世界现有人口食物能量的160倍。

2.生物质燃烧

生物质固体燃料是由多种可燃的、不可燃的无机矿物质及水分混合而成的。其中，可燃质是多种复杂的高分子有机化合物的混合物，主要由C、H、O、N和S等元素所组成，其中C、H和O是生物质的主要成分。生物质中可燃部分主要是纤维素、半纤维素、木质素。燃烧时纤维素和半纤维素首先释放出挥发性物质，主要含有H_2、CH_4等可燃气

体和少量的 O_2、N_2、CO_2 等不可燃气体,木质素最后转变为炭。

（1）生物质直接燃烧

生物质的直接燃烧是最简单的热化学转化工艺。生物质的直接燃烧技术是将生物质（如木材）直接送入燃烧室内燃烧,燃烧产生的能量主要用于发电或集中供热。生物质直接燃烧,只需对原料进行简单的处理,可减少项目投资,同时,燃烧产生的灰可作肥料。但直接燃烧生物质（特别是木材）产生的颗粒排放物对人体的健康有影响。此外,由于生物质中含有大量的水分,在燃烧过程中大量的热量以汽化潜热的形式被烟气带走排入大气,燃烧效率相当低,浪费了大量的能量。因此,从 20 世纪 40 年代开始了生物质的成型技术研究开发。我国从 20 世纪 80 年代引进开发了螺旋推进式秸秆成型机,近几年形成了一定的生产规模,目前在国内已形成了产业化。尽管生物质成型设备还存在着一定的问题,但生物质成型燃料有许多优点:便于储存、运输,使用方便、卫生,燃烧效率高,是清洁能源,利于环保。因此,生物质成型燃料在我国一些地区已进行批量生产,并形成研究、生产、开发的良好势头,在我国未来的能源消耗中,生物质成型燃料将占有越来越大的份额。

（2）生物质和煤的混合燃烧

对于生物质来说,近期有前景的应用是现有电厂利用木材或农作物的残余物与煤的混合燃烧。此技术的一个益处是可降低 NO_x 的排放。因为木材的含氮量比煤少,并且木材中的水分使燃烧过程冷却,减少了 NO_x 的热形成;另一个益处是使煤的着火点降低,燃烧温度区间拉长,从而使煤的燃尽特性变好,提高煤的利用效率。

（3）生物质的气化燃烧

生物质燃料要广泛、经济地应用于动力电厂,其应用技术必须能在中等规模的电站提供较高的热效率和相对低的投资费用,生物质气化技术使人们向这一目标迈进。**生物质气化是在高温条件下,利用部分氧化法,使有机物转化成可燃气体的过程。**产生的气体可直接作为燃料,用于发动机、锅炉、民用等。与煤气化不同,生物质气化不需要苛刻的温度和压力条件,这是因为生物质有较高的反应能力。

3. 生物质燃料乙醇

乙醇能够直接代替汽油、柴油等,既可以用作动力燃料,也可完全作为民用和工业用燃料,故有"燃料乙醇"之称。每千克乙醇燃烧约释放 30000 千焦的热量,而且不含硫及灰分,是一种优质的、极具发展潜力的、可规模化生产的、洁净的新型燃料。乙醇作为新能源,最大的优势在于其属于可再生能源。这是因为,目前世界上利用发酵法生产乙醇的主要原料有谷物、薯类、糖料作物和植物纤维质原料。随着粮食产量的提高,对以玉米为代表的新型能源植物的利用已经进入良性循环状态,即用作饲料的玉米,先经发酵制备出乙醇用作燃料,再将其副产品酒糟等加工成高蛋白饲料,用来饲养猪、马、牛、鸡等,可明显提高经济效益与社会效益。

乙醇的生产方法分为两类:微生物发酵法和化学合成法。我国乙醇生产以微生物发酵法为主。这种方法主要以富含淀粉或纤维素的作物等为原料,通过粉碎、脱胚制浆、液化、糖化、发酵、蒸馏、脱水,最终获得乙醇。化学合成法生产乙醇,主要是利用石油裂解产出的乙烯气体来合成乙醇,主要有乙烯直接水合法、硫酸吸附法、乙炔法 3 种工艺流程,其中乙烯直接水合法工艺应用较多。

经适当加工,燃料乙醇可以制成乙醇汽油、乙醇柴油、乙醇润滑油等用途广泛的工业燃料。生物质燃料乙醇在燃烧过程中所排放的二氧化碳和含硫气体均低于汽油燃料所产生的对应排放物,由于它的燃料比普通汽油更安全,使用 10％ 燃料乙醇的乙醇汽油,可使汽车尾气中的一氧化碳、碳氢化合物排放量分别下降 30.8％ 和 13.4％,二氧化碳的排放减少 3.9％。燃料乙醇作为增氧剂,使燃烧更充分,节能环保,抗爆性能好。而且,燃料乙醇燃烧所排放的二氧化碳和作为原料的生物源生长所消耗的二氧化碳在数量上基本持平,这对减少大气污染及抑制"温室效应"意义重大。

目前,世界上使用乙醇汽油时间最长、成效最大的国家是美国和巴西。1930 年,添加乙醇的汽油在美国的布达拉斯加州首次面世。1978 年,含 10％ 乙醇的汽油已经在该州较大规模使用。美国于 1978 年制定了"乙醇发展计划",开始大力推广含 10％ 乙醇的车用汽油(E10)。

巴西以生产甘蔗闻名于世,资源的优势和成熟的综合加工技术促进了燃料乙醇的早期发展。1975 年巴西政府出台"国家乙醇计划"。我国燃料乙醇发展空间十分可观。我国推行乙醇汽油洁净燃料,可以综合解决国家石油短缺、粮食相对过剩及环境恶化三大热点问题,对我国的农业、能源、环保、交通、财政诸方面将起到积极的推动作用。

4. 生物质燃料沼气

薪柴或生物秸秆作燃料,热能利用率仅 $10\% \sim 20\%$,而且有机肥料白白损失掉。如果先将生物质作为人类食物和动物饲料,然后将人畜排泄物与作物秸秆等混合投入沼气池进行厌氧微生物发酵,不但可以得到热能利用率为 $40\% \sim 60\%$ 的可燃烧的沼气和有机肥料,还可以得到化工产品,使生物质能得到多次的综合利用。

沼气是由有机物质(粪便、杂草、作物、秸秆、污泥、废水、垃圾等)在适宜的温度、湿度、酸碱度和厌氧的情况下,经过微生物发酵分解作用产生的一种可燃性气体。沼气的主要成分是 CH_4 和 CO_2,还有少量的 H_2、N_2、CO、H_2S 和 NH_3 等。通常情况下,沼气中 $50\% \sim 70\%$ 为 CH_4;其次是 CO_2,含量为 $30\% \sim 40\%$;其他气体含量较少。甲烷是一种无色、无味、无毒的气体,是一种优质燃料。氢气、硫化氢和一氧化碳也能燃烧。一般沼气因含有少量的硫化氢,在燃烧前带有臭鸡蛋味或烂蒜气味。沼气最主要的性质是其可燃性,沼气燃烧时放出大量热量,热值为 21520 千焦/米^3,约相当于 1.45 米^3 煤气或 0.69 米^3 天然气的热值。因此,沼气是一种燃烧值很高、很有应用和发展前景的可再生能源。

沼气发酵过程比较复杂。沼气池中的大分子有机物,在一定的温度、水分、酸碱度和密闭条件下,首先被不产甲烷微生物菌群中的基质分解菌水解成小分子物质,如蛋白质被水解成复合氨基酸,脂肪被水解成丙三醇和脂肪酸,多糖被水解成单糖类等。然后这些小分子物质进入不产甲烷微生物菌群中的挥发性酸生产菌细胞,通过发酵作用被转化成为乙酸等挥发性酸类和二氧化碳。由于不产甲烷微生物的中间产物和代谢产物都是酸性物质,沼气池液体呈酸性,故这一阶段称酸性发酵期,即产酸阶段。甲烷细菌将不产甲烷微生物产生的中间产物和最终代谢物分解转化成甲烷、二氧化碳和氮气。由于产生大量的甲烷气体,故这一阶段称为甲烷发酵或产气阶段。在产气阶段产生的甲烷和二氧化碳都能挥发而排出池外,而氨以强碱性的亚硝酸铵形式留在沼池中,中和了产酸阶段的酸性,创造了甲烷稳定的碱性环境,因此,这一阶段又称碱性发酵期。为了提高沼气发酵的产气速度和产气量,必须在原料、水分、温度、酸碱度以及沼气池的密闭性能等方面,为甲烷发酵微生物特别是甲烷细菌创造一个适宜的环境。同时,还要通过间断性的搅拌,使沼池中各种成分均匀分布。这样有利于微生物生长繁殖和其活性的充分发挥,提高发酵的效率。

我国地广人多,生物能资源丰富。经过多年的发展,2005年底,全国已建成大中型沼气工程700多座。这些工程主要分布在中国东部地区和大城市郊区。其中仅江苏、浙江、江西、上海和北京5个省、直辖市目前正在运行的大中型沼气工程就占全国总量的一半左右。沼气发酵可用来处理城乡生活污水、垃圾和工农业废水、废物及人畜粪便等。沼气的用处很多,可以代替煤炭、薪柴用来煮饭、烧水,代替煤油用来点灯照明,可以代替汽油开动内燃机,还可以用沼气发电等。同时沼气在综合利用上也取得长足进展,沼气储粮、水果保鲜、沼液浸种、防治农作物病虫害、作饲料添加剂、沼渣肥田、栽培食用菌等技术,正在广泛应用。

5. 能源植物

能源植物是生物质能发展的重要原材料,目前开发利用的重要能源植物主要有高粱、甘蔗、木薯、耶路撒冷菜蓟、麻风树、光皮树、黄连木、油楠、绿玉树和一些藻类等。草本能源植物(如甜高粱、甘蔗、薯类、玉米等)在生物质能方面的用途主要是制取燃料乙醇。能源植物具有环保性能好、可再生、低成本、安全性好和持续稳定性好等优点,因此,能源植物是未来发展的一种重要新能源,是绿色环境的重要组成部分,是解决全球能源危机和环境污染的有效手段。

1978年,美国加利福尼亚大学的卡尔文以热带大戟科植物为基础,培育出好几种能提取液体燃料的植物。割开这些植物的表皮就会流出含有烃的白色乳状液,可直接用作汽车的燃料。人们把这类植物称为"石油草"。卡尔文的研究小组从3000多种植物中发现了12种,其中1千克绿玉树枝可提取80克石油物质,卡尔文因而获得了诺贝尔奖。人们由此发现,有些树在进行光合作用时,会将碳氢化合物储存在体内,形成类似石油的烷烃类物质。这些植物生产的小分子碳氢化合物,加工后可合成汽油或柴油的替代用品。现已发现的大量可直接生产燃料油的植物,主要分布在大戟科,如绿玉树、三角戟、续随子等。如产于澳大利亚的古巴树(也称柴油树),每年从每棵成年树中可获得约25升燃料油,且这种油可直接用于柴油机;巴西生长的香胶树是一种枝干粗大的常绿乔木,一年能分泌 $40 \sim 60$ 千克胶液,纯净的胶液不经提炼可直接作柴油使用,每公顷香胶树可年产"石油"225 桶;美国加利福尼亚州生产的"黄鼠草"每公顷可提炼 1000 升石油,若经人工杂交种植,每公顷可提炼石油 6000 升。我国幅员辽阔,地大物博,也不乏石油植物,如海南的油楠,砍掉树干,油就会源源而出,一棵直径0.4 米、高12 米的油楠,可年产类柴油物质 $10 \sim 25$ 升,一颗大树可产 50 升;桉树高产"石油",在我国栽培也甚广。与其他能源相比,石油植物是绿色植物,在生产过程中一般不会污染环境,而且属于可再生资源,可有计划地种植和收获。

藻类是最具应用前景的能源植物。科学研究表明,在一些藻类中含有极其丰富的烃类碳氢化合物,如丛粒藻、巨型藻及小球藻等,大多含有30%~50%,有的甚至可高达 85% 左右。因此,科学家认为水藻是当今最有开发前途的能源之一。如美国已利用西海岸的巨型藻提炼柴油;日本正积极培植一种微细藻类,将其干燥后,与催化剂一起进行燃烧,制取醇类燃料进行发电。英国科学家另辟蹊径,早在 20 世纪 90年代初就开展利用水藻直接发电技术的研究,并卓有成效地做出"样板",最近又研制出一套功率为 25 千瓦的水藻发电系统,并投入试发电。能源专家认为,利用水藻发电优点很多,首先是发电的成本低。经试验,目前英国利用水藻发电成本比核能发电便宜很多,与煤炭、石油和天然气的成本相当;同时,水藻在燃烧过程中产生的 CO_2 等于水藻在生长过程中吸收的 CO_2,因此不向大气排出过量的 CO_2,是一种中性的环境洁净燃料;另外,水藻也是一种取之不尽、用之不竭的可再生能源,来源广泛,品种多,生长快,产量高。在 21 世纪的能源植物中,水藻发电将大有作为。

1.5.2 太阳能

地球上最根本的能源是太阳能。太阳能是一种巨大、无污染、洁净、安全、经济的自然能源。辐射到地球表面上的太阳能约有 47% 以热的形式被地面和海洋吸收,约有 22% 用作海水、河川、湖泊等的水分蒸发,产生降雨、降雪,约有 0.2% 引起风浪波,只有 0.02%～0.03% 用于植物的光合作用。

1. 太阳能的本质

太阳表面的有效温度为 5762K,而内部中心区域的温度则高达几千万度,压力为 3×10^{16} Pa。组成太阳的物质中 75% 是氢,在这样高的温度下,原子失去了全部或大部分的核外电子,因而太阳中最丰富的氢原子只剩下了它的原子核——质子。粒子在这样高的温度下热运动速度非常大,以致它们互相碰撞而发生核反应。太阳是一座核聚合反应器,它在持续地把氢变成氦,不断放出巨大的能量来维持太阳的光和热辐射。太阳能是太阳内部连续不断的氢核聚变反应过程产生的能量。科学家们认为太阳上的核反应是:

$$4{}_1^1H \longrightarrow {}_2^4He + 2\beta^+ + \Delta E$$

式中:β^+ 为正电子的符号。

太阳内部持续进行着氢聚合成氦的核聚变反应,所以不断地释放出巨大的能量,并以辐射和对流的方式由核心向表面传递热量,温度也从中心向表面逐渐降低。氢在聚合成氦的过程中释放出巨大的能量。在核聚变反应过程中,1 克氢变成氦时质量将亏损 0.00729 克,释放出 6.48×10^{11} 焦的能量,这样,太阳每秒钟将 657×10^6 吨氢借助热核反应变成 653×10^6 吨氦,即每秒钟亏损 400 万吨质量,产生的功率为 390×10^{21} 千瓦。根据目前太阳产生核能的速率估算,其氢的储量足够维持 600 亿年,因此可以说太阳能用之不竭,太阳能的利用前景非常诱人。

地球上的风能、水能、海洋温差能、波浪能和生物质能以及部分潮汐能都是来源于太阳;即使是地球上的化石燃料(如煤、石油、天然气等),从根本上说也是远古以来储存下来的太阳能。因此,**广义的太阳**

能所包括的范围非常大;狭义的太阳能则限于太阳辐射能的光热、光电和光化学的直接转换。

2.太阳能的利用

太阳能资源分析是太阳能利用是否可行的基础。太阳能作为一次能源,又是可再生能源,有着其独特的优点:太阳能有着无限的储量,取之不尽,用之不竭,存在普遍,可就地取用,在开发利用过程中不产生污染,从原理上讲技术可行,有着广泛利用的经济性。但从利用角度来看,太阳能有两个主要缺点:一是能流密度低;二是其强度受各种因素(如季节、地点、气候等)的影响而不能维持常量。这两大缺点大大限制了太阳能的有效利用。人类对太阳能的利用有着悠久的历史。我国早在 2000 多年前的战国时期就知道利用铜制凹面镜聚集太阳光来取火,利用太阳能来干燥农副产品。发展到现代,太阳能的利用已日益广泛,包括太阳能的光热利用、太阳能的光电利用和太阳能的光化学利用等。

通过转换装置把太阳辐射能转化成热能利用属于太阳能热利用技术,如已广泛使用的太阳能热水器、太阳灶、空调机、被动式采暖太阳房、干燥器、集热器、热机等。利用太阳热能进行发电称为太阳能热发电,也属太阳能热利用技术领域。而通过转换装置把太阳辐射能直接转换成电能属于太阳能光发电技术,目前这一领域已成为太阳能应用的主要方向。如科学家们已制作出各种太阳能电池,制氢装置及太阳能自行车、汽车、飞机等,并在开展建造空间电站的前期工作。在多种太阳能电池中,硅太阳能电池已进入产业化阶段。光电转换装置通常是利用半导体器件的光伏效应原理进行光电转换,因而又称为太阳能光伏技术。太阳能的光化学利用主要有 3 种方法:光合作用、光化学作用(如光分解水制氢)和光电转换(光转换成电后电解水制氢)。

北京奥运会中的太阳能应用

2008年北京奥运会是我国在太阳能应用方面的展示窗口,"新奥运"充分体现"节能奥运、绿色奥运"的新理念。

奥运村采用太阳能热水系统为1.68万名运动员提供热水。该系统对各环节进行了综合考虑,采用真空直流热管间接循环利用太阳能的方式,具有系统独立、出水温度稳定、赛时及赛后保障性更好、便于计量等优点,其工程规模和技术先进程度达到了国际领先水平,为历届奥运会之最。在奥运会后,该系统还能满足全区近2000户居民的生活热水需求,年节约电量近1000万千瓦时、标准煤2400吨,年减少排放二氧化碳约8000吨、二氧化硫20吨、粉尘200吨。

在国家体育馆等7个奥运场馆和奥运工程中,太阳能光伏并网发电系统年发电量为70万千瓦时,相当于节约标准煤170吨,减少二氧化碳排放570吨。其中仅奥运会主场馆"鸟巢"采用的太阳能光伏发电系统总装机容量就达到130千瓦,对奥运场馆的电力供应起到了良好的补充作用。另外,太阳能还将为90%的奥运场馆草坪灯、路灯提供照明,这是奥运历史上第一次。北京市公交集团透露,34条奥运公交专线的公交车站牌顶部均装有太阳能光伏系统,供夜间照明使用。

据了解,青岛奥运帆船基地采用的海尔太阳能空调系统能有效地将太阳能转化成冷能源或热能,用于夏季制冷、冬季供暖,同时还能满足厨房、浴室、卫生间等多处热水需求,实现了生活用水、制冷、供暖的三位一体。

生活信息箱

1.5.3　氢　能

氢能是指以氢及其同位素为主体的反应中或氢的状态变化过程中所释放的能量,包括氢核能和氢化学能两大部分。广义上来说,氢能包括氢的同位素氘、氚的聚变反应释放的能量,这个在核能部分已作介绍。常规意义上的氢能,从比较狭窄的意义说,就是氢燃烧所放出的化学能。基本化学过程就是氢与氧化合成水,放出能量。从较广的意义说,就是氢和氧通过化学反应直接转变成电能的过程,或氢作为热能和机械能的中间载体而转变能量的过程。

氢能是未来最理想的二次能源。氢在宇宙中储量丰富,可以重复使用,对人类的生存环境不会造成污染,氢具有较高的热值,而且便于贮存、运输和使用,氢的危险程度很低,因为氢的火焰的发光度非常低,散发的热度很低。

1. 氢的制取

自然界中不存在纯氢,它只能从其他化学物质中分解、分离得到。由于资源分布不均,制氢规模与特点呈现多元化格局。现在世界上的制氢方法主要是以天然气、石油、煤为原料,在高温下使其与水蒸气反应或部分氧化制得。我国目前的氢气来源主要有两类:一是采用天然气、煤、石油等蒸气转化制气或是甲醇裂解、氨裂解、水电解等方法得到含氢气源,再分离提纯这种含氢气源;二是从含氢气源(如精炼气、半水煤气、城市煤气、焦炉气、甲醇尾气等)中用变压吸附法(PSA)、膜法来制取纯氢。通常制氢的途径有:从丰富的水中分解氢;从大量的碳氢化合物中提取氢;从广泛的生物资源中制取氢;利用微生物去生产氢等。但是作为能源使用,特别是普通的民用燃料,首先要求产氢量大,同时要求造价较低,即经济上具有可行性,这是今后制氢技术的选择标准。就长远和宏观而言,氢的主要来源是水,以水裂解制氢应是当代高技术的主攻方向。

2. 氢的储存

氢的储存是氢能应用的前提。氢在一般条件下以气态形式存在,且易燃,易爆,这就为储存和运输带来了很大的困难。氢的储存和运输是氢能系统的关键。储氢及输氢技术要求能量密度大（包含单位体积和质量储存的氢含量大）、能耗少、安全性高。总体来说，氢气储存可分为物理法和化学法两大类。物理储存方法主要有液氢储存、高压氢气储存、活性炭吸附储存、碳纤维和碳纳米管储存、玻璃微球储存、地下岩洞储存等。化学储存方法有金属氢化物储存、有机液态氢化物储存、无机物储存、铁磁性材料储存等。其中金属氢化物储氢是指把氢以金属氢化物的形式储存在合金中，氢以原子状态储存于合金之中，重新释放出来时经历扩散、相变、化合等过程。这类合金大都属于金属间化合物，制备方法一直沿用制造普通合金的技术。这类合金有一种特性，当它们在一定温度和压力下曝置在氢气气氛中时，就可吸收大量的氢气，生成金属氢化物，生成的金属氢化物加热后释放出氢气，利用这一特性就可有效地储氢。一些无机物（如 N_2、CO、CO_2）能与 H_2 反应，其产物既可以作燃料又可以分解获得 H_2，是一种目前正在研究的储氢新技术。有机液体氢化物储氢是借助不饱和液体有机物与氢的一对可逆反应，即利用催化加氢和脱氢的可逆反应来实现，加氢反应实现氢的储存（化学键合），脱氢反应实现氢的释放。

3. 氢能的利用

氢能作为一种清洁的新能源和可再生能源，其利用途径和方法很多。氢是石油、化工、化肥和冶金工业中的重要原料。氢可直接应用于化学工业生产中，当今氢的最大应用是在合成氨工业上。金属氢化物具有化学能、热能和机械能相互转换的功能。例如，储氢金属具有吸氢放热和吸热放氢的本领，可将热量储存起来，作为房间内取暖和空调使用。氢作为气体燃料，首先被应用在汽车上。1976 年 5 月，美国研制出一种以氢气作燃料的汽车。后来，日本也研制成功一种以液态氢为动力的汽车。用氢作汽车燃料，不仅干净，在低温下容易发动，而且对发动机的腐蚀作用小，可延长发动机的使用寿命。由于氢气与空气能够均匀混合，完全可省去一般汽车上所用的气化器，从而可简化现有汽车的构造。更令人感兴趣的是，只要在汽油中加入 4% 的氢气，用它作为汽车发动机燃料，就可节油 40%，而且无需对汽油发动机做多大的改变。氢气在一定压力和低温下很容易变成液体，因而将它用铁路罐车、公路拖车或者轮船运输都很方便。液态的氢既可用作汽车、飞机的燃料，也可以用作火箭、导弹的燃料。美国的"阿波罗"宇宙飞船和我国的"长征"运载火箭，都是用液态氢作燃料的。另外，使用氢—氧燃料电池还可以把氢能直接转化成电能，使氢能的利用更为方便。目前这种燃料电池已在宇宙飞船和潜水艇上得到使用，效果较好，但由于成本太高，一时还难以普遍使用。

1.5.4 地热能

地热能（Geothermal Energy）是由地壳抽取的天然热能。这种能量来自地球内部的熔岩，并以热力形式存在，是引发火山爆发及地震的能量。地热能集中分布在构造板块边缘一带，该区域也是火山和地震多发区。地热能也是太阳能、生物质能等新能源家族中的重要成员，是一种无污染或极少污染的清洁绿色能源。地热资源集热、矿、水为一体，除可以用于地热发电以外，还可以直接用于供暖、洗浴、医疗保健、休闲疗养、农业养殖、纺织印染、食品加工等。此外，地热资源的开发利用可带动地热资源勘查、地热井施工、地热装备生产、水处理、环境工程及餐饮、旅游度假等产业的发展。我国地热资源丰富，开发地热这种新的清洁能源刻不容缓。

专家提示

地热开发需谨慎

地热能的分布相对来说比较分散，开发难度大，开发地热不当也会引发灾难。通常人们认为，地震是由于地球板块的运动引起的，但发生在巴塞尔的一系列轻量级地震表明，人为的原因也能导致地震。瑞士巴塞尔在钻井开采地热过程中引发了里氏3.4级的地震，造成了当地居民的恐慌。由于人类对岩浆层附近液体的构成还一无所知，因此至少需要10年的研究才有可能将上述地热能转化成可利用的能量。尽管如此，巨大的地热能前景广阔。

1.5.5 海洋能

海洋能指海水本身含有的动能、势能和热能。海洋能包括海洋潮汐能、海洋波浪能、海洋温差能、海洋潮流能、海水盐度差能和海洋生物能等可再生的自然能源。开发利用海洋能即是把海洋中的自然能量直接或间接地加以利用,将海洋能转换成其他形式的能。目前有应用前景的是潮汐能、波浪能和潮流能。

1. 潮汐能

潮汐能是指海水潮涨和潮落形成的水的势能。潮汐能的利用主要是潮汐发电。潮汐发电是利用海湾、河口等有利地形,建筑水堤,形成水库,以便蓄积大量海水,并在坝中或坝旁建造水力发电厂房,通过水轮发电机组进行发电。潮汐能的能量密度很低,相当于微水头发电的水平。世界上潮差的较大值约为 13~15 米,我国的最大值(杭州湾澉浦)为 8.9 米。一般来说,平均潮差在 3 米以上就有实际应用价值。我国的潮汐能理论估算值为 10^8 千瓦量级。只有在潮汐能量大且适合于潮汐电站建造的地方,潮汐能才具有开发价值。中国沿海可开发的潮汐电站坝址为 424 个,总装机容量约为 2.2×10^7 千瓦。浙江、福建和广东沿海为潮汐能较丰富地区。

2. 波浪能

波浪能是指海洋表面波浪所具有的动能和势能,是海洋能源中能量最不稳定的一种能源。利用波浪能的关键是波浪能转换装置。通常波浪能要经过三级转换:第一级为受波体,它是把大海的波浪能接收进来,一般为一对实体,即受能体和固定体,受能体直接与波浪接触,将波浪能转换为机械运动。往往水体本身就是受能载体,如设置库室或流道,就可容纳这些受能体,这样可以使受能体翻越堤坝,构成水库,然后用水力发电。第二级转换叫中间转换,它是将第一级转换与最终转换沟通。因为第一级转换往往达不到最终转换推动机械运动的要求,通过中间转换才能传输足够稳定的能量。波浪能的最终转换是发电,它与其他发电设备一样。

3. 潮流能

潮流能是指海水流动的动能,主要是指海底水道和海峡中较为稳定的流动。海水不是静止的,它受天体运动和潮水涨落,以及海水温度变化等多种因素的影响,总是在流动着。有的海流比较规则,流速较大,有一定的方向性;有的则局限于小范围的流动。潮流能资源开发利用要解决一系列复杂的技术问题。

1.5.6　风　能

风是地球上最常见的自然现象之一,风是如何形成的呢? 地球的表面被厚厚的一层大气包裹着,大气层的厚度大约在 1000 千米以上,但没有明显的界限。大气层的空气密度随高度而减小,越高空气越稀薄。由于地面各处受太阳辐照后气温变化不同和空气中水蒸气的含量不同,因而各地气压有差异,空气在水平方向由高压地区向低压地区流动,即形成风。

风能资源受地形的影响较大,世界风能资源多集中在沿海和开阔大陆的收缩地带,如美国的加利福尼亚州沿岸和北欧一些国家,中国的东南沿海、内蒙古、新疆和甘肃一带风能资源也很丰富。风能的利用主要有以风能作动力和风力发电两种形式,其中又以风力发电为主。风能的间断性、变化性和风能量密度小的特点,给风能的利用特别是大规模的利用,带来了很大的困难。但风能利用比较简单,机动灵活,作为常规能源的替代和补充,是一种很有前途的分散代用能源。

新能源的开发受到世界各国的重视,但进展缓慢,这是因为技术难度较大,对所需研究基金的投资要求较高,有些示范装置,效能虽好,但因成本过高而不易推广。新能源的开发都是综合性项目,涉及化学、物理、电子、机械、仪表控制等各行各业,其中所需各种新材料,需要化学工作者进行研制;许多化学过程和反应条件,需化学工作者进行深入细致的研究。总之,化学家将积极参与新能源的开发工作。随着新能源的不断开发,世界能源结构正向多样化的方向发展。

生活中的化学

北京奥运会中的新能源汽车

　　北京奥运会期间,从"鸟巢"、"水立方"到"奥运村",500 余辆新能源汽车穿行其间,成为北京奥运会几大亮点之一。其中包括 50 辆锂电池纯电动客车、25 辆混合动力客车、75 辆混合动力轿车、20 辆燃料电池轿车以及 3 辆燃料电池客车,其余均为纯电动场地车。这个阵容几乎代表了中国在新能源汽车领域的最高水平。

第 2 章　化学与环境

社会的发展离不开化学,化学科学的快速发展,加快了社会发展的速度,然而,在促进社会发展的同时,由于化学药品的被滥用、处置不当,或局限于科学认知的水平,给人类赖以生存的环境带来了极大的压力。环境问题成为当今社会发展的一个重大的亟待解决的问题,绿色化学的兴起对化学污染环境的治理带来了新理念新思路新方法。环境污染与环境保护都与化学科学紧密相关。本章通过介绍大气环境化学、水环境化学、土壤环境化学、绿色化学等,分析了环境问题的成因及对人类的危害,简要介绍解决环境问题的化学方法,以及日常生产、生活中保护环境的措施。

2.1　环境概述

环境是指以人类为主体的外部世界,即人类赖以生存和发展的物质条件的整体。它是人类开发和利用的对象,凝聚着社会因素和自然因素,所以我们的环境可分为社会环境、自然环境两大类。自然环境是社会环境的基础,而社会环境又是自然环境的发展。

2.1.1　自然环境中的化学物质循环

自然环境可分为四个圈层:生物圈、大气圈、水圈和岩石圈,总称生态圈,这是经过漫长的演化而形成的。各圈层之间有着复杂的物质交换和能量交换,如图 2-1 所示。碳、氢、氧、氮、磷是自然界中的主要元素,物质和能量的交换主要是通过这些元素及其组成的化合物的循环实现的。其中水、碳、氮三大循环在生命活动中起着重要的作用。

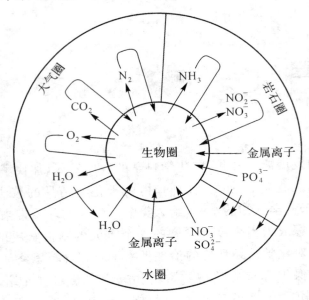

图 2-1　生物圈示意图

1. 水循环

　　一切的生命活动都离不开水。水的循环是在太阳能和重力的驱动下,水的固、液、气三态的转化,并在气流和海流的推动下在生物圈的循环。水循环主要途径如下:江、海、湖、地表水和植物体内水分不断蒸发或通过蒸腾作用,以气态的形式进入大气;大气中的水汽遇冷,形成雨、雪、雹等降水返回地球表面,一部分直接进入水域中,一部分落到陆地上,形成地表径流,流入江、海、湖或渗入地下,供植物根吸收。

2. 碳循环

　　碳是构成生物体的最基本元素之一,主要以有机碳和无机碳的形式储存在地球上,其中最大的两个碳库是化石燃料和岩石圈。碳的循环主要是通过 CO_2 进行,大气中的 CO_2 部分被海洋、生物圈和土壤等吸收,然后通过生物或地质过程以及人类活动,又返回大气。碳循环的主要途径如下:植物光合作用吸收 CO_2;动植物生命活动产生 CO_2;碳在地质层形成煤、石油、天然气等矿物,这些矿物燃烧时释放 CO_2。

3. 氮循环

氮是组成蛋白质的主要元素,主要存在于大气、生物体和矿物质中。氮循环主要途径如下:大气中的氮气通过生物固氮或工业固氮等作用转变为无机态氮化物;无机态氮化物被植物体吸收,合成各种蛋白质、核酸等有机氮化物;动物直接或间接以植物为食,从中摄取蛋白质;通过动物代谢,以及微生物分解动植物的尸体,氮的有机化合物被分解,主要以氨的形式进入土壤;土壤中的氨形成硝酸盐,一部分被植物所吸收,一部分通过反硝化细菌作用形成氮气返回大气。

2.1.2　环境化学

1. 什么是环境化学

环境化学是研究化学物质在环境中迁移、转化、降解的规律及化学物质在环境中的作用的科学。它可以定义为研究源头,反应,物质运动,作用效果以及化学元素在空气、土壤和水利环境的生存和人类活动对其的影响的科学。

一方面,环境化学是在无机化学、有机化学、分析化学、物理化学、化学工程学基础上研究环境中的化学现象,可以认为它是一个新的化学分支学科。

另一方面,环境化学又是从保护自然环境和人类健康的角度出发,将化学与生物学、气象学、水文地质学、土壤学等进行综合,逐渐发展了新的研究方法、手段、观点和理论,因而它又是环境科学的一个核心分支学科。

2. 环境化学的分类

由于相关学科的相互渗透和交叉,在环境化学研究领域内已经形成了许多分支学科和研究方向,一般认为环境化学可以包括以下分支学科。

(1)环境分析化学

要获得化学污染物在环境中的本底和污染现象,必须运用化学分析的技术取得各种数据,为环境中污染物化学行为的研究、环境质量的评价、环境污染的预测以及污染治理等提供科学依据。因此,环境分析化学是环境科学研究和环境保护必备的重要手段。

环境分析化学运用近代物理化学方法监测和追踪污染物的含量及分布,研究污染物的存在形式及结构。

(2)大气、水体、土壤环境化学

大气、水体、土壤环境化学研究化学污染物在大气、水体、土壤中的形成、迁移、转化和归宿过程中的化学行为和效应。

大气污染化学是研究有重要影响的化学物质(如颗粒物、硫氧化物、氮氧化物、碳氧化物、碳氢化物和臭氧等)在大气中的性质、化学行为和化学机制的科学,涉及地面、对流层和平流层存在的多种化学物质。

水污染化学主要是在溶液平衡理论(酸碱、沉淀与溶解、氧化还原、配合与电离)基础上,研究化学物质在水环境中的存在(包括浓度、形态和分布)、行为(包括迁移、转化及其归宿)与效应(包括环境效应和生态效应),特别是对重金属、农药等污染物在水体中的存在与化学转化的研究。

土壤环境化学研究农用化学药品等化学物质在土壤环境中的迁移、转化和归宿及其对土壤化学变化和人体健康的影响。

(3)污染生态学

污染生态学研究化学污染物质引起生态效应的化学原理过程和机制,宏观上研究化学物质在维持和破坏生态平衡中的基本化学问题,微观上研究化学物质和生物体相互作用过程的化学机制。

(4)污染控制化学

污染控制化学研究与污染扩展有关的化学机制和工艺技术中的化学基础性问题,以便最大限度地控制化学污染,为开发经济、高效的污染控制技术,发展清洁能源与绿色生产提供科学依据。

2.1.3 环境问题

1. 什么是环境问题

环境问题通常是指:"由于人类活动作用于人们周围的环境所引起的环境质量变化,以及这种变化反过来对人类的生产、生活和健康产生影响的问题。"环境问题按其产生原因可以归纳为原生环境问题和次生环境问题两类。**原生环境问题是指一些非人类能力所能控制的,而由自然因素(活动)引起的环境变化。次生环境问题是指由人类的社会经济活动造成的对自然环境的破坏。**目前,我们所说的环境问题主要是指由人类利用环境不当和人类社会发展中与环境不相协调所致的环境问题。

2.世界环境污染重大记事

(1)著名的八大公害事件

马斯河谷事件 1930年12月1—5日比利时马斯河谷工业区,由于工厂排出的有害气体在近地层积累,无法扩散,造成几千人生病。病人的症状表现为胸痛、咳嗽、呼吸困难等。一星期内,有60多人死亡,其中以原先患有心脏病和肺病的人死亡率最高。与此同时,许多家畜也患了类似病症,死亡的也不少。

多诺拉事件 1948年10月26—31日美国宾夕法尼亚州多诺拉镇。由于二氧化硫及其氧化作用的产物与大气中尘粒结合,导致全镇14000人中近6000人出现眼痛、喉痛、流鼻涕、干咳、头痛、肢体酸乏、呕吐、腹泻等症状,死亡17人。

洛杉矶光化学烟雾事件 20世纪40年代初期,美国洛杉矶市全市250多万辆汽车每天消耗汽油约1600万升,向大气排放大量碳氢化合物、氮氧化物、一氧化碳。该市临海依山,处于50公里长的盆地中,汽车排出的废气在日光作用下引起光化学反应,形成以臭氧为主的光化学烟雾。

伦敦烟雾事件 1952年12月5—8日英国伦敦市,全境为浓雾覆盖,使呼吸道患者猛增,4天中死亡人数较常年同期多40000人左右,事件发生的一周中因支气管炎死亡的人数是事件前一周同类人数的93倍。

四日市哮喘事件 1955年以来,日本四日市石油冶炼和工业燃油产生的废气,严重污染城市空气。重金属微粒与二氧化硫形成硫酸烟雾。1961年,该市哮喘病发作案例激增。1967年一些患者因不堪忍受哮喘病而自杀。1972年该市共确认哮喘病患者达817人,死亡10多人。

米糠油事件　1968 年 3 月,日本北九州市爱知县一家工厂在米糠油生产的脱臭工序中不慎将多氯联苯混入米糠油,令人和鸡食用后中毒,造成 13000 多人受到伤害,死亡 16 人。

水俣病事件　1953—1956 年日本熊本县水俣市,含甲基汞的工业废水污染水体,汞在海水、底泥和鱼类中富集,又经过食物链进入人体,造成 283 人中毒,其中 60 人死亡。

痛痛病事件　1955—1972 年日本富山县神通川流域,锌、铅冶炼厂等排放的废水污染了神通川水体,两岸居民利用河水灌溉农田,使稻米和饮用水含镉。病人骨骼严重畸形、脆弱易折,全身剧痛,身长缩短。1963—1979 年期间共有患者 130 人,其中 81 人死亡。

(2)其他公害事件

事　件	时　间	地　点	危　害	原　因
北美死湖事件	自 20 世纪 70 年代开始	美国东北部和加拿大东南部	出现了大面积酸雨区,多个湖泊池塘漂浮死鱼,湖滨树木枯萎	工业生产大量排放二氧化硫气体
塞维索化学污染事件	1976 年 6 月	意大利塞维索	污染大气,其中严重污染面积达 1.08 千米^2,轻度污染区为 2.7 千米^2,涉及大量居民	化工厂爆炸引起农药有毒物外泄
卡迪兹号油轮事件	1978 年 3 月 16 日	美国	污染了 350 公里长的海岸带	卡迪兹号油轮漏出原油 22.4 万吨
墨西哥湾井喷事件	1979 年 6 月 3 日	墨西哥湾南坎佩切湾	海洋环境受到严重污染	海域的油井突然发生严重井喷
墨西哥液化气爆炸事件	1984 年 11 月 9 日	墨西哥	4200 人受伤,400 人死亡,300 栋房子被毁,10 万人被疏散	墨西哥石油公司一个油库爆炸

续表

事件	时间	地点	危害	原因
博帕尔公害事件	1984 年 12 月 3 日	印度中央邦博帕尔市	1408 人死亡,2 万人严重中毒,15 万人进医院就诊	45 吨异氰酸甲酯泄漏
切尔诺贝利核泄漏事件	1986 年 4 月 27 日	乌克兰	31 人死亡,203 人受伤,13 万人被疏散,直接受损 30 亿美元	切尔诺贝利核电站 4 号反应堆机房爆炸
莱茵河污染事件	1986 年 11 月 1 日	瑞士巴塞尔市	事故段生物绝迹,160 千米内鱼类死亡,480 千米内水不能饮用	化学公司仓库起火,硫、磷、汞等毒物流入河道
阿拉斯加湾溢油污染事件	1989 年 3 月 24 日	美国	数千公里海岸线布满了原油,对此地的海洋生态环境造成了大范围的严重影响	瓦尔迪兹号油船溢放了 3.8 万吨原油
雅典"紧急状态"事件	1989 年 11 月 2 日	雅典	许多市民出现头疼、乏力、呕吐、呼吸困难等中毒症状	空气中 CO_2、CO 浓度超过危险线

3. 中国近年出现的"十大水污染事件"

1994 年淮河水污染事件 1994 年 7 月,淮河上游开闸泄洪使河水受到污染,鱼虾丧失,下游水质恶化,造成沿河各自来水厂被迫停止供水达 54 天之久,百万淮河民众饮水告急。

昆明滇池水污染事件 滇池自 20 世纪 70 年代开始遭受破坏和污染,1999 年污染达到高峰。目前滇池的湖面日益缩小,水质为劣 Ⅵ 类,每年夏天均要暴发蓝藻水华,污染严重。据报道,现在昆明市有关部门已经决定慎用滇池水作为饮用水。

江苏太湖水污染事件 20 世纪 90 年代以来,太湖水体也受到富营养化污染,虽然大体保持为 Ⅲ 类水体,但是水体中的氮、磷含量仍不断上升。近年来,太湖蓝藻暴发频繁,暴发范围不断扩大,给水体的饮用、养殖、观赏等带来了极大的危害。

2002 年南盘江水污染事件　2002 年 10 月,南盘江柴石滩以上河段发生严重的突发性水污染事件,造成上百吨鱼类死亡,下游柴石滩水库 3 亿多立方米水体受到污染。同时,由于其地处云南省经济较发达的地区,此次水污染造成巨大经济损失。

2003 年三门峡"一库污水"事件　近年来,由于工业和生活污水排放量增加,三门峡水库水质严重下降。2003 年,黄河发生严重污染事件,三门峡水库泄水呈"酱油色",水质已恶化为 V 类,市民们饮水成问题。

2004 年沱江"三〇二"特大水污染事件　川化股份公司第二化肥厂将大量高浓度工业废水排进沱江,导致 2004 年 2 月底 3 月初,沱江江水变黄变臭,江面上还漂浮着大量死鱼,居民饮用自来水也变成了褐色并带有氨水的味道。这次事故导致沿江简阳、资中、内江三地百万群众饮水被迫中断,50 万公斤网箱鱼死亡,直接经济损失在 3 亿元左右,被破坏的生态需要 5 年时间来恢复。

2005 年松花江重大水污染事件　2005 年 11 月 13 日,中石油吉林石化公司双苯厂苯胺车间发生爆炸事故。事故产生的约 100 吨对人体健康有危害的苯、苯胺和硝基苯等有机污染物流入松花江,导致哈尔滨市区供水停止。

2006 年白洋淀死鱼事件　2006 年二三月份,白洋淀水体污染较重,水中溶解氧过低,造成鱼类大面积死亡,以及任丘市所属 9.6 万亩水域全部污染,鱼类养殖业损失惨重。

2007 年江苏沭阳水污染事件　2007 年 7 月 2—4 日,沭阳县饮水取水口受污染,氨氮含量超标,自来水厂被迫关闭超过 40 小时,城区 20 万人口喝水、用水受到不同程度的影响。

2008 年广州钟落潭水污染事件　2008 年白云区钟落潭镇白沙村,由于饮用水管接驳上了水井,并受到工业污染,导致水体亚硝酸盐超标,41 名村民饭后都出现了呕吐、胸闷、手指发黑及抽筋等中毒症状。

2.2　大气环境化学

2.2.1　大气及大气中的污染物

1. 大气组成及其作用

包围在地球外壳的气体部分,叫作"大气圈",通常称为大气。大气的主要成分是空气,另外还有少量水汽、尘埃和其他微量杂质。空气的主要成分是氮气(78.09%)、氧气(20.94%)、氩气(0.93%),三者共占整个空气总量的 99.9%,空气中 CO_2 含量只有 0.035%,另外还有一些稀有气体(He、Ne、Ar、Kr、Xe、CH_4、NO_2、SO_2、CO、NH_3、O_3 等),总共也不超过总量的 0.1%。

大气圈是地球组成中迁移活动最广泛最活跃的部分。由于大气圈总是不断地同生物圈进行物质交换,它是植物光合作用所需的二氧化碳和呼吸作用所需的氧气的来源,它提供了固氮细菌和合成氨工厂为制造氮化肥所需的氮,它也是水循环的一个传输体,把水资源从海洋输送到陆地(它就像太阳所驱动的蒸馏系统中的冷凝器)。因此,它是一切生物能量的直接供应者,是人类和一切生物赖以生存的十分重要的环境组成部分。同时,大气也是保护地球上的生命体免受外层空间有害环境危害的一个保护罩。

2. 大气的结构

按大气的化学组成、物理性质(温度、扩散、电子密度等)和与地表面垂直分布特性,可将大气圈分成 5 个层次,即对流层、平流层、中间层、热层和逸散层。

(1)对流层

对流层位于大气圈的最底层,从地表到 10~12 千米的高度范围,对流层与人类的关系最密切。它的主要特征有:第一,对流层气温随高度增加而降低,大约每上升 1 千米,温度平均降低 6℃,对流层上部气温在 −50℃ 左右。第二,对流层的气体密度大,因此天气现象(云、雾、雨、风等)及化学污染的产生与变化大都发生在这一层。第三,气体强烈的上下对流,贴近地面的空气受地面发散热量影响而膨胀上升,上层的冷空气因冷而下降。空气强烈对流对地面上污染物的扩散、稀释十分有利。相反,若形成下冷上热的"逆温"现象,污染物难以扩散,极容易造成污染事件。

（2）平流层

平流层位于距地表 12～50 千米处,其大气组成与对流层相近。与对流层不同的是,平流层含有大量的臭氧,其最高浓度可达 0.1～0.2 微克／克。平流层的温度由下而上逐渐升高,顶部温度最高可达 273K,这是由于臭氧强烈吸收太阳紫外辐射的缘故。平流层的空气稀薄,水汽和尘埃的含量极微。

平流层中空气的气流运动以水平移动为主,因此大气组成稳定,很少有气象现象。若有污染物进入此区,会形成一薄层气流,停留在大气中,不易迁移和稀释。

（3）中间层

中间层距地表高度 50～85 千米。该层空气稀薄,臭氧浓度减少,气温随高度的增加而降低。

（4）热层

热层位于距地表 85～500 千米处。由于太阳紫外线和宇宙线的作用,中间层与热层空气分子变成离子,所以热层又称电离层。

（5）逸散层

电离层上部是逸散层。逸散层中大气极为稀薄,受地心引力极小,微粒可扩散到太空,是大气圈过渡到星际空间的中间层。

3. 几种典型的污染化合物

（1）一氧化碳（CO）

CO 是排放量最大的大气污染物之一,主要来源于燃料的不完全燃烧,如以汽油为燃料的机动车辆的排放,同时,家庭炉灶、煤气加工、工业燃煤锅炉等也排放大量的 CO。高浓度的 CO 可以与血液中的血红蛋白结合,阻碍血液输氧,引起机体缺氧而发生中毒,同时,也会给植物的生长带来一定的危害。

（2）二氧化硫（SO_2）

二氧化硫是含硫化合物中典型的大气污染物,主要来源于化石燃料的燃烧、金属矿石冶炼、硫酸制造、石油提炼等。SO_2 是形成酸雨的主要物质之一,同时高浓度的 SO_2 使人体患支气管炎、肺肿气等疾病的几率大大增加,导致植物叶面伤害、坏死,影响植物的生长。

食物中的二氧化硫

生活信息箱

二氧化硫是无机化学防腐剂中很重要的一位成员。其被作为食品添加剂已有几个世纪的历史,最早的记载是在罗马时代用作酒器的消毒。后来,由于二氧化硫具有漂白性和还原性,使得其具有防腐、抗氧化的作用,它被广泛地应用于食品中,并且被冠以"化妆品性的添加剂"之名,如制成二氧化硫缓释剂,用于葡萄等水果的保鲜贮藏,制造果干、果脯时的熏硫,使产品具有美好的外观等。长期以来,人们一直认为二氧化硫对人体是无害的,但自 Baker 等人在 1981 年发现亚硫酸盐可以诱使一部分哮喘病人哮喘复发后,人们重新审视二氧化硫的安全性。经长期毒理性研究,人们认为,亚硫酸盐制剂在当前的使用剂量下对多数人是无明显危害的。还有两点应该说明的是,食物中的亚硫酸盐必须达到一定剂量,才会引起过敏,即使是很敏感的亚硫酸盐过敏者,也不是对所有用亚硫酸盐处理过的食品均过敏,从这一点讲,二氧化硫是一种较为安全的防腐剂。

（3）氮氧化物（NO_x）

大气中的氮氧化合物主要是一氧化氮（NO）和二氧化氮（NO_2）两种。它们主要来源于化石燃料的燃烧、生产及使用硝酸的过程。它们既是形成酸雨的主要物质之一,也是形成光化学烟雾和消耗臭氧的重要物质。

（4）碳氢化合物

大气中的碳氢化合物通常是指可挥发的所有碳氢化合物。它们主要来源于石油燃料的不充分燃烧、石油炼制、石油化工生产。碳氢化合物是形成光化学烟雾的主要成分，其中的多环芳烃化合物具有明显的致癌作用。

（5）卤素化合物

大气中以气态存在的卤素化合物主要有卤代烃、其他含氯化合物、氟化物。其主要来源于工业生产及人类生活。其中，氟及氟化氢对眼睛和呼吸道有强烈的刺激作用，也影响植物的生长；氟氯烃气体正在破坏我们赖以生存的臭氧层。

2.2.2　光化学烟雾及其控制策略

大气中的氮氧化物和碳氢化合物等一次污染物，在阳光强烈照射下经过一系列光化学反应，生成臭氧（占反应产物的 85% 以上）、过氧乙酰硝酸酯（PAN，约占反应产物的 10%）及醛类等二次污染物。**由这些一次和二次污染物的混合物所形成的烟雾污染现象，称为光化学烟雾。**光化学烟雾的特征是烟雾呈蓝色，具有强氧化性，其高峰出现在强阳光照射的中午或稍后，傍晚消失，污染区域往往在污染源的下风向几十到几百公里处，又由于它具有很强的氧化性、刺激性，对人类及动植物危害极大。

1. 光化学烟雾的危害

（1）对人类健康的危害

光化学烟雾在不利于扩散的气象条件下，会积聚不散，使人眼和呼吸道受刺激，或诱发各种呼吸道炎症，危害人体健康。对人体最突出的危害是刺激眼睛和上呼吸道黏膜，引起眼睛红肿和咽喉炎，这与醛类等二次污染物有关。它的另一些危害与臭氧有关。当大气中臭氧浓度达到 200～300 微克/米^3 时，会引发哮喘发作，导致上呼吸道疾患恶化，使视觉敏感度和视力降低；浓度在 400～1600 微克/米^3 时，只要接触 2 小时就会出现气管刺激症状，引起胸骨下疼痛和肺通透性降低，导致肌体缺氧；浓度再高，就会出现头痛，并使肺部气道变窄，出现肺气肿等。

（2）降低大气的能见度

光化学烟雾的重要特征之一是使大气的能见度降低。这主要是由污染物质在大气中形成的光化学烟雾气溶胶所引起的。这种气溶胶在大气中不易沉降，且对光散射的影响很大，能明显地降低大气的能见度，因而会妨害汽车与飞机等交通工具的安全运行，导致交通事故的增多。

（3）对植物的危害

对植物的危害是大气污染影响生物界的最初表现。大气污染可使植物的叶、花及果实生长迟缓，产量减少，质量变差，甚至助长病虫害的发展和蔓延。对光化学烟雾敏感的植物包括许多农作物（如棉花、烟草、甜菜、莴苣、番茄和菠菜等），以及某些饲料作物、观赏植物（如菊花、蔷薇、兰花和牵牛花等）和树木。

（4）其他危害

大气中的烟雾会污染街道、庭院，使居室及室内的设备、衣服等被腐蚀。光化学烟雾中的各种氧化物会加速橡胶制品的老化和龟裂，腐蚀建筑材料和设备器材，缩短其使用寿命。

2.光化学烟雾的形成机理

Seinfield（1986 年）用 12 个反应组成的简化机制来概括描述光化学烟雾形成的过程，1997 年他将反应增加至 20 个，主要包括引发反应、自由基形成、自由基传递反应、终止反应 4 个过程。因为其中涉及到的反应比较复杂，这里只简要描述其具体过程。

①NO_2 光解生成氧原子，氧原子的生成导致了臭氧的生成。

②由于烃类化合物的存在，促使其被氧化为 $HO\cdot$、$O\cdot$ 和 O_3 等，从而产生了醇、醛、酮、酸等产物以及重要的一些自由基产物。

③过氧自由基使 NO 快速氧化为 NO_2，加速了 NO_2 的光离解，积累了二次污染产物 O_3，大气中的 O_3 浓度大大增加。

④如果自由基的传递形成稳定的最终产物（如 HNO_3、PAN 等），则使自由基消除而终止反应。

3.光化学烟雾的控制策略

光化学烟雾对人体健康的危害极大，它的防治已受到人们的日益关注。主要对策有：

（1）控制污染源

要防止光化学烟雾的发生，控制污染源是首要措施。汽车尾气是主要污染源，因此可通过改善汽车发动机工作状态和在排气系统中安装催化反应器等方法控制汽车尾气中的有害物质的排放；还可以通过改善汽油组分，改变燃料构成和燃烧方式，降低汽车尾气的污染。

（2）改善能源结构

寻求绿色能源，如用无污染或少污染的燃料代替煤炭，减少有害烟尘的排放量；使用氢作为发动机燃料，利用氢氧燃料电池供电来驱动运输工具（如电动车），利用电磁感应的方法推动火车（如超导悬浮列车）等。

（3）使用化学抑制剂

根据光化学烟雾的形成机理，使用二乙基羟胺、苯胺、二苯胺等抑制剂，通过抑制各种自由基而终止链反应，达到控制的目的。但在使用的过程中要注意抑制剂对人体和动植物的毒害作用，并注意防止抑制剂产生二次污染。但对这种方法许多科学家持有不同意见，付诸实施要十分慎重。

2.2.3 酸雨及其控制策略

酸雨是大气受到污染的一种表现，因最早引起注意的是酸性的降雨，所以习惯上统称为酸雨。纯净的雨雪在降落时，空气中的二氧化碳会溶入其中形成碳酸，因而具有一定的弱酸性。当空气中的二氧化碳浓度达到 316×10^{-6} 左右时，降水的 pH 值可达 5.6。这是正常的现象，不是我们通常所说的酸雨。**酸雨是指 pH 值小于 5.6 的雨雪或其他形式的大气降水。**

1. 酸雨的危害

（1）对陆生生态系统的危害

酸雨可导致土壤酸化。土壤中含有大量铝的氢氧化物，土壤酸化后，可加速土壤中含铝的原生和次生矿物风化而释放大量铝离子，形成植物可吸收形态的铝化合物。植物长期和过量地吸收铝会导致中毒，甚至死亡。酸雨能加速土壤矿物质营养元素的流失；酸雨能改变土壤结构，导致土壤贫瘠化，影响植物正常发育；酸雨还能诱发植物病虫害，使作物减产；酸雨还能导致林木生长不良，造成大面积森林衰退。

（2）对水生生态系统的危害

当酸性物质进入碳酸氢盐水体，水体酸性将明显提高。据碱度定义，湖泊完全失去碱性叫酸化。当某水体接受氢离子量超过其本身中和离子量（通常是碳酸氢盐），便发生了酸化。湖水 pH 值在 6.5～9.0 的中性范围时，对鱼类无害；当湖水呈 pH 值为 5.0～6.5 的弱酸性时，鱼卵难以孵化，鱼苗数量减少；当湖水的 pH 值低于 5.0 时，大多数鱼类不能生存。因此，湖泊酸化会引起鱼类死亡。对于忍耐湖水酸化的能力而言，虾类比鱼类更差，在已酸化的湖泊中，虾类要比鱼类提前灭绝。

（3）对建筑的危害

酸雨对金属、水泥、木材、石料等建筑物均有很强的腐蚀性。酸雨能加快金属的腐蚀，对桥梁、铁轨造成严重损害，还能使非金属建筑材料（混凝土、砂浆和灰砂砖）表面硬化、水泥溶解、出现空洞和裂缝，导致强度降低，从而导致建筑物损坏，令古建筑和石雕艺术品面目皆非。

（4）对人体健康的危害

人体眼角膜和呼吸道黏膜对酸类十分敏感，酸雨或酸雾对这些器官有明显刺激作用，导致红眼病和支气管炎，咳嗽不止，还可诱发肺病，这是酸雨对人体健康的直接影响。另一方面，农田土壤酸化，使本来固定在土壤矿化物中的有害重金属，如汞、镉、铅等再溶出，继而为粮食、蔬菜吸收和富集，人类摄取后，导致中毒、得病。这是酸雨对人体健康的间接影响。

2. 酸雨的形成机理

形成酸雨的酸性物质主要有 SO_x 和 NO_x，它们主要来源分为三大类。

（1）化石燃料的燃烧

煤、石油和天然气等化石燃料燃烧产物中含有大量的 SO_x 和 NO_x。

(2)工业生产

某些有色金属(如铜、铅、锌等)的冶炼过程产生 SO_x,硫酸和硝酸工业生产过程中逸出 SO_x 和 NO_x。

(3)交通运输

汽车尾气也是 SO_x 和 NO_x 的主要来源之一,而且随着汽车量的增加,尾气排放量大大增加。

大气中的 SO_x 和 NO_x 经过一系列的反应形成 H_2SO_4 和 HNO_3,主要涉及到的化学反应如下:

$$2SO_2 + O_2 \longrightarrow 2SO_3$$

$$SO_3 + H_2O \longrightarrow H_2SO_4$$

$$2NO + O_2 \longrightarrow 2NO_2$$

$$2NO_2 + H_2O \longrightarrow HNO_3 + HNO_2$$

3. 酸雨的控制策略

酸雨控制的根本途径是减少酸性物质向大气的排放,具体措施有以下几个方面:

(1)改善能源结构

推广低硫低灰分优质煤和清洁燃料;增加少污染或无污染燃料的能源的比例,发展太阳能、核能、风能、水能、地热能;寻找替代燃料,降低汽车尾气的污染;同时还要大力发展燃料脱硫、洁净煤、重油脱硫等技术。

(2)治理化工、冶金、有色金属冶炼和建材工业的二氧化硫污染

根据法规和规定,严格落实管理,限制化工、冶金、有色金属冶炼和建材工业生产过程中二氧化硫的排放。规定包括:一定要对生产尾气进行治理;及时改造和更新严重污染的旧工艺和旧设备;同时还要积极推广清洁生产,并实现生产全过程的清洁控制。

(3)汽车尾气控制

使用尾气净化技术和装置,采取有效措施,保证空气的环境质量。同时通过以下途径减少汽车尾气的排放:用甲醇代替汽油,用燃气代替汽油,研发新型的汽车(如电动汽车)。

警惕汽车尾气污染

近年来,我国各种汽车数量猛增,它的尾气对酸雨的贡献率正在逐年上升,不能掉以轻心。人们常说车祸猛于虎,因为车祸看得见摸得着,血肉模糊,容易引起震动;污染是无形的,其影响短时间看不出来,容易被人所忽视,但其带来的危害是长期的、无穷的,人们更应引起重视。

2.2.4 温室效应及其控制策略

温室效应(Greenhouse Gases)是指透射阳光的密闭空间由于与外界缺乏热交换而形成的保温效应。由于太阳短波辐射可以透过大气射入地面,而地面增暖后放出的长波辐射却被大气中的二氧化碳和其他微量气体所吸收,从而产生大气变暖的效应。大气中的二氧化碳和其他温室气体就像一层厚厚的玻璃,使地球变成了一个大暖房。据估计,如果没有大气,地表平均温度就会下降到 $-23℃$,而实际地表平均温度为 $15℃$,这就是说温室效应使地表温度提高 $38℃$。温室效应,又称"花房效应",是大气保温效应的俗称。

大量的研究结果表明,地球大气中的温室气体主要有水汽、二氧化碳、甲烷、氧化亚氮、臭氧、二氧化硫、一氧化碳以及其他滞留在大气中的痕量气体,如氟氯烃、氟化物、溴化物、氯化物、醛类及各种氮氧化物、硫化物等。这里要说明的是,所有这些被称为温室气体的气体组分在实际大气中的含量都是很低的,它们的总和也不超过整个大气体积的 0.03%;另一个值得指出的问题是,这些温室气体中,一部分是原来大气中所没有的,而是人类的生产和社会活动过程中排放且滞留在大气中的。

1. **温室效应的危害**

据科学家们预测,由温室气体造成的空气污染所导致的死亡人数,将超过死于交通事故的人数,温室效应可能对地球造成多种危害。

地球表面变暖,在远离赤道的高纬度地区变化最显著;沿海海平面上升,导致靠近赤道的许多岛屿被淹没在万顷波涛之中。据报道,南、北极冰山融化,海平面将会有明显上升。过去50年至少有7个大冰架消失。冰川的融化和退缩会减少冰雪把太阳光反射到空中的反射率,加剧温室效应的恶性循环。

　　某些地区由于蒸发迅速和风型改变,大气会变得更加干燥,在内陆、大陆中部地区出现较早的雪融和潮湿的春季,夏季变得漫长且来得更早,洪涝与干旱灾害更加频繁,沙尘暴等极端气象呈增加趋势。2009年,澳大利亚持续时间长、范围广的干旱少雨现象是温室效应影响的一个显著例证。

　　高海拔和高纬度地区在冬季会出现更频繁、更大的风雪,2000年至2001年冬季俄罗斯和我国内蒙古的大风雪,也是受到了温室效应的影响。同时,飓风将更加频繁,危害更严重。

　　大量物种迅速灭绝。全球变暖使三分之一物种受到严重威胁,温度和雨量的改变会使植物出现惊人的迁移,全球的生态系统发生变化,生物群落受到破坏,活动范围发生变化,全球12%的哺乳动物和11%的鸟类濒临灭绝,每天就有150~200种生物从地球上消失。

　　由于气候变暖,大气中的污染物加快了光化学反应速度,各类垃圾将更多地挥发出化学污染物,人类疾病增加。另一个方面,森林火灾将更加频繁,危害将更严重,这也将加剧温室效应的恶性循环,因为森林是CO_2的重要吸收源之一。目前全世界的森林覆盖消失速度惊人,联合国环境规划署报告称,有史以来全球森林已减少了一半。根据联合国粮农组织2001年的报告,全球森林从1990年的39.6亿公顷下降到2000年的38亿公顷。全球每年消失的森林近千万公顷。这是地球上CO_2浓度增加的另一个重要因素。

　　全球温度升高,会扩大热带范围。热带范围向北扩展,将导致北部地区的植被和一些作为病毒载体的动物的分布发生变化,病毒的传播速度加快,范围加大,使一些数十年前基本得到控制的疾病死灰复燃或产生人类认识不多的疾病。同时,气温升高使昆虫的繁殖速度加快,有害昆虫数量将大量增加。气候干旱,也会导致大量庄稼枯死,造成土地丢荒,有利于东亚飞蝗的发生和繁殖。另外,2001 年居民家庭中的蟑螂变多的现象,也与气候变暖有关。

2. 温室效应的形成机理

(1)温室气体的主要来源

温室气体(包括二氧化碳、甲烷、氧化亚氮、臭氧、卤烃化合物)的主要人工来源如下:二氧化碳大部分要来源于化石燃料的燃烧;甲烷除了来源于化石燃料的燃烧,还来源于家畜的饲养、水稻种植和垃圾填埋;氧化亚氮来源于农业土壤、家畜的饲养和化学工业;对流层臭氧的增加是由于人为排放的一些化合物破坏了光化学反应的平衡而造成;卤烃化合物在大气中原来不存在,完全来自人为排放。

(2)温室效应形成机理

太阳发出的白光是一种复色光,它包含了红、橙、黄、绿、青、蓝、紫 7 种颜色的可见光,还包含不能引起人们视觉反应的红外线和紫外线。红外线和紫外线的频率范围远比可见光的频率范围宽,其中红外线的频率小于红光,具有显著的热效应,容易被物体吸收而使物体温度升高,而且它的波长较长,容易穿透云雾烟尘,但不易穿透二氧化碳。

现假设在太阳光下有一间由无色玻璃构成的房子,太阳光中的可见光能透过这种玻璃,并可被这间房子里的东西吸收,房子里的东西因获得太阳的辐射热,温度升高而变暖,这就像我们在室外晒太阳时会觉得暖和一样。玻璃房子里的物体因吸收太阳光的能量而变暖后,它又以热辐射的形式向周围散发热量,由于温度低,它只能向周围辐射能量较小的红外线,由于红外线不易通过玻璃而使玻璃房子中的能量逐渐聚集,温度逐渐升高,正是这个原因,玻璃房子里的温度比外面的高,在寒冷的冬天,许多怕冷的植物能在玻璃房中正常生长,"温室"因此而得名。温室气体主要是 CO_2,CO_2 能强烈吸收地面放出的红外长波辐射而使大气温度升高,令全球气候有变暖趋势。温室效应就是因此而产生的。

3. 温室效益的控制策略

虽然迄今为止,我们对于温室效应无法提出有效的解决对策,但是我们能做而且应该做的是,想尽办法努力抑制温室气体排放量的增长,尽量抑制其上升的趋势。我们可以采取以下措施控制温室效应。

（1）植树造林

森林的破坏使得被植物吸收利用 CO_2 的量大大减少，这是造成 CO_2 的浓度增加的原因之一。我们应该鼓励植树造林，加强绿化建设，停止滥伐森林，有效利用植物吸收 CO_2。

（2）提高能源的有效利用率

化石燃料是产生 CO_2 的主要能源之一，要大力研制、推广使用低排放汽车，提高汽车燃料的利用率。人类生活中处处使用能源，要使人们树立环保意识，提高生活中能源的有效利用率。

（3）优化能源结构

开发并鼓励使用天然气、风能、太阳能等少污染或清洁能源，同时积极寻找替代能源（如生物能、氢能），通过能源结构的优化，减少 CO_2 的排放。

（4）减少火力发电站 CO_2 的排放

目前发现的从火力发电站烟气中脱除的方法有：物理法，包括膜分离法、用甲醇胺的湿式吸收法、用分子筛的干式吸附法等；化学法，即用 $NaOH$ 吸收 CO_2 后生成 $NaCO_3$，再将其电解产生 $NaOH$、O_2、H_2、CO_2，后两者可经过催化合成 CH_3OH 产品；物理化学方法，就是利用电子束照射使 CO_2 得以分解的办法。

生活信息箱

控制空调温度，环保从小事做起

《国务院关于加强节能工作的决定》（国发〔2006〕28号）第二十七条规定，把空调温度调整到 $26℃$。此举不但可以节约能源，而且能减少二氧化硫、二氧化碳等温室气体的排放，从而抑制酸雨的发生。将空调温度调高 $1℃$，中国每年可以节约 33 亿千瓦时电量，相当于减少 330 万吨温室效应气体排放，有很大的环保效应。

2.2.5　臭氧层空洞及其控制策略

臭氧层是包裹在地球外围的一层气体层,是地球的一道天然屏障。生物如果长期受紫外线的曝晒,就无法生存,而臭氧却可以吸收紫外线,所以太阳光在通过臭氧层时,99%以上的紫外线都被臭氧吸收掉了,而无害的成分可以畅通无阻地直达地面。有趣的是,剩下的少量紫外线非但不再有害,反而变成了对地球生物有益的东西,能够起到杀菌防病、促进人体内维生素 D 的形成、增强人体对钙的吸收、防止佝偻病的发生等作用。可是,现在的研究与观测却发现,如今的臭氧层出现了空洞。联合国气象机构甚至发现在距地球 17～22 公里的大气层中间,部分区域(特别是南极上空)的臭氧层几乎已经全遭破坏,"完全消失"。

1. 大气臭氧层破坏的危害

臭氧层损耗对环境造成的影响是很严重的。如果平流层的臭氧总量减少 1%,预计到达地面的有害紫外线将增加 2%。有害紫外线的增加,会产生以下一些危害。

(1)对近地面大气环境的影响

到达地面的紫外线增加使空气中汽车尾气的氮氧化物分解,在较高温度下产生以臭氧为主要成分的光化学烟雾,近地面过高浓度的臭氧,会使大气环境的质量大大降低。

(2)对人类健康的影响

高浓度臭氧会使人的呼吸道和眼睛等器官受到不同程度的伤害,主要表现在:皮肤癌和白内障患者增加,损坏人的免疫力,增加传染病的发病率。紫外线对促进在皮肤上合成维生素 D,对骨组织的生成、保护均起有益作用。但紫外线($\lambda=200\sim400nm$)中的紫外线 B($\lambda=280\sim320nm$)过量照射可以引起白内障等眼部疾病,此外,紫外线还会使皮肤过早老化,甚至引发皮肤癌。

(3)对动植物的影响

过量紫外线会使植物的光合作用受到抑制,抵抗环境污染物的能力变差,影响粮食作物的产量和质量;过量紫外线会使处于海洋生态食物链最底部的浮游生物(包括鱼苗,蟹、虾幼体,贝类)大量死亡,破坏海洋生态系统,导致大量海洋生物死亡,扰乱和破坏水生生态系统。

(4)对其他方面的影响

过量紫外线会加速建筑物、雕塑、绘画、塑料、橡胶制品的老化,降低其质量,缩短使用寿命。另外,氟利昂、CH_4、N_2O 等引起臭氧层破坏的痕量气体的增加,也会引起温室效应。

2. 臭氧的形成机理

(1)破坏臭氧层的物质

人们把破坏大气臭氧层、危害人类生存环境的物质称为"消耗臭氧层物质",简称 ODS。 国际组织《关于消耗臭氧层物质的蒙特利尔议定书》及其《议定书修正》规定了 15 种氯氟烷烃(CFCs)、3 种溴氟烷烃(BFCs)、40 种含氢氯氟烷烃(HCFCs)、34 种含氢溴氟烷烃(HBFCs)、四氯化碳(CCl_4)、甲基氯仿(CH_3CCl_3)和甲基溴(CH_3Br)为控制使用的 ODS,也称受控物质。

以下简要列举几种对臭氧层破坏有影响的化合物及其主要来源:$CFCl_3$,来源于火箭的燃料、气溶胶及制冷剂;CF_2Cl_2,来源于发泡剂及溶剂;$CHClF_2$,来源于制冷剂;$CF_2ClCFCl_2$ 和 CH_3CCl_3,来源于溶剂;CCl_4,来源于生产 CFC 及粮食熏烟处理;CF_3Br,来源于灭火器;NO_x,来源于工业活动副产品;CO_2,来源于化石性燃料、燃烧副产品;CH_4,来源于农业工业及采矿活动的副产品。

(2)臭氧层空洞的形成机理

平流层中的 O_3 产生机理主要是太阳光将氧分子分解成氧原子,氧原子与氧分子反应生成臭氧:

$$O_2 \xrightarrow{h\nu} 2O$$

$$O + O_2 \longrightarrow O_3$$

平流层中 O_3 的消除反应主要是指 O_3 的分解:

$$O_3 + O \longrightarrow 2O_2$$

以上反应使得平流层中的臭氧量处于一种动态平衡之中,形成厚度约为 20 千米的臭氧层,起到吸收高能紫外线、保护地球上生物的作用。

消耗臭氧层的物质一般情况下比较稳定,不易分解,可当这些物质在平流层中达到一定浓度时,就会发生光解等反应,形成 NO_x(NO、NO_2),HO_x(HO、HO_2),ClO(Cl、ClO)等破坏臭氧平衡、清除臭氧的物质。以下化学反应式具体说明了 NO_x 和 ClO 两种物质消耗臭氧的机理。

(1)NO/NO_2 型破坏

$$NO+O_3 \longrightarrow NO_2+O_2$$
$$NO_2+O \longrightarrow NO+O_2$$

总反应:

$$O_3+O \longrightarrow 2O_2$$

(2)Cl/ClO 型破坏

$$Cl+O_3 \longrightarrow ClO+O_2$$
$$ClO+O \longrightarrow Cl+O_2$$

总反应:

$$O_3+O \longrightarrow 2O_2$$

3. 臭氧层空洞的控制策略

目前要控制臭氧层空洞,最主要的是控制氟利昂等物质的使用。然而,氟利昂等物质应用非常广泛,要全面淘汰,必须首先找到氟利昂等的替代物质和替代技术。在特殊情况下需要使用,也应努力回收,尽可能地重新利用。目前,世界上已开发了一些替代氟利昂的含氟替代物(含氢氯氟烃和含氢氟烷烃等)及其合成方法,可用作发泡剂、制冷剂和清洗溶剂等,但这类替代物也会损害臭氧层或产生温室效应,只不过损害程度稍轻。目前也正在积极开发研究非氟利昂类型的替代物质和技术方法,如水清洗技术、氨制冷技术等。

为了推动氟利昂替代物质和技术的开发和推广,许多国家采取了一系列措施。一类是传统的环境管制措施,如禁用、限制、配额和技术标准,并对违反规定的厂家实施严厉处罚。欧盟国家和一些经济转轨国家广泛采用了这类措施。一类是经济手段,如征收税费、以资助替代物质和技术开发等。美国对生产和使用消耗臭氧层物质实行了征税和交易许可证等措施。另外,许多国家的政府、企业和民间团体还发起了自愿行动,采用各种环境标志,鼓励生产者和消费者生产和使用不带有消耗臭氧层物质的材料和产品,其中"绿色冰箱"标志得到了非常广泛的应用。

1985 年 8 月,美国、日本、加拿大等 20 多个国家签署了《保护臭氧层国际公约》。为了实施议定书的规定,1990 年 6 月在伦敦召开的议定书缔约国第二次会议上,决定设立多边基金,对发展中国家淘汰有关物质提供资金援助和技术支持。到 1995 年底,多边基金共集资 4.5 亿美元,在发展中国家共安排了 1100 多个项目。

目前,向大气层排放的消耗臭氧层物质已经逐年减少,从 1994 年起,对流层中消耗臭氧层物质浓度开始下降。但是,由于氟利昂相当稳定,可以存在 50～100 年,即使议定书完全得到履行,臭氧层也才有可能在 2050 年以后完全复原。

生活小贴士

爱护臭氧层要从我做起!

爱护臭氧层的消费者:购买带有"无氯氟化碳"标志的产品,如无氟冰箱。

爱护臭氧层的"一家之主":合理处理废旧冰箱和电器,在废弃电器之前,除去其中的氯氟化碳和氯氟烃制冷剂。

爱护臭氧层的农民:不用含甲基溴的杀虫剂,选用其他替代品。

2.3 水环境化学

2.3.1 天然水体及水体中的污染物

地球表面 70.8％为海洋覆盖,海洋水占地球总水量的 97.3％,淡水仅占总水量的 2.7％,且这些淡水资源的大部分被封闭在冰冠和冰川之中,或在大气或土壤中,或深藏于地下,可供人类直接使用的淡水资源约为 850 万立方千米,仅占地球总水量的 0.64%。中国水资源约 27210 亿立方米,居世界第六位,而人均水量却仅为世界人均水量的 1/4。

1. 水和水体

水和水体(Water Body)是两个不同的概念。**自然界中的水称为天然水,它从来就是溶液,而且是成分极其复杂的广义的溶液。**环境化学中研究的水也即是水的溶液。**水体是指河流、湖泊、沼泽、水库、地下水、冰川、海洋等储水体的总称。**它包括水中的溶解物、悬浮物、底泥和水生生物,是指地表被水覆盖的自然综合体系,是一个完整的生态系统。

在环境科学研究中,区分"水"和"水体"的概念十分重要。例如,重金属污染物易于从水中转移到底泥中,水中重金属的含量一般都不高,若仅从水的含量分析,水似乎未受到污染,但事实上,该水体则已受到较严重的污染。

2. 天然水体的组成

天然水体中除水以外,还有其他各种物质。

(1)主要离子

天然水体中的主要阳离子有 Ca^{2+}、Mg^{2+}、Na^+、K^+ 等。这些离子来自它们的矿物,如钙长石($CaAl_2Si_2O_8$)、白云石[$CaMg(CO_3)_2$]、钠长石($NaAlSi_3O_8$)、钾长石($KAlSi_3O_8$)。

水体中的主要阴离子有 Cl^-、SO_4^{2-}、HCO_3^-、CO_3^{2-} 等。Cl^- 是海水中的主要阴离子成分;HCO_3^- 和 CO_3^{2-} 是淡水的主要阴离子成分;含硫的矿物中,硫以还原态金属硫化物的形式存在,当它与含氧水接触时,会被氧化成 SO_4^{2-} 离子而进入水体。

(2)营养物质

营养物质是指与生物生长有关的元素,包括氮、磷、硅等非金属元素,以及锰、铁、铜等微量元素。它们存在的形态与水体的酸碱性、氧化还原性有关。

氮、磷 氮、磷是水生生物生长和繁殖所必需的营养元素。但对湖泊、水库、内海、河口等水流缓慢的水体来讲,当其中氮、磷增多时,将导致各种藻类大量繁殖,从而使水中溶解氧减少,甚至耗尽,危害水生生物的生存,这种现象称为水体的"富营养化"。

生活中的化学

拒绝含磷洗衣粉

为了防治水体"富营养化",预防海洋赤潮现象,应该控制含氮、磷等废物,例如不用含磷洗衣粉,控制含磷洗衣粉的废水等向海洋排放,以保持海洋的生态平衡。

铁 天然水中的铁是一种常见的矿物元素。地下水中的铁主要以铁(Ⅱ)形态存在,含量可高达几十毫克每升;在地表水中由于溶解氧充足,铁常以 $Fe(Ⅲ)$ 形态存在,但含量较小,$Fe(OH)_2^+$ 为 $Fe(Ⅲ)$ 的主要存在形态。

硅 单分子正硅酸是硅存在的主要形态。当正硅酸的含量较高时,单分子正硅酸可以聚合成无机硅高分子化合物,以至形成胶体微粒。

（3）有机物质

天然水体中有机物的种类繁多。通常将水体中有机物分为两大类:非腐殖物质和腐殖物质。非腐殖质包括碳水化合物、脂肪、蛋白质、维生素及其他小分子有机物等。水体中大部分有机物是呈褐色或黑色无定形的腐殖物,它们的相对分子质量范围为几百至几万。腐殖质的组成和结构目前尚未完全搞清楚,分类和命名也不统一。

（4）溶解气体

天然水中一般存在的气体有氧气、二氧化碳、硫化氢、氮气和甲烷等。这些气体来自大气中各种气体的溶解、水生动植物的活动、化学反应等。海水中的气体还来自海底爆发的火山。

氧 溶解在水中的氧称为溶解氧。溶解氧以分子状态存于水。溶解氧主要来自空气中的氧和水生植物光合作用所产生的氧。水中的溶解氧主要消耗于生物的呼吸作用和有机物的氧化过程。当水体受到有机物的严重污染时,水中溶解氧量甚至可接近于零,这时有机物在缺氧条件下分解就出现腐败发酵现象,使水质严重恶化。

二氧化碳　在大多数天然水体中都含有溶解的二氧化碳。它的主要来源是水体或土壤中有机物氧化时的分解产物。空气中的二氧化碳也能溶于水中。溶解在水中的以分子状态存在的二氧化碳称为游离二氧化碳,溶解的二氧化碳大部分以游离二氧化碳形式存在。

硫化氢　在通气不良的条件下,有时还有硫化氢气体存在。水体中硫化氢气体来自厌氧条件下含硫有机物的分解及硫酸盐的还原,而大量硫化氢是火山喷发的产物。

3. 天然水的性质

(1)天然水的 pH 值

对于大多数天然水体来说,其 pH 值变化为 5~9,其中河水的 pH 值为 4~7,海水的 pH 值为 7.7~8.3。

(2)碱度

碱度是指水中所含能与强酸发生中和作用的全部物质,即能接受质子的物质总量。构成天然水碱度的物质也可归纳为三类:强碱(如氢氧化钠、氢氧化钙等)、弱碱(如氨、苯胺等)、强碱的弱酸盐(如碳酸盐、碳酸氢盐、硅酸盐、磷酸盐、硫化物、腐殖酸盐等)。强碱弱酸盐的水解可产生氢氧根离子或直接接受质子。

(3)酸度

天然水体的酸度是指水体中所含能与强碱发生中和作用的物质总量,也即能释放出质子或者经过水解能产生氢离子的物质总量。组成水中酸度的物质可归纳为三类:强酸(如盐酸、硝酸、硫酸等)、弱酸(如碳酸、硅酸、醋酸等)、强酸弱碱盐(如三氯化铁、硫酸铝等)。中和前呈离子状态的氢离子数量称离子酸度。对于强酸,离子浓度等于酸度。

4. 水中污染物

水体中的无毒污染物包括酸、碱、盐等无机物及蛋白质、油类、脂肪等有机物。它们一般虽无生物毒性,但含量过高会对人类或生态系统产生不良影响。例如,酸、碱物质使水体不能维持正常的 pH 值范围(6.5~8.5)。含氮、磷的化合物,如合成洗涤剂及化肥等营养物质,若过量会引起藻类疯长而使水体缺氧。其他有机物也会因化学和微生物分解过程而消耗水体中的氧气,致使水体中溶解氧耗尽,引起水质恶化。

(1)无机污染物

汞、镉、铅、铬等重金属,砷、硒、硼、氟等非金属,铀-238、钾-40、铷-87等放射性物质等都属于有毒的无机污染物。根据污染物的性质、存在形态和毒性,有毒的无机污染物可分为:重金属污染物、无机阴离子(如 NO_2^-、F^-、CN^-)、放射性物质。它们对人类及生态系统可以产生直接的损害或长期累积性损害。

(2)有机污染物

有毒的有机物主要包括酸类化合物、有机农药、多氯联苯、多环芳烃等类有机物。有毒有机污染物的共同特点是,其大多数为难降解有机物,或称持久性有机物。它们在水中的含量虽不高,但因在水体中残留时间长,有蓄积性,可导致慢性中毒、致癌、致畸、致突变等生理毒害。有机农药目前已有近千种,我国较多生产和使用的近200种。

2.3.2　水体的重金属污染

重金属污染是危害最大的水污染问题之一。重金属通过矿山开采、金属冶炼、金属加工及化工生产废水、化石燃料的燃烧、施用农药化肥和生活垃圾等人为污染源,以及地质侵蚀、风化等天然源形式进入水体,加之重金属具有毒性大、在环境中不易被代谢、易被生物富集并有生物放大效应等特点,不但污染水环境,也严重威胁人类和水生生物的生存。

1. 重金属元素在环境中存在的特点

(1) 分布广泛,应用普遍

地壳中重金属含量虽低于 0.1%,但它们广泛存在于各种岩石和矿物中,经过物质的迁移循环,重金属遍布于大气、土壤、水和生物体中。同时,重金属在人类生产和生活方面应用普遍,由于人为活动使环境中某些金属积累,使它们在环境中的含量过高,造成环境污染。

（2）生物富集,潜在危险

某些重金属污染物会通过饮食、呼吸、皮肤接触等途径进入人体,在人体的一定部位积聚,造成急性或慢性中毒,危及生命,难以根治。重金属之所以会通过饮食进入人体,是由于其不仅很难被微生物分解,反而会被微生物吸收,并通过食物链在生物体内富集。

（3）存在多种价态,转化过程复杂

重金属大多为周期表中的过渡元素,在不同的被污染物中存在的价态多样,而且其迁移转化十分复杂。不同价态的重金属,其活性和毒理性不同。

（4）在水环境中易形成难溶物

水环境中的重金属通过一系列化学反应生成氢氧化物、硫化物、碳酸盐等难溶性的沉淀,暂时限制了其扩散范围,可当沉淀大量存在时,会和天然水体中的 OH^-、Cl^-、SO_4^{2-}、有机酸、腐殖质等形成各种配合物和螯合物,增大重金属在水中的溶解度,形成二次污染。

（5）共存的污染物相互影响

某些污染物共存时,其总效用有四种情况:小于各污染物单独作用时的效应;相当于各种污染物单独作用时的效应;相当于各污染物单独作用时的总和;大于各污染物单独作用时的总和。

2. 水体重金属污染的治理方法

水体重金属污染治理包括外源控制和内源控制两方面。外源控制主要是对采矿、电镀、金属熔炼、化工生产等排放的含重金属的废水、废渣进行处理,并限制其排放量;内源控制则是对受到污染的水体进行修复。

（1）沉淀和絮凝

沉淀作用指加入碱性物质以提高水体 pH 值,使重金属以氢氧化物或碳酸盐的形式从水中分离出来,或加入硫化物沉淀剂使重金属离子生成硫化物沉淀而被除去。絮凝作用一般采用铁盐和铝盐作絮凝剂,通过与具有净化功能的天然矿物联合,改性后可形成性能更优的絮凝材料。

（2）吸附法

吸附法是利用多孔性固态物质吸附水中污染物来处理废水的一种常用方法。活性炭吸附是一种较早地被应用于生产的净水技术。矿物吸附剂表面研究已深入到分子水平，对具有一定吸附、过滤和离子交换功能的天然矿物进行合理改性是提高环境矿物材料性能的新途径。壳聚糖、木质素等天然吸附剂也有广泛应用。

（3）离子交换法

利用重金属离子交换剂与污染水体中的重金属物质发生交换作用，经离子交换处理后，废水中的金属离子转移到离子交换树脂上，经再生后转移到再生废液中。此法优点是费用较低，缺点是其适用范围有限，容易造成二次污染。

（4）生物方法

生物方法是 20 世纪 80 年代随着生物技术的发展而产生的一种重金属废水处理技术。

微生物吸附　利用细菌、真菌、藻类等的生命活动过程，通过将废水中的重金属沉淀、吸附作用，降低其毒性，从而达到治理的目的。微生物吸附法是利用具有吸附重金属特性的微生物材料来吸附水溶液中的重金属；微生物通过还原反应使金属离子转变成不易溶解的沉淀状态或降低其毒性的方法称为微生物沉淀法。

植物修复　植物修复是通过特定植物对重金属元素或有机质的特殊富集和降解来转移、容纳或转化污染物，使其对环境无害，主要通过植物吸收、植物挥发、植物吸附和根际过滤等方式来积聚或清除水体中的重金属。目前发现的重金属超积累植物有 700 多种，凤眼莲、水芹菜、香蒲、芦苇、香根草等都对重金属具有良好的吸收积累效应。利用水生植物净化重金属污水，目前应用较多的是人工湿地技术和生物塘工程。

动物净化　利用一些鱼类及其它水生动物在水体中吸收、富集重金属，然后把它们从水体中驱出。如三角帆蚌、河蚌对重金属（Pb^{2+}、Cu^{2+}、Cr^{2+} 等）具有明显自然净化能力。但此法处理周期长，费用高，因此目前水生动物主要用作环境重金属污染的指示生物，用于污染治理的不多。

2.3.3　水体的有机化合物污染

水体的有机化合物污染主要是指由城市污水、食品工业和造纸工业等排放含有大量有机物的废水所造成的污染。这些污染物在水中进行生物氧化分解过程中,需消耗大量溶解氧,一旦水体中氧气供应不足,会使氧化作用停止,引发有机物的厌氧发酵,散发出恶臭,污染环境,毒害水生生物。

1. 有机物污染程度的指标

(1)生化需氧量(Biochemical Oxygen Demand,BOD)

地面水体中微生物分解有机物的过程中消耗水中的溶解氧的量,称生化需氧量。BOD 反映水体中可被微生物分解的有机物总量,以每升水中消耗溶解氧的毫克数来表示。BOD 小于 1 毫克/升表示水体清洁;大于 3 毫克/升,表示已受到有机物的污染。但 BOD 的测定时间长,毒性大的废水因微生物活动受到抑制,BOD 值难以准确测定。

(2)化学需氧量(Chemical Oxygen Demand,COD)

水体中能被氧化的物质在规定条件下进行化学氧化过程中所消耗氧化剂的量,称化学需氧量,以每升水样消耗氧的毫克数表示。水中各种有机物进行化学氧化反应的难易程度是不同的,因此化学需氧量只表示在规定条件下,水中可被氧化物质的需氧量的总和。

(3)总有机碳(Total Oxygen Carbon,TOC)与总需氧量(Total Oxygen Demand,TOD)

它们都是用化学燃烧法测定。前者测定结果以碳表示;后者则以氧表示需氧有机物的含量。由于测定时耗氧过程不同,而且各种水中有机物成分不同,生化过程差别也较大,所以各种水质之间,TOC 或TOD 与 BOD 不存在固定的相关关系。

(4)溶解氧(Dissolved Oxygen,DO)

水中溶解氧是水质重要指标之一。水中溶解氧含量受到两种作用的影响:一种是使 DO 下降的耗氧作用,包括耗氧有机物降解的耗氧、生物呼吸耗氧等;另一种是使 DO 增加的复氧作用,主要有空气中氧的溶解、水生植物的光合作用等。这两种作用的相互消长,使水中溶解氧

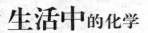

含量呈现出时空变化。

2. 有机物的降解反应

各类有机污染物的共同特点是降解。**所谓降解就是相对分子质量较大的有机物分解成相对分子质量较小的物质,最后变成简单化合物(如 CO_2 和 H_2O)的过程。**有机物的降解过程包括化学降解、生物降解和光化学降解。有机物的化学降解可通过氧化、水解、还原等反应完成。有机物生物降解的基本反应可分为两大类,即水解反应和氧化反应。实验证明,DDT、辛硫磷、三硝基甲苯、苯并(a)蒽等均可发生光化学反应。

3. 有机物的挥发、吸附、生物富集

美国环保局确定的114种优先有机污染物中,具有挥发作用的为31种,约占27%。虽然这些有机物也能被细菌不同程度地降解,但在流速较快的河流中,自水体挥发至大气是它们的主要迁移途径。排入水体的有机污染物除发生各种降解及挥发以外,形成沉淀也是其重要的迁移途径之一。迁移的主要机理是通过水体悬浮颗粒物、沉淀物的表面吸附,将有机污染物从水相转移至底泥。

4. 水体中主要有机污染物的降解

水体中有些物质(如碳水化合物、脂肪、蛋白质等)比较容易降解;有些物质(如有机氯农药、多氯联苯、多环芳烃等)较难降解。

(1)碳水化合物的降解

碳水化合物又称糖类,其组成中只含有碳、氢和氧。糖类的降解是指多糖水解为单糖后,再经生物氧化生成丙酮酸的过程。糖类的降解主要有两条途径:一是有氧条件下,单糖被氧化为二氧化碳和水;二是无氧条件时不能被完全氧化,可在各种细菌帮助下充当受氢体进行所谓的发酵,产生各种有机酸、醇、酮等化合物。

上述发酵产物可在甲烷菌(污水和污泥中大量存在)促成下继续无氧氧化,产生甲烷。这过程称为甲烷发酵。甲烷发酵是有机物在无氧条件下降解的最终阶段。

(2)脂肪与油的降解

脂肪与油也是只含碳、氢和氧三种元素的有机物。它们的降解也是首先发生水解,生成甘油及各种脂肪酸。

（3）蛋白质的降解

蛋白质分子中除碳、氢、氧外,还有氮、磷、硫等元素。它的降解首先是在水解酶作用下,蛋白质分子中肽键断开形成氨基酸,然后氨基酸在有氧或无氧条件下进行分解,其反应形式有多种,大致是通过氧化还原、水解等反应,单独发生或同时发生脱氨、脱碳、脱羧反应。

（4）合成洗涤剂的降解

最初投入使用的合成洗涤剂,其主要成分是烷基苯磺酸盐 ABS 型合成物。由于烷基上有支链,特别是含有极难降解的季碳,因而很难为环境降解。目前使用的烷基苯磺酸盐 LAS 型化合物,在好氧条件下能被微生物降解,成为含有 5～6 条碳链的不发泡的物质。

（5）石油的降解

石油是由链烃、环烷烃、芳香烃和杂环化合物等结构不同、相对分子质量不等的物质组成的混合物。排入水体的石油浮在水面,水面油膜在光和微量元素的作用下发生光化学氧化反应,这是石油降解的主要途径。水中微生物在降解石油烃方面起着重要作用。

2.3.4　水体的富营养化

水体的富营养化是指氮、磷等植物营养物质含量过多所引起的水质污染现象。当过量营养物进入湖泊、水库、河口、海湾等缓流水体后,水生生物特别是藻类将大量繁殖,使水中溶解氧含量急剧下降,以致影响到鱼类等生物的生存。在自然条件下,湖泊从贫营养湖→营养湖→沼泽→陆地的演变进程极为缓慢。人类的活动将大量工业废水、生活污水以及农田径流中的植物营养物质排入湖泊等水体,将大大加速水体的富营养化进程。

1. 富营养化对水质的危害

①富营养化导致水体的透明度降低,从而影响水中植物的光合作用和氧气的释放;同时,浮游生物的大量繁殖消耗了水中大量的氧,使水中溶解氧严重不足;而水面植物的光合作用,则可能造成局部溶解氧的过饱和。溶解氧过饱和以及水中溶解氧少,都对水生动物(主要是鱼

类)有害,故造成鱼类大量死亡。

②富营养化分泌有毒有害物质(如氨、硫化氢),有的直接毒死生物;有的通过食物链转移,引起人类的中毒。水生生物的尸体分解时,会产生尸碱、硫化氢,使水体变质,并有腥臭味。

③富营养化影响供水水质并增加制水成本。过量的藻类会给水厂在过滤过程中带来障碍,增加过滤措施。其次,富营养水体由于缺氧而产生硫化氢、甲烷和氨等有毒有害气体,这增加了水处理的难度,既影响了水厂的出水率与水质,同时也加大了制水的成本费用。

2. 富营养化的产生原因及机理

(1)水体中的营养物质

藻类是水体富营养化的污染主体,可分为 4 种类型:蓝绿藻类、绿藻类、硅藻类和有色鞭毛藻类。氮和磷的各种化合物是促进藻类生长或修复其组织的能源性物质。氮、磷两种物质的来源主要包括以下几个方面:雨水、农业排水、城镇生活污水及地下水、工业废水、不合理的围湖造田、水体人工养殖等。

富营养化的检测指标

影响藻类生长的物理、化学和生物因素(如阳光、营养盐类、季节、水温、pH 值,以及生物本身的相互关系)是极为复杂的。因此,很难预测藻类生长的趋势,也难以定出表示富营养化的指标。目前一般采用的指标是:水体中氮含量超过 $0.2 \times 10^{-6} \sim 0.3 \times 10^{-6}$,生化需氧量大于 10×10^{-6},磷含量大于 $0.01 \times 10^{-6} \sim 0.02 \times 10^{-6}$,pH 值 7~9 的淡水中细菌总数每毫升超过 10 万个,表征藻类数量的叶绿素 a 的含量大于 10 微克/升。

(2)水体富营养化的机理

藻类是水体中的主要"生产者",当水体受到污染,水体中含有大量氮、磷化合物时,在适宜的光照、温度、pH 值条件下,藻类进行光合作用,合成本身的原生质,大量生长。藻类的快速生长使水道堵塞,水体生色,鱼类生存空间缩小,其分泌物又引起水臭。更重要的是,藻类的快速繁殖,使水体中有机物积蓄,促进微生物繁殖,因而水体耗氧量大大增加;生长在光照不及的水层深处的藻类也因呼吸而大量耗氧;沉于水底的死亡藻类在厌氧分解过程中促使大量厌氧菌繁殖;富氨氮的水体开始使硝化细菌繁殖,在缺氧状态下又会转向反硝化过程;最后系统处于崩溃状态。

3. 水体富营养化防治措施

富营养化的防治是水污染处理中最为复杂和困难的问题,至今还没有任何单一的生物、化学和物理措施能够彻底去除废水中的氮、磷营养物质。通常的二级生化处理方法只能去除 $30\% \sim 50\%$ 的氮、磷。这里仅简要介绍富营养化水体中除磷和除氮的方法。

(1)控制外源性营养物质输入

制订营养物质排放标准和水质标准,是为了达到符合规定的水体营养物质浓度的水质标准。当确定某一水体的主要功能后,可根据水体功能要求再制订相应的水质氮、磷浓度的允许标准。

实施截污工程或者引排污染源工程。截断向水体排放营养物质的排放源,是控制某些水体富营养化的关键性措施。

合理使用土地,最大限制地减少土壤侵蚀、水土流失与肥料流失。做好科学合理施肥的宣传与引导。

(2)减少内源性营养物质负荷

氮、磷元素是主要的内源性营养物质。可通过物理、化学或生物性措施使它们被生物体吸收利用,或者以溶解性盐形式,或者经沉降作用从水体中除去。减少内源性营养物负荷,有效地控制湖泊内部磷富集,应视不同情况,采用不同的方法。主要的方法有:

①工程性措施。它包括挖掘底泥沉积物,进行水体深层曝气,注水冲稀以及在底泥表面敷设塑料等。

②化学方法。这是一类包括凝聚沉降和用化学药剂杀藻的方法。例如有许多种阳离子都能与磷酸盐生成不溶性沉淀物而沉降下来,其中最有价值的是价格比较便宜的铁、铝和钙。在化学法中,还有一种方

法是用杀藻剂杀死藻类。这种方法适合于水华盈湖的水体。

③生物性措施。它是一种利用水生生物吸收利用氮、磷元素进行代谢活动以达到去除水体中氮、磷营养物质的方法。水生植物净化水体的特点是以大型水生植物为主体，植物和根区微生物共生，产生协同效应，净化污水。此种措施的效果不如截污工程和引排污染源工程的效果那么明显、直接，但其是从内源去除营养物质，是目前国内外治理湖泊水体富营养化的重要措施。

2.3.5 水体污染的治理

水是重要的自然资源，人类的生活离不开水，而且世界饮用水资源不足的问题日益显现，因此，我们要保护水资源，控制水体污染，研制污水治理的方法。水处理的问题主要包含"用水处理"和"污水处理"两方面，即包括从天然水体中获得生活用水、工业用水时进行的水处理，以及为防止生活污水、工业污水等引起水体污染进行的水处理。由于多数天然水体兼作为用水水资源和污水的收纳对象，所以很多基本水处理技术在用水处理和污水处理中是相同的。

1. 污水处理程度的分类

按照水质状况及处理后出水的去向可以确定污水处理的程度，一般将其分为一级处理、二级处理和三级处理。

一级处理主要是除去大粒径的固体悬浮物、悬浮油类和胶体颗粒，初步调节 pH 值，减少污水的腐化程度。经过一级处理的污水，BOD一般可减少 30% 左右，但仍达不到排放标准。一级处理通常为预处理，目的在于减轻后续处理工序的负荷。

二级处理主要去除污水中呈胶体和溶解状态的有机污染物质（BOD、COD 物质），去除率可达 80%～90%，经过二级处理的水一般可达到农业灌溉标准和污水排放标准。二级处理是污水处理的主体部分。

三级处理进一步处理二级处理未除去的污染物，如氮、磷、生物难降解污染物、病原体等。经过三级处理的水可以重复利用于生活或生产。三级处理属于深度处理。

2.污水处理技术

污水处理的目的主要有去除悬浮物、去除溶解性无机物、去除溶解性有机物、消毒杀菌等。为了达到这个目的,可将水处理技术分为物理法、化学法和物理法、生物法。下面简要介绍几种比较常用的水处理技术。

重力沉降法　在重力作用下,使悬浮液中密度大于水的悬浮固体静置、下沉,从而达到与水分离的目的。

过滤法　以砂、无烟煤、石英砂、塑料之类粒状物组成填充物,使水流通过,过滤除去悬浮杂质。

反渗透法　利用半透膜的选择透过性,制成反渗透装置,施以一定的外加压力,使废水中的水分子透过半透膜,而将污物截留在容器内,达到分离污物的目的。

生物过滤法　利用碎石或塑料之类作滤料,使其表面形成一层微生物膜,以发挥其净化污水的作用。

气提法　让污水与水蒸气直接接触,使污水中的挥发性有毒物质按一定比例扩散出去,达到分离污染物的目的。

中和法　以碱性药剂处理酸性污水,或以酸性药剂处理碱性污水。

氧化还原反应法　借助化学药剂,通过氧化还原反应使污染物转化成固态或气态从水中分离,或使污染物价态发生改变,转化成无害或低害的化学形态。

加氯消毒法　借助氯气或次氯酸盐,杀灭水中有害细菌、病毒、藻类等微生物。

吸附法　使用活性炭或其它无毒且吸附性好的物质,吸附污水中有机物或重金属。

生活小贴士

生活中有许多节水小窍门:

①刷牙时,不间断放水,30秒用水约6升;若用口杯接水,1口杯水约0.2升,三口之家每日2次,每月可节水约486升。

②洗衣时,洗衣机不间断地边注水边冲洗及排水的洗衣方式,每次需用水约165升;洗衣机采用洗涤—脱水—注水—脱水—注水—脱水方式洗涤,每次用水110升,每次可节水55升,每月洗4次,可节水220升。

③衣物集中洗涤,可减少洗衣次数。

④小件、少量衣物提倡手洗,可节约大量水。

⑤洗涤剂过量投放将浪费大量水,所以洗涤剂不宜放太多。

2.4 土壤环境化学

2.4.1 土壤及土壤中的污染物

土壤是指陆地表面具有一定肥力、能够生长植物的松散土层,是自然环境的组成要素之一。它处在岩石圈、水圈、大气圈相互紧密接触的地带,既是自然地理环境中无机界与有机界相互作用过程中形成的独特自然体,又是生物尤其是植物和微生物生活的重要环境,还是地表物质与能量转化交换的活跃场所。

1. 土壤的组成

土壤是一个复杂的自然体。其基本组成可分为矿物质、有机物、水和空气四大部分。

(1)土壤的矿物质

①原生矿物:指母岩经机械风化破碎而成的碎屑物质,其中绝大多

数是那些化学性质相对稳定的矿物,如石英及其他碎粒。它们主要组成土壤的砂砾和粉砂粒。

②次生矿物:指化学风化和成土作用中形成的矿物,具可塑性、膨胀性和黏结性等。其中最重要和为数最多的是黏土矿物。

③其他含量少而且不恒定的成分:包括钙、钠、钾和镁的化合物,氮、硫和磷的化合物(部分从有机质中获得,部分从母岩中获得),以及从水和空气中获得的氧、氢、碳的化合物,另外还有少量的微量元素,如硼、锰和碘,它们为植物提供养分。

(2)土壤的有机质

①普通有机质:包括动植物的残体及其分解的中间产物。它们与土粒结合不紧,占土壤有机总量的 $10\%\sim15\%$。存在于土壤中的复杂有机物,在土壤微生物和水等的作用下,分解为简单的有机化合物、中间产物,最后变为 CO_2、H_2O、NH_3、CH_4 等和简单的矿物质(盐类等最终产物)。

②腐殖质:在土壤有机质分解为简单化合物的同时,其中间产物在微生物参与下发生生物化学作用,合成一种新的含氮多的高分子有机化合物——腐殖质。腐殖质与土粒结合紧密,占土壤有机质总量的 $85\%\sim90\%$,是一种暗色、酸性、富含氮素的较稳定的高分子有机化合物。

(3)土壤的水分和空气

①土壤的水分:土壤水是地表水和地下水之间的过渡环节,主要来源于大气降水和人工灌溉,如地下水位较高,也是补给的来源。

②土壤的空气:土壤空气主要来自大气。土壤空气主要成分与大气基本相同,不同点在于土壤空气氧气含量少,二氧化碳含量高,在一些通气不良的土壤中,这种情况更加显著。

2. 土壤污染物

根据污染物质的性质不同,土壤污染物分为有机污染和无机污染。有机污染主要是指有机磷、有机氯、有机氮、氨基甲酸酯类等有机农药,有机洗涤剂,石油和有害微生物等的污染;无机污染主要是指重金属,放射性元素,酸,碱,盐等的污染。

土壤污染的来源主要有大气沉降、工业与城市废水和固体废弃物、农药和化肥以及病原微生物等方面。

（1）大气沉降

在金属加工过程中，往往伴随有金属尘埃进入大气，构成金属飘尘，这些飘尘自身降落或随着雨水接触植物体进入土壤后被植物或动物吸收，破坏土壤的生产力。

（2）工业与城市废水和固体废弃物

工业与城市废水和固体废弃物直接进入土壤，或是通过污水灌溉和废弃物利用进入农田从而间接进入土壤，使大量的有机和无机污染物随着进入土壤，引起土壤污染。

（3）农药和化肥

农药和化肥在生产、贮存、运输、销售和使用过程中都会产生污染，而且为了提高农产品的数量和质量，大量施用农药和化肥，施用在作物上的农药和化肥大约有一半流入土壤中，它们在土壤中累积起来，破坏土壤生产力。

（4）病原微生物

含有病原微生物和寄生虫的污水、医院污水、垃圾以及被病原微生物污染的河水等，未经消毒灭菌处理，会造成土壤的生物污染。

3．土壤污染的特点

土壤污染具有一些显著特点：

①比较隐蔽，具有持续性、积累性，往往不容易立刻发现，通常是通过地下水受到污染、农产品的产量和质量下降及人体健康状况恶化等方式显现出来。

②土壤一旦被污染，不像大气和水体那样容易流动和被稀释，因此土壤污染很难恢复，所以要充分认识土壤污染的严重性和不可逆性。

2.4.2　土壤的重金属污染

土壤本身均含有一定量的重金属元素，其中有些元素（如 Mn、Cu、Zn 等）是作物生长所需要的微量元素，而有些重金属（如 Cd、As、Hg 等）对植物生长是不利的。即使是营养元素，当其过量时也会对作物生长产生不利的影响。

1. 土壤重金属污染的危害

土壤重金属污染的危害主要表现在以下几个方面：

(1)影响植物生长

实验表明,土壤中无机砷含量达 12 微克/克时,水稻生长开始受到抑制;无机砷为 40 微克/克时,水稻减产 50%;无机砷含量为 160 微克/克时,水稻不能生长;稻米含砷量与土壤含砷量呈正相关。有机砷化物对植物的毒性则更大。

(2)影响土壤生物群的变化及物质的转化

重金属离子对微生物的毒性顺序为：$Hg^{2+} > Cd^{2+} > Cr^{3+} > Pb^{2+} > Co^{2+} > Cu^{2+}$。通常金属离子浓度在 1 微克/克时,就能抑制许多细菌的繁殖,而土壤中重金属对微生物的抑制作用对有机物的生物化学降解是不利的。

(3)影响人体健康

土壤重金属可通过下列途径危及人体和牲畜的健康：

①通过挥发作用进入大气,如土壤中的重金属经化学或微生物的作用转化为金属有机化合物(如有机砷、有机汞)或蒸气态金属或化合物(如汞、氢化砷)而挥发到大气中。

②受水特别是酸雨的淋溶或地表径流作用,重金属进入地表水和地下水,影响水生生物。

③植物吸收并积累土壤中的重金属,通过食物链进入人体。

2. 重金属在土壤中的存在形态及迁移与转化

重金属在土壤中的存在形态影响着重金属在土壤中的迁移、转化及生物可利用性。由不同途径进入土壤的重金属通常以可溶性离子或配位离子的形式存在于土壤溶液中,也可以被土壤胶体所吸附或以各种难溶化合物的形态存在。重金属在土壤中的存在形式与重金属本身的性质和土壤的环境条件密切相关。土壤环境条件,如土壤的 pH 值、土壤有机和无机胶体种类、含量等的差异,均能引起土壤中重金属存在形态的变化,从而影响重金属在土壤中的迁移以及农作物对重金属的吸收、富集。因此在讨论重金属对植物和其他土壤生物的毒性时,起决定作用的不是土壤溶液中重金属的总浓度,而是可溶性重金属离子的浓度。

重金属在土壤中的主要迁移转化有物理、物理化学、化学和生物过程。作用方式可分为5种类型:机械吸收作用、物理作用、物理化学作用、化学作用、生物作用。

3. 重金属元素污染

(1)镉的土壤污染

镉的人为污染主要有矿山开采,冶炼排放的废水、废渣,工业废气中镉扩散沉降,农业上磷肥(如过磷酸钙)的使用。镉在土壤中以水溶性或难溶性形态存在。水溶性镉主要以离子或络合态存在,易被植物吸收、富集。镉污染土壤进入植物链,对人类健康造成威胁,它主要积存在肝、肾、骨等组织中,并能破坏红细胞,交换骨骼中的 Ca^{2+},引起骨痛病。

(2)汞的土壤污染

自然界中的汞常以金属汞和硫化汞的形式存在。汞不是人体的必需元素,它的毒性很强。汞及其化合物易转成蒸气在大气中散发,并被土壤吸附;利用汞污染的废水灌溉农田、使用含汞农药等都能造成土壤汞污染。世界著名的公害事件——日本水俣病事件便是由汞污染引起的,受害的居民达一万余人。

(3)铬的土壤污染

铬是动物和人体都必需的一种微量元素,但过量的铬则对人体健康极其有害。土壤中铬的人为污染源主要来自冶炼、电镀、制革、印染等排放的"三废",以及施用含铬量较高的化肥。土壤中铬以三价和六价两种价态存在,其中六价铬极易被土壤总的有机质等还原为较稳定的三价铬。动物实验已证明,无论铬的价态如何,只要达到一定的浓度,都有致癌作用。

(4)铅的土壤污染

铅的人为污染主要有铅锌矿开采、冶炼烟尘的沉降、汽油燃烧和冶炼废污水灌溉等。各种以污染源进入土壤的铅主要以难溶性化合物为主要形态,如碳酸铅、氢氧化铅、磷酸铅、硫酸铅等,而可溶性铅的含量很低,因此土壤中铅不易被淋溶,迁移能力较弱,虽主要积蓄在土壤表层,但生物有效性较低。一定浓度的铅对植物的生长不会产生明显的危害,进入植物体内的铅绝大部分积累于根部,转移到茎、叶、籽粒的铅数量很少。

4. 重金属元素污染的防治策略

(1)控制和消除土壤污染源

控制和消除土壤污染源,是防止污染的根本措施。土壤对污染物所具有的净化能力相当于一定的处理能力。控制土壤污染源,即控制进入土壤中的污染物的数量和速度,通过其自然净化作用而不致引起土壤污染,具体可采取以下措施:

①控制和消除工业"三废"排放。

②加强土壤污灌区的监测和管理。

③合理施用化肥和农药。

④增加土壤容量和提高土壤净化能力。

⑤建立监测系统网络,定期对辖区土壤环境质量进行检查,建立系统的档案资料。

(2)重金属污染治理策略

重金属污染土壤治理技术分为两大类:

①将重金属从土壤中去除的技术。由于受重金属与土壤物质的结合形态、在土壤中的复杂性以及去除重金属后要保持土壤的生物活性限制,该方法研究进展不大,国内外报道甚少,主要有两种类型:工程去除法、生物富集去除法。

②土壤滞留、脱离食物链的技术。由于重金属在土壤中难移动,去除难度大,考虑到技术与经济成本上的各种因素,人们目前更多关注的是在不去除重金属的前提下,如何减少重金属在食物链中的传递。为此,人们试验研究了不同的方法,归纳起来有以下几种:客土稀释法,利用非污染土壤覆盖的办法降低重金属向食物传递;钝化重金属法,其主要思路是采用一系列物理及化学的方法改变重金属的价态或化学形态,使其在植物吸收上表现出惰性,进而减少对植物的危害及在食物链中的传递;土壤利用转型法,这种方法是改变被污染土壤(地)的利用方

向,以避免污染物进入食物链,这对污染严重的郊区或厂矿区土壤是一种较好的利用方式;低富集轮作,这种方法是合理安排茬口,以减少植物对重金属的吸收。

回收废电池,防止悲剧重演

我们日常使用的普通电池是靠化学作用,通俗地讲就是靠腐蚀作用产生电能的。而其腐蚀物中含有大量的"八大公害事件"中两个事件的元凶——汞、镉这两种重金属元素。所以说,电池从生产到废弃,时刻都潜伏着污染,电池的回收势在必行。

2.4.3　土壤的化学农药污染及其防治

化学农药是指能够防治植物病虫害、消灭杂草和调节植物生长的化学药剂。可以这么说,凡是用来保护农作物及其产品,使之不受或少受虫害、病菌及杂草的危害,促进植物发芽、开花、结果等化学试剂,都称为农药。自 1939 年瑞士科学家莫勒发明了 DDT 杀虫剂以来,农药的应用取得了很大进展,现在世界上施用的农药原药已达 1000 多种,农业上常用的有 250 余种,农药的年产量已超过 200 万吨以上。

施于土壤的化学农药,有的化学性质稳定,不断在土壤中累积,到一定程度,便会影响到作物的产量与质量,而成为污染物质。它们还可能通过各种途径,挥发、扩散、移动而转入大气、水体和生物体中,构成其他环境因素的污染,通过食物链对人类产生危害。南极动物体内发现有 DDT 存在是化学农药污染最好的例证。

1. 农药的主要危害

世界上任何事物都是有利有弊的。农药在杀死病虫害的同时,也给人类赖以生存的环境带来危害。据文献报道,农药利用率一般为 10%,约 90% 的农药残留在环境中,造成环境污染。

（1）农药对生物的危害

残留在土壤中的农药，对土壤生物、植物以及水中生物产生不用程度的危害。有研究表明，土壤动物种类和数量随着农药影响程度的加深而减少，因为农药可以抑制或者促进农作物或其它植物的生长，提早或推迟成熟期。土壤中的残留农药还可以通过扩散、迁移进入水体，影响水中生物的繁殖和生长，还导致鱼类不能食用。

（2）农药对人体的危害

农药对人体的危害是间接的，就是农药对环境造成污染，经食物链的逐步富集，最后进入人体，引起慢性中毒。高效剧毒的农药，毒性大，且在环境中残留的时间长，当人畜食用了含有残留农药的食物时，就会造成积累性中毒。

2. 农药在土壤中的迁移和转化

化学农药在使用过程中，只有一部分附着于植物体上，大约有20％～50％进入土壤。残留于土壤中的农药，由于生物的作用，经历着转化和降解过程，形成具有不同稳定性的中间产物，或最终成为无机物。

（1）土壤对化学农药的吸附作用

土壤吸附化学农药的机理有物理吸附、物理化学吸附两种途径。

由于农药种类极多，性质各不相同，对土壤吸附有很大影响。一般农药的分子越大，越易被土壤吸附；农药在水中的溶解度强弱也对吸附有影响。

（2）化学农药在土壤中蒸发和迁移

大量资料表明，非常易挥发的农药及不易挥发的农药（有机氯），都可以从土壤、水及植物表面大量蒸发。对于低水溶性和持久性的化学农药来说，蒸发是它们进入大气的重要途径。通过蒸发作用而迁移的农药量比径流迁移和作物吸收等都要大。

化学农药在土壤中的蒸发不仅决定于农药本身的溶解度、蒸气压，接近地表空气层的扩散速度以及土壤温度、湿度和质地，而且与土壤含水量有密切关系。

(3)土壤对化学农药的降解作用

农药在土壤中的降解作用有:微生物降解、光化学降解、化学降解和土壤自由基降解等。由于土壤中的微生物种类繁多,即使被认为难降解的有机氯农药,最终也要被微生物所降解。微生物降解作用是影响农药最终在土壤中残留毒量大小的决定因素。微生物对农药的代谢作用,是土壤对农药彻底的、最主要的降解过程。但是,也不能认为微生物降解是万能的,而且有些代谢产物甚至比原型农药毒性更大。

(4)农药在土壤中的残留

农药是人工合成的有机化合物,与天然有机化合物相比,稳定性较强,不易被化学作用和生物化学作用分解,能在环境中较长期存在。农药在土壤中的残留量受到挥发、淋溶、吸附、生物与化学降解等多因素的影响。降解速度快的农药,在环境中残留时间短,称为低残留农药;降解速度慢的农药,在环境中残留时间长,称为高残留农药。农药在土壤中残留,可认为是土壤被污染的具体表现。残留农药可被粮食、蔬菜作物吸收,使之遭受污染,并可通过食物链危害人体健康。

3. 土壤的农药污染来源

①将农药直接施入土壤或以拌种、浸种和毒谷等形式施入土壤。

②向作物喷洒农药时,农药直接落到地面上或附着在作物上,经风吹雨淋落入土壤。

③大气中悬浮的农药颗粒或以气态形式存在的农药经雨水溶解和淋溶,最后落到地面上。

④随死亡动植物残体或污水灌溉进入土壤。

4. 土壤化学农药污染的防治策略

农药污染的防治途径是多方面的。目前对土壤环境化学农药污染的防治的主要措施有以下几方面:

(1)加强管理,增强环保意识

加强环保意识,建立并严格执行《农药管理法》,是防止农药污染的根本保证。《农药管理法》应包括:规定农药登记注册制度;禁用或限用剧毒、高残留性的农药品种;规定农药的安全使用标准;明确土壤残留性农药的使用规则；规定农药在农产品（包括食品）中的容许残留限量（最大允许含量）；设定农药的安全间隔期等。

（2）充分调动土壤本身的降解能力

要通过各种措施，调节土壤结构、有机质含量、土壤酸碱度、离子交换量、微生物种类等，增加土壤对农药的降解能力。

（3）大力开发高效、低毒、低残留安全农药

开发高效、低毒、低残留农药是农药发展和防止农药污染的新技术之一。安全农药既要急性毒性低，又要"无公害"，即有选择地抑制昆虫、微生物、植物等特有的酶系统，对人畜无害，或易被阳光或微生物分解，大量使用也不会污染环境。

（4）合理使用农药

要根据农药本身的性质、防治对象和对环境的影响，合理使用农药。具体要做到：对症下药，根据不同的病菌、害虫对不同药剂的敏感性选择杀菌、杀虫剂；适时适量用药，选择害虫发育中抵抗力量最弱的时期（幼虫或成虫期）用药；合理混用农药，有时混用农药可以提高防治效果，但应注意两种以上药剂混用产生分解的不能混用。

（5）改进农药制剂的剂型和喷洒技术

为了防止农药施用中由于挥发、漂移等造成的环境污染，延长残效，提高防治效果，减少用药量，当前世界各国都非常重视农药剂型及喷洒技术改进。例如，将粉剂改为粒剂或微粒剂可防止施用农药时农药飞扬；将乳剂改为微胶囊剂可以降低农药毒性和对环境的污染。

总之，农药污染的防治途径是多方面的，必须因时因地制宜。目前，有关土壤环境中农药污染的治理工作的成功经验还不多，有许多问题还有待于今后的进一步研究。

2.4.4　土壤的固体废弃物污染及其防治

固体废弃物是指人类在生产和生活活动中丢弃的固体和泥状的物质，简称"固废"。固体废弃物的种类很多，通常将固体废弃物按其性质、形态、来源划分种类。如按其性质可分为有机物和无机物；按其形态可分为固体的（块状、粒状、粉状）和泥状的；按其来源可分为矿业的、

工业的、城市生活的、农业的和放射性的;此外,固体废弃物还可分为有毒和无毒的两大类。有毒有害固体废弃物是指具有毒性、易燃性、腐蚀性、反应性、放射性和传染性的固体、半固体废弃物。

未经处理的工厂废物废渣和生活垃圾简单露天堆放,占用土地,破坏景观,而且废物中的有害成分通过刮风等形式进行空气传播,经过下雨进入土壤、河流或地下水源,这个过程就是固体废弃物污染。

1. 固体废弃物的特点

固体废弃物主要有以下 3 个特点:

(1)复杂性

固体废弃物是各种污染物的最终形态。尤其是从污染控制设施排出的固体废弃物,浓集了很多成分,呈现出多组分混合物的复杂性和不可稀释性。

(2)污染的特殊性

固体废弃物不仅占用土地和空间,还通过水、气和土壤对环境造成污染,并由此产生新的"污染源",如不进行彻底治理,往复循环,会造成长期污染。但另一方面,固体废弃物又具有可再利用性,如城市垃圾,可作为"再生资源"或"二次资源"。

(3)严重的危害性

固体废弃物堆积,占用大片土地造成环境污染,严重影响着生态环境。生活垃圾能孳生、繁殖和传播多种疾病,危害人畜健康,而危险废弃物的危害性更为严重。

2. 固体废弃物的危害

固体废弃物堆积量大,成分复杂,性质也多种多样。特别是在废水、废气治理过程中所排出的固体废弃物,浓集了许多有害成分,因此,固体废弃物对环境的危害极大,污染也是多方面的。固体废弃物的危害有:侵占土地,破坏地貌和植被;污染土壤、水体、大气;造成巨大的直接经济损失和资源能源的浪费。

3. 固体废弃物的处理方法

固体废弃物的处理主要通过物理的、机械的或化学的方法,将固体废弃物集中隔离、转化成少害或无害的物质及再利用。固体废弃物处理的目标是无害化、减量化、资源化。常用的方法有资源化利用、集中隔离、无害化处理等。

（1）固体废弃物的资源化利用

固体废弃物的资源化利用就是对其进行回收，再循环利用。其主要对象是工业固体废弃物。其目的是减少原材料的采用，减少废弃物的排放量，提高社会环境效益和经济效益。固体废弃物的资源化利用主要包括：用于农业，作为土壤改良剂，为农作物提供营养元素；用于建筑业，作为建筑材料；用于工业，作为工业原料；用作能源，缓解能源危机。

（2）固体废弃物的集中隔离

集中隔离就是将固体废弃物集中起来，将其从某环境中排除或与环境隔离，使其不能参与物质循环，从而不对环境产生影响。常用的方法有堆放法、掩埋法、焚烧法、海洋倾倒法、境外转移法。

（3）固体废弃物的无害化处理

无害化就是通过物理、化学和生物降解等方法，将固体废弃物转化成为无毒无害、性质稳定的物质，以减轻或消除对环境的污染。常用的方法有压缩法、焚烧和热解法、生物降解法等。

生活信息箱

推动垃圾分类回收，举手之劳战胜垃圾公害

"Recycle"（回收再生）是世界性的潮流和时尚，分类垃圾箱在许多国家随处可见，回收成为妇孺皆知的常识。"欧盟"各国自 1990 年以来为推行"零污染"的经济计划努力：德国开始实施循环经济和《垃圾法》，旨在从"丢弃社会"变成"无垃圾社会"；奥地利制定法规，要求到 2000 年废物回收率达到 80%；法国要求回收 75% 的包装物，规定只有不能再处理的废物才允许填埋；瑞典的新法规要求生产者对其产品和包装物形成的废物负起回收的责任；美国一些州政府从 1987 年开始制定回收的地方法规。

4."白色污染"及其防治

所谓"白色污染",是人们对塑料垃圾污染环境的一种形象称谓。它是指用聚苯乙烯、聚丙烯、聚氯乙烯等高分子化合物制成的各类生活塑料制品使用后被弃置成为固体废弃物,由于随意乱丢乱扔,难以降解处理,造成城市环境严重污染的现象。

(1)"白色污染"的危害

"白色污染"主要是指塑料垃圾没有得到妥善管理和处理,对环境造成"视觉污染"和"潜在危害"两种负面效应。

"视觉污染"是指散落在环境中的塑料废弃物对市容、景观的破坏。如散落在自然环境中的一次性发泡塑料餐具和漫天飞舞或悬挂枝头的超薄塑料袋,给人们的视觉带来不良刺激。

"潜在危害"是指塑料废弃物进入自然环境后难以降解而带来的**长期的深层次环境问题。**它主要包括以下几个方面:塑料地膜废弃物在土壤中大面积残留,长期积累,造成土壤板结,影响农作物吸收养分和水分,导致农作物减产;抛弃在陆地上或水体中的塑料废弃物,被动物当作食物吞食导致其死亡,或其中有害物被河水、雨水等浸出而污染水体;进入生活垃圾中的塑料废弃物质量轻,体积大,填埋处理占用土地且难以降解。

(2)"白色污染"的防治策略

目前治理白色污染的通常采用4项新技术。

可降解塑料技术　可降解塑料技术是在塑料的生产过程中加入一定量的添加剂使其降解,主要有碎片法、水解法和光解法。碎片法是把塑料完整的形状分解成碎片,在视觉上改善了环境,但不能从根本上消除白色污染。水解法使塑料具有很大的水溶性和受水分解性,但缺点是导致废弃物对水体的污染。光解法是比较理想的降解技术。

植物纤维粉加胺热压技术　该技术是以植物纤维(如秸秆、稻草、甘蔗渣等)经过破碎得到纤维粉,然后混入大量的胶或树脂,再注入到模具中加高压及在高温下成型。利用该技术生产出的产品较易降解,但由于表面留有纤维色素,使得外观不佳,且植物纤维表面有农药残留,造成使用安全性低。

以纸代塑技术　以纸代塑技术即采用纸浆为原料,在模具中成型、烘干生产一次性餐具。这种方法制作的餐具因其具有无毒无害、易回收、可再生利用、可降解等优点而被冠以"环保产品"的称号。其不足之处在于技术不够成熟,纸浆的生产成本高,不仅需要大量的森林资源,且造成严重水污染。

生物全降解技术　该技术以土豆、玉米等富含淀粉物质为主要原料,加入一年生长期植物纤维粉和特殊的添加剂,经过化学和物理方法处理制成生物全降解制品。优点是淀粉是一种可生物降解的天然高分子,最后分解为水和二氧化碳,且与其共混的材料也是全降解材料,此类产品在生产、使用、处理过程中对环境没有任何污染。

生活信息箱

中国:有偿使用塑料购物袋

国务院办公厅 2008 年 1 月份下发通知,要求各地禁止生产、销售、使用超薄塑料购物袋,并实行塑料袋有偿使用制度。自 6 月 1 日起,在所有超市、商场、集贸市场等商品零售场所实行塑料购物袋有偿使用制度,一律不得免费提供塑料购物袋,并且将提高废塑料的回收利用水平。国家鼓励企业及社会力量免费为群众提供布袋子等可重复使用的购物袋。

生活信息箱

澳大利亚:对塑料购物袋征税

澳大利亚也发布了禁用塑料购物袋的法律。该国人口第二大州——维多利亚州 2007 年立法禁止在购物中心派发免费塑料购物袋,并于 2008 年开始执行,同时还规定到 2009 年商家若仍未自发停用塑料购物袋,则必须对每只塑料袋缴纳不低于 0.1 澳元的税款。

美国：可降解购物袋

美国是全球最主要的塑料袋消费国之一。2007 年，美国旧金山市议会以 10 票赞成、1 票反对的投票结果，通过了禁止超市、药店等零售商使用塑料袋的法案，从此，旧金山成为美国第一个封杀塑料袋的城市。该法案规定，超市和药店零售商只能向顾客提供纸袋、布袋或以玉米副产品为原料生产的可降解购物袋，化工塑料袋被严格禁止。

新加坡：自备购物袋

新加坡环境局和新加坡环境理事会 2007 年 4 月 18 日在所有连锁超级市场首次推出"自备购物袋日"，提早庆祝 4 月 22 日的"地球日"。迷你手推车、背包、大型手提袋、运动袋等都可充当购物袋。如果没有自备购物袋，不妨以不到 1 元的价格向超市购买可重复使用的环保购物袋。连锁超级市场售卖的环保袋，一般以塑料制成，可以清洗，也可重复使用。

2.5 绿色化学

1990 年，美国颁布了污染防治法案，将污染防治确定为美国的国策。绿色化学在这一背景下应运而生。绿色化学的目标是改变现有化学化工生产的技术路线，实现从"先污染，后治理"向"从源头上根除污染"的转变。我国为了实施可持续发展战略，预防因规划和建设项目对环境造成不良影响，促进经济、社会和环境的协调发展，于 2003 年 9 月正式实施《中华人民共和国环境影响评价法》，要求对规划和建设项目实施后可能造成的环境影响进行分析、预测和评估,提出预防或者减轻不良环境影响的对策和措施,进行跟踪监测的方法与制度。这一切也为从源头根除污染提供了必要的法律保障。

目前,世界各国对绿色化学与化工技术的研究十分重视,进展非常迅速,已出现一批生产大宗有机化学品的绿色化学技术。可以预见,绿色化学将成为实现经济和社会可持续发展的有效手段。

环境保护的警世之作——《寂静的春天》

生活信息箱

1962 年,美国女科学家 Rachel Carson 所著《Silent Spring》出版。书中详细地叙述了 DDT 等杀虫剂对各种鸟蛋的影响,使鸟类数量急剧减少,使原来花红叶绿、百鸟歌唱的春天变得"一片寂静"。《寂静的春天》这本书第一次对之前长期流行于全世界的口号——"向大自然宣战"、"征服大自然"的绝对正确性提出了质疑。她指出,化学杀虫剂的生产和应用会殃及很多有益生物,连人类自己也不能幸免。

尽管当时的工业界特别是化学工业界对她发起了猛烈的抨击,而当时的美国政府也没有及时给予她应有的支持,然而 Rachel Carson 惊世骇俗的预言,像是黑暗寂静中的一声呐喊,终于唤醒了人类。科学家和生态学家得出结论:"使用 DDT 弊多利少!"1971 年,美国环保署成立。1972 年正式立法宣布禁止使用 DDT。

Rachel Carson 被誉为人类环保事业的"普罗米修斯"。

2.5.1　绿色化学的概念及理论基础

1. 绿色化学的定义

绿色化学,又称环境无害化学(Environmentally Benign Chemistry)、环境友好化学(Environmentally Friendly Chemistry)、清

洁化学(Clean Chemistry)。**它是利用化学原理和方法来减少或消除对人类健康、社区安全、生态环境有害的反应原料、催化剂、溶剂、试剂、产物、副产物的使用和产生的新兴学科,是一门从源头上减少或消除污染的化学。**

2. 绿色化学的理论基础

按照 R. Sheldon 的说法,要达到无害环境的绿色化学目标,在制造与应用化工产品时,要有效地利用原材料,最好是再生资源,减少废弃物量,并且不用有毒与有害的试剂与溶剂。

为了达到此目标,Anastas & Warner 提出了著名的十二条绿色化学原则(Twelve Principles of Green Chemistry),简称"十二条",从而为绿色化学的进一步发展奠定了理论基础。"十二条"的具体内容包括:

①预防(Prevention)。

②原子经济性(Atom Economy)。

③无害(或微害)的化学合成(Less Hazardous Chemical Synthesis)。

④设计无危险的化学品(Design Safer Chemicals)。

⑤安全的溶剂和助剂(Safer Solvents and Auxiliaries)。

⑥设计要讲究能效(Design for Energy Efficiency)。

⑦使用可再生的原料(Use Renewable Feedstocks)。

⑧减少衍生物(Reduce Derivatives)。

⑨设计要考虑产物的可降解性(Design for Degradation)。

⑩为了预防污染进行实时分析(Real-Time Analysis for Pollution Prevention)。

⑪催化作用(Catalysis)。

⑫防止潜在的化学安全事故的发生(Inherently Safer Chemistry for Accident Prevention)。

这十二条原则目前为国际化学界所公认。它反映了近年来在绿色化学领域中所开展的多方面的研究工作,同时也指明了绿色化学未来发展的方向。为了突出绿色化学的主要领域,图 2-2 所示的是对上述十二条原则关键内容的概括。

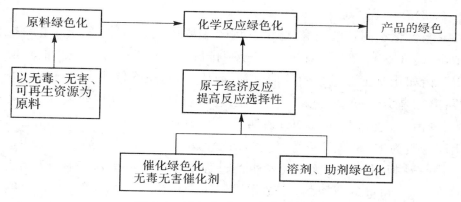

图 2-2　绿色化学工艺设计示意图

2.5.2　绿色化学的特点及核心内容

1. 绿色化学的特点

①充分利用资源和能源,采用无毒、无害的原料。

②在无毒、无害的条件下进行反应,以减少向环境排放废物。

③提高生产原料的利用率,力图使所有原料的每一个原子都被产品所利用,实现"零排放"。

④生产出有利于环境保护、社区安全和人体健康的环境友好的产品。

2. 绿色化学的核心内容

(1)原子经济性

绿色化学的核心内容之一是"原子经济性",即充分利用反应物中的每个原子,因而既能充分利用资源,又能防止污染。原子经济性的概念是 1991 年美国著名有机化学家 Trost(为此他获得了 1998 年度的总统绿色化学挑战奖的学术奖)提出的,用原子利用率衡量反应的原子经济性,即最大限度地利用原料分子的每一个原子,使之结合到目标分子中,既提高有机合成反应效能,又达到"零排放"。绿色有机合成应该具有原子经济性,原子利用率越高,反应产生的废弃物越少,对环境造成的污染也越少。

(2)五"R"原则

绿色化学的核心内容之二,其内涵主要体现在五个"R"上:第一是Reduction——"减量",即减少"三废"排放;第二是 Reuse——"重复使用",诸如化学工业过程中的催化剂、载体等,这是降低成本和减废的需要;第三是 Recycling——"回收",通过回收利用,可以有效实现"省资源、少污染、减成本"的要求;第四是 Regeneration——"再生",再生利用即变废为宝,是节省资源、能源,减少污染的有效途径;第五是 Rejection——"拒用",指拒绝在化学生产过程中使用一些无法替代,又无法回收、再生和重复使用的,毒副作用及污染作用明显的原料,这是杜绝污染的最根本方法。

2.5.3　绿色化学与技术的发展动向

绿色化学涉及化学的有机合成、催化、生物化学、分析化学等学科,内容广泛。美国化学界已把"化学的绿色化"作为迈向 21 世纪化学进展的主要方向之一,美国"总统绿色化学挑战奖"则代表了在绿色化学领域取得的最高水平和最新成果。

美国总统绿色化学挑战奖(Presidential Green Chemistry Challenge Award)是美国国家级奖励,奖励已经或将要通过绿色化学显著提高人类健康和环境的个人、团体和组织。此奖始于 1996 年,由美国环境保护署、美国科学院、美国国家科学基金和美国化学会联合主办,每年的 6 月召开奖励大会。该奖励集中在 3 个方面:①绿色合成路径,包括使用绿色原料、使用新的试剂或催化剂、利用自然界的工艺过程、原子经济过程等。②绿色反应条件,包括低毒溶剂取代有毒溶剂、无溶剂反应条件或固态反应、新的过程方法、消除高耗能/高耗材的分离纯化步骤、提高能量效率等。③绿色化学品设计,包括用低毒物取代现有产品、更安全的产品、可循环或可降解的产品、对大气安全的产品等。

"总统绿色化学挑战奖"设立至今各项目的获奖概况见表 2-1。

表 2-1　总统绿色化学挑战奖

年份	变更合成路线奖	变更溶剂/反应条件奖	设计更安全化学品奖	小企业奖	学术奖
1996	孟山都公司研制的氨基二乙酸钠合成新工艺	Dow 化学公司发明用纯二氧化碳为起泡剂生产聚苯乙烯泡沫塑料的方法	美国罗姆斯公司研制的 Sea-NineTM ）海洋生物防垢剂	Donla 公司生产与应用热聚天冬氨酸聚合物	Holtzapple 教授开发把废弃的生物质转化成动物饲料、化学品和燃料
1997	BHC 公司研制布洛芬合成新工艺	Imation 公司的医学造影底片处理的"干视"技术	Albright&Wilson 公司研制杀菌剂四羟基甲基硫酸磷	Legacy 公司发明"冷臭氧"工艺	Desimone 教授发明能用于超临界二氧化碳中的表面活性剂
1998	佛列克西斯公司研制的 4—氨基—二苯基胺合成新工艺	阿尔贡国立实验室利用玉米发酵生产乳酸乙酯的方法	罗姆—哈斯公司发明及市场化选择性毛虫剂和选择性昆虫控制剂	Pyrocool 公司开发可生物降解的表面活性剂	Trost 教授提出"原子经济性"概念
1999	Eli Lilly 实验室将生物酶催化剂用于制药工业	在水基分散体系中生产聚合物，以避免使用有机溶剂	Dow 公司发明新型天然杀虫剂 Spinosad	BioIine 公司将廉价废弃纤维素转化为乙酰丙酮及其衍生物	Collins 教授将在绿色化学中用作氧化剂及漂白剂的双氧水的活化
2000	RCC 公司开发抗病毒药物 Cytovene 的新工艺	贝尔开发二组分水基聚氨基甲酸酯涂料，并为市场设计了多种配方	Dow 公司发明了对环境友好的控制白蚁的杀虫剂	Revlon 发明一种通过紫外线照射使玻璃着色的新颜料	翁启惠教授研究酶催化剂，并研发出一种新型抗生素

续表

年份	变更合成路线奖	变更溶剂/反应条件奖	设计更安全化学品奖	小企业奖	学术奖
2001	拜尔公司合成出对环境友好的螯合剂——亚氨丁二酸氢钠	诺维信公司开发棉织物酶法加工工艺	PPG公司在薄层电镀方面采用钇离子	伊登生命科学股份有限公司开发 Harpin 技术	李朝军发展了一种新型的水相[3＋2]环加成反应合成五员碳环的新方法,建立并发展了在水相合成 b-羟基酯的新方法和新的 1,3-双羰基化合物的水相烷基化反应
2002	辉瑞公司在 Sertraline 生产工艺设计中应用绿色化学	卡吉尔陶公司研究出 NatureWorks 聚乳酸（PLA）生产工艺	CSI公司开发出 ACQ 高级环保型材料防腐剂	SCFluids 公司研发超临界 CO_2 感光树脂去除剂（RCORR）	贝克曼教授无氟高效 CO_2 溶混物质的成功设计
2003	Süd-Chemie Inc. 公司开发固体氧化物催化剂合成的无废水工艺	杜邦公司提出微生物法生产 1,3－丙二醇	Shaw-IndustriesInc. 公司研发"EcoWorx(tm)地毯片"	Agra Quest Inc. 公司发现高效而环境友好的生物杀真菌剂 Serenade(r)	RichardGross 教授研发温和的选择性脂肪酶
2004	BMS 公司开发 Taxol(r)通过植物细胞发酵与提取制备的绿色合成工艺的开发	Buckman 实验室国际股份有限公司研发新型促进纸张循环利用的 Optimyze (r) 酶技术	Engelhard 公司研发环保优质的有机颜料 Engelhard RightfitTM	Jeneil 生物表面活性剂公司研发天然低毒的合成表面活性剂替代品鼠李糖脂生物表面活性剂	Charles A. Eckert 和 Charles L. Liotta 研发联结反应与分离过程的友好可调溶剂

续表

年份	变更合成路线奖	变更溶剂/反应条件奖	设计更安全化学品奖	小企业奖	学术奖
2005	Archer Daniels Midland 和 Novozylnes 公司联合利用一种特殊的脂肪酶 Lipozyme,从植物油中制取低反式脂肪和油脂含量的制品;Merck 公司设计 Aprepi-tant(神经激肽—1 拮抗剂)新合成路线	BASF 公司开发了一种紫外光可固化的、单组分、低挥发性有机物的汽车修补底漆	Archer Daniels Midland 公司开发一种非挥发性、反应活性的聚结剂,大大降低了乳胶涂料中挥发性有机物	Metabolix 公司利用生物技术合成天然塑料	Rogers 教授建立了一种用离子液体溶解和处理纤维素制备新型材料的平台策略
2006	Merck 公司开发出一条由 β 氨基酸制备 JanuviaTM 的活性成分的新颖的绿色合成路线	Codexis 公司采用先进的基因技术开发了一种酶基过程	S. C. Johnson & Son 公司研发出了 Green-listTM 系统,该系统用来评估其产品中各成分对环境和人类健康的影响,并指导消费品配方的改进	Arkon 和 Nu-Pro 技术开发了苯胺印刷工业中对环境安全的溶剂和循环利用方法	Galen J. Suppes 教授从天然丙三醇合成出生物基的丙二醇和多元醇的单体
2007	Kaichang Li 教授、哥伦比亚 Forest 产品公司和 Hercules 公司联合开发了环境友好的木材加工黏合剂	Headwaters Technology Innovation 公司开发一种用选择性纳米催化技术直接合成双氧水的合成路线	Cargill Incor-porated 公司开发 BiOHTM 多羟基化合物	NovaSterilis 公司开发了使用超临界二氧化碳、环境友好的医用杀菌技术	Michael J. Krische 教授发展了具有完善原子经济性和选择性的以氢为媒介的 C—C 键构建方法

115

续表

年份	变更合成路线奖	变更溶剂/反应条件奖	设计更安全化学品奖	小企业奖	学术奖
2008	Battelle 公司和 Advanced Image Resources (AIR) 公司合成了一种生物基墨粉	Nalco 公司开发了 3D TRASAR 冷却水监测和控制系统,该技术节省水和能源,减少了水处理药剂用量,降低了外排水对环境的影响	Dow 公司研发生物杀虫剂(多杀菌素嘧菌环胺),优于现有的杀虫剂,有明显环境效益和社会效益	Signa 公司开发新技术使高活性碱金属的储存、运输和处理过程更加安全	Maleczka 教授与 Smith 教授开发了一种新的化学合成方法,由碳氢化合物直接生成烷基硼酸酯,反应条件温和且产生废物最小
2009	伊斯曼化工厂开发了节省能源的同时避免使用强酸和有机溶剂的生化工艺	培安公司生产的创新型快速测定蛋白质分析仪,不需高温,不使用有害化学物质就能准备测定蛋白质	宝洁公司开发出 Chem pol MPS 醇酸树脂,和美国复合材料与聚合物公司开发了一种"Chem Pol MPS"新配方	Vrient 能源系统有限责任公司开发出 Bio-Forming 催化转化工艺	Krzysztof Matyjaszew ski 教授开发了一种新的"原子转移自由基聚合(AT-RP)"替代工艺

第 3 章　　化学与材料

生活中使用的物品都是由各种各样的材料制作而成的,如日常生活中广泛使用的各类塑料就属于有机高分子材料,各种陶瓷制品属于无机非金属材料,铁、铜等则属于金属材料,还有我们常听到的纳米材料等一系列新型材料。而化学则是材料科学发展的基础,无机化学、有机化学、物理化学等学科的发展都推动了对材料本质的了解。本章除了介绍材料的分类、材料的形成和材料的发展史概况外,主要尝试从化学角度来介绍一些常见的材料和新型材料。

3.1　材料科学概述

材料是人类文明和技术进步的标志,是人类赖以生存和发展壮大的重要物质基础。材料科学技术的发展是人类进步的里程碑。从石器时代、青铜时代、铁器时代发展到现在的信息时代,从超级市场五光十色的生活用品到航天飞机、人造卫星,都依赖于新材料的发展。材料科学技术的每一次重大突破,都会引起生产技术的革命,大大加速社会发展的进程。

3.1.1　材料科学的概念

材料科学是一门根据工程的需要,在物理学和化学这两门基础学科及其理论的基础上新兴的交叉学科,它的形成实际是科学技术共同发展的结果。而化学又是材料科学发展的基础,比如有机高分子材料是有机化学的一个分支,陶瓷材料是无机化学中的一部分。无机化学有机化学、物理化学等学科的发展,以及对物质结构和特性的深入研究,都推动了对材料本质的了解。同时,冶金学、金属学、陶瓷学、高分子科学等的发展也使对材料本身的研究大大加强,从而对材料的制备、结构与性能,以及它们之间的相互关系的研究愈来愈深入,为材料科学的形成打下了坚实的基础。

3.1.2 材料的分类

①按化学状态分类:金属材料、无机物非金属材料、陶瓷材料有机材料、高分子材料。

②按物理性质分类:高强度材料、耐高温材料、超硬材料、导电材料、绝缘材料、磁性材料、透光材料、半导体材料。

③按状态分类:单晶材料、多晶质材料、非晶态材料、准晶态材料。

④按物理效应分类:压电材料、热电材料、铁电材料、光电材料、电光材料、声光材料、磁光材料、激光材料。

⑤按用途分类:建筑材料、结构材料、研磨材料、耐火材料、耐酸材料、电工材料、电子材料、光学材料、感光材料、包装材料。

⑥按组成分类:单组分材料、复合材料。

3.1.3 材料科学的发展趋势

随着高科技的发展,材料科学和新材料主要在以下几个方面得到发展:

①复合材料是结构材料发展的重点,其中主要包括树脂基高强度、高模量纤维复合材料,金属基复合材料,陶瓷基复合材料及碳碳基复合材料等。表面涂层或改性是另一类复合材料,其量大面广,经济实用,具有广阔的发展前景。

②功能材料与器件相结合,并趋于小型化与多功能化。特别是外延技术与超晶格理论的发展,使材料与器件的制备可以控制在原子尺度上,这将成为发展的重点。

③开发低维材料。低维材料具有体材料不具备的性质。例如零维的纳米级金属颗粒是电的绝缘体及吸光的黑体,以纳米微粒制成的陶

瓷具有较高的韧性和超塑性;纳米级金属铝的硬度为块体铝的 8 倍;作为一维材料的高强度有机纤维、光导纤维,作为二维材料的金刚石薄膜、超导薄膜等都已显示出广阔的应用前景。

④信息功能材料品种增加,性能提高。这里主要是指半导体、激光、红外、光电子、液晶、敏感及磁性材料等,它们是发展信息产业的基础。高温超导材料将会继续得到重视,并预计在 20 世纪末达到产业化。

⑤生物材料将得到更多应用和发展。一是生物医学材料,可用以代替或修复人的各种器官、血液及组织等;二是生物模拟材料,即模拟生物的机能,如反渗透膜等。

⑥传统材料仍将占有重要位置。金属材料在性能价格比、工艺及现有装备上都具有明显优势,而且新品种不断涌现,今后仍将有很强的生命力。高分子材料还会大大发展,性能会更优异,特别是高分子功能材料正待开发。工程陶瓷将在性能提高、成本降低的条件下得到发展。功能陶瓷已在功能材料中占主要地位,还将不断发展。

⑦C_{60} 的出现为发展新材料开辟了一条崭新的途径。利用原子簇技术发展出更多的新材料。

3.2 新型金属材料

金属材料是以金属元素或具有金属特性的材料的统称,包括纯金属、合金、金属间化合物和特种金属材料等。人类文明的发展和社会的进步同金属材料关系十分密切。继石器时代之后出现的铜器时代、铁器时代,均以金属材料的应用为其时代的显著标志。现代,种类繁多的金属材料已成为人类社会发展的重要物质基础,在我们现代工业、农业、国防及科学技术领域扮演着重要的角色。

随着科学技术的发展,传统的金属工业在冶炼、浇铸、加工和热处理方面不断出现新工艺。新型的金属材料,如高温合金、贮氢合金、形状记忆合金、非晶态合金,以及纳米晶体等一系列从结构到物理力学性质均有特色的新材料相继出现。此外,各种特殊形态的金属材料,如薄膜、微粉和稀释合金等,在电性、磁性、强度、耐蚀性等方面都取得了很大进展,正在或即将获得广泛的应用。

3.2.1 超耐热合金

一般来说,金属材料的熔点越高,其可使用的温度限度越高。随着温度的升高,金属材料的机械性能显著下降,氧化腐蚀的趋势相应增大,因此,一般的金属材料都只能在 500～600℃下长期工作。而超耐热合金在 700～1200℃高温下仍能正常工作。**我们把在高于 700℃ 的高温下工作的金属统称为超耐热合金或高温合金。** "耐热"是指其在高温下能保持足够强度和良好的抗氧化性。

超耐热合金出现于 20 世纪 30 年代,其发展和使用温度的提高与航空航天技术发展紧密相关。40 年代末喷气发动机问世,使得对优质耐高温合金的需求日益增加。现在它的应用领域已涉及舰艇、火车、汽车、火箭发动机、核反应堆、石油化工等高技术领域。这些领域对高温部件的使用性能要求高,促使超耐热合金的使用温度不断提高,性能不断改善。反过来,超耐热合金性能的提高,又扩大了其应用领域。随着人类飞向太空,核动力火箭、光子火箭的研制,对超耐热合金的要求不断提高,有的甚至要求材料在高温下能连续工作几万小时以上。

超耐热合金根据其用途和工作条件的不同,对性能的要求有所不同。由于金属的氧化和其他腐蚀反应的速度随着温度的升高而显著加快,还由于在高温下金属受外力或反复加热冷却作用下会因疲劳而断裂,有的甚至不受外力作用也会因蠕变而自动不断地在高温条件下变形。因此,对高温材料的要求主要有两个方面:①在高温下有优良的抗腐蚀性;②在高温下有较高的强度和韧性。

3.2.2 超低温合金

超低温技术是指能够获得接近于绝对零度低温的技术, 它是有着广阔应用前景的新技术之一。而超低温结构材料——超低温合金则是其不可缺少的基础之一。

生活信息箱

泰坦尼克为何如此"脆弱"？

现代研究表明,1912 年泰坦尼克号豪华轮船在北大西洋与冰山相撞后迅速沉没,就是由于那时所用的钢材中硫、磷含量高,在冰冷的海水中与冰山碰撞发生脆性断裂所致。如果当时就有了超低温材料,泰坦尼克定不会如此轻易就沉没。

1. 超低温对于材料的特殊要求

通常,我们把常温以下直至绝对零度的较大温度范围称为低温。针对不同的用途,必须使用与之相适应的不同合金材料。因此,在特定的低温领域内,随着对材料的要求的提高,就必须相应的开发出新的超低温合金材料。

超低温技术对所用的材料的特性要求比一般材料高而复杂,主要表现在以下两个方面:

①防止低温脆性。一般合金在低温下强度会增加,但延伸率、断面收缩率、抗冲击性能等都会下降,从而产生脆性破坏。防止低温脆性的一种方法是添加金属镍,例如添加 13％的镍,可以使钢材在低于液氢温度时不会出现低温脆性。另一种方法是采用面心立方结构的金属,如铝合金、奥氏体系不锈钢等。

②在低温下具备一定的热稳定性能。低温构件在经历低温和室温之间反复多次变化后容易发生热变形。要防止这种现象,就要求低温合金热膨胀系数尽可能小。低温下强度和韧性都较好的不锈钢、铝合金的热膨胀系数却都较大,因此,低膨胀合金,如铁镍合金、钛合金的开发研究开始越来越多地受到关注。

2. 常见的超低温材料

(1)低温铝合金

低温铝合金主要指适合于低温环境使用的大多数固溶强化铝合金及一些沉淀硬化铝合金。

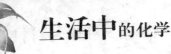

它主要应用于航天飞机及火箭动力装置的液氢（20K）、液氧（90K）储箱，以及低温超导磁体的结构支撑件等。

（2）低温铜合金

黄铜、白铜等铜合金多用于低温实验装置及特殊的器件，其加工性能很好。

（3）低温钛合金

低温钛合金主要指适合低温下使用的 α 钛合金、β 钛合金和 α-β 钛合金。

3.2.3　超塑性合金

高强度材料可以满足一些耐受性要求较高的部件制造，但加工难度都较大。长期以来，人们一直希望能够很容易地对高强度材料进行塑性加工成型，成型以后，又能像钢铁一样坚固耐用。随着超塑性合金的出现，这种想象成为了现实。

1. 超塑性现象

"超塑性现象"的发现

1920 年，德国人罗森汉在 Zn-Al-Cu 三元共晶合金的研究中，发现这种合金经冷轧后具有暂时的高塑性。超塑性锌合金具有成型加工温度低、成型性和耐腐蚀性好等优点。因此，除了制作各种复杂形状的容器外，它还被广泛用作建筑材料。

生活信息箱

金属的超塑性现象是在适当的温度和较小的应变速率（拉伸速率为 $10\text{mm} \cdot \text{s}^{-1}$）条件下，金属产生 300% 以上的延伸率的现象。1928 年森金斯（Senkins）最先阐明合金的超塑性。1945 年，人们发现锌铝合金的超塑性质尤为明显，从此，就以这种合金为中心，开展了铝基、铜基等合金的结构研究。

超塑性现象大致可以分为微细晶粒超塑性（或恒温超塑性）和相变

超塑性(或转变超塑性)两种:前者的特点是原材料必须具有微细的等轴晶粒组织;后者并不要求材料有超细晶粒,而是在一定的温度和负荷条件下,经过多次的循环相变或同素异形转变获得大延伸。前者多数发生在共析合金或共晶合金中。如 Zn22Al 合金,即以锌为基,含 22% 的铝以及少量钢和镁的微细共析组织的超塑性材料,在 250 ℃ 附近以每秒 0.01%～0.1% 拉伸,可得到 10 倍于原长的延伸率,因此 Zn22Al 合金被许多学者研究并得到实际应用。

2.超塑性合金的应用

(1)高变形能力的应用

超塑性合金适合于像热塑性塑料板的真空成型或气压成型那样的加工方式。在温度和变形速率得到充分控制时,可在密封模具内挤压或锻造,可以得到相当高的加工精度,能大幅度降低加工压力,并减少加工工序。由于其晶粒极细,尤适于制造极薄板和极薄管,也非常适用于加工具有极微小凹凸表面的制品(如熔模造型用模具、塑料成型模具等)。

(2)固相结合能力的应用

晶粒的超细化,即晶界体积比的增加使得低压下的固相结合易于进行。利用这一特性,超塑性合金已在轧制粘合多层材料、包覆材料、复合材料等方面得到应用,也在箔材或粉粒形式的粘合材料方面开发了一些新用途。例如在金属粉末或陶瓷粉末中掺入超塑性合金粉末,可以提高材料的密度和塑性。如果用超塑性合金箔材或粉末作粘合剂,可将两种以上的金属结合在一起。

(3)减振能力的应用

超塑性合金可以单独,也可以与其他材料复合制成不同形状、不同尺寸的部件,用于需要减振的地方,也可以作为消音材料和部件使用。

3.2.4 形状记忆合金

生活信息箱

"形状记忆合金"的由来

1932年,瑞典人奥兰德在金镉合金中首次观察到"记忆"效应,即合金的形状被改变之后,一旦加热到一定的跃变温度时,它又可以魔术般地变回到原来的形状,人们把具有这种特殊功能的合金称为形状记忆合金。形状记忆合金的鼻祖是金镉合金。

形状记忆合金的开发迄今不过20余年,但由于其在各领域的特效应用,正广为世人所瞩目,被誉为"神奇的功能材料"。形状记忆合金主要有两大优异的性能:①弯曲量大,塑性高;②在记忆温度以上恢复以前形状。

1. 形状记忆合金的分类

(1)单程记忆效应

形状记忆合金在较低的温度下变形,加热后可恢复到变形前的形状,这种只在加热过程中存在的形状记忆现象称为单程记忆效应。

(2)双程记忆效应

某些合金加热时恢复高温相形状,冷却时又能恢复低温相形状,称为双程记忆效应。

(3)全程记忆效应

某些合金加热时恢复高温相形状,冷却时变为形状相同而取向相反的低温相形状,称为全程记忆效应。

2. 形状记忆合金的应用

形状记忆合金由于具有许多优异的性能,因而被广泛应用于航空航天、机械电子、生物医疗、桥梁建筑、汽车工业及日常生活等多个领域。

（1）航空航天工业中的应用

形状记忆合金已应用到航空和太空装置。例如，人造卫星上庞大的天线可以用记忆合金制作。发射人造卫星之前，将抛物面天线折叠起来装进卫星体内，火箭升空把人造卫星送到预定轨道后，只需加温，折叠的卫星天线因具有"记忆"功能而自然展开，恢复抛物面形状。

（2）医疗领域内的应用

记忆合金在现代医疗中正扮演着不可替代的角色，如用于人造骨骼、伤骨固定加压器、牙科正畸器、各类腔内支架、栓塞器、心脏修补器、血栓过滤器、介入导丝和手术缝合线等等。

（3）日常生活中的应用

形状记忆合金在生活中的应用十分广泛。例如制成防烫伤阀，当水龙头流出的水温达到可能烫伤人的温度时，装有形状记忆合金的驱动阀门会自动关闭，直到水温降到安全温度，阀门才重新打开。又如用记忆合金制作的眼镜架，如果不小心被碰弯曲了，只要将其放在热水中加热，就可以恢复原状。

3.3　无机非金属材料

无机非金属材料是以某些元素的氧化物、碳化物、氮化物、卤素化合物、硼化物以及硅酸盐、铝酸盐、磷酸盐、硼酸盐等物质组成的材料，是除有机高分子材料和金属材料以外的所有材料的统称。传统的无机非金属材料又称为硅酸盐材料。无机非金属材料的提法是 20 世纪 40 年代以后，从传统的硅酸盐材料演变而来的。无机非金属材料是与有机高分子材料和金属材料并列的三大材料之一。无机非金属材料有许多优良的性能，如耐高温，硬度高，抗腐蚀，耐磨损，以及有介电、压电、铁电、光学、导电性、磁性及其功能转换特性等。其应用极其广泛，从日常生活领域拓展到冶金、化工、交通、建筑、能源、窑炉、机械设备、电工电子、食品、光学、信息、生物医药、照明、新闻、情报技术以及各个尖端科技领域。但无机非金属材料尚存在某些缺点，如大多数材料抗拉强度低，韧性差等，有待于进一步改善。本章主要介绍陶瓷材料的概况。

3.3.1 陶瓷材料概述

陶瓷材料从广义上说就是无机非金属材料,包括水泥、玻璃、搪瓷、陶瓷、耐火材料、砖、瓦等。它们是利用以无机非金属为主要组成的原料制成。狭义上,陶瓷材料只包括普通陶瓷和特种陶瓷。普通陶瓷是以黏土类、长石类、石英类等天然矿物为原料,经粉碎混合、磨细、成型、施釉(上釉制品)、干燥、烧成等工序制成的产品。特种陶瓷是一类性能特殊的陶瓷,它具有抗高温、超强度、多功能等优良性能,是采用精密控制工艺烧结的高性能陶瓷,因此又称先进陶瓷或新型陶瓷。

一般来说,各种类型陶瓷材料的生产过程是大致相同的,主要工序如下:

原料预处理或粉料制备→配料混磨→混合料制备→成型→干燥或脱脂→上釉→烧成(或烧结)→装饰与加工→产品

3.3.2 普通陶瓷

普通陶瓷即传统陶瓷是以瓷石、黏土、长石、石英等天然矿物为主要原料,经粉碎、混合、磨细、成型、干燥、烧成等传统工艺制成的产品,主要用作日用器皿和建筑、卫生、工艺美术制品。由于传统陶瓷还具有良好的电绝缘和耐化学腐蚀等性能,近代还大量用于电力工业和化学工业中。

按用途分,普通陶瓷分为日用陶瓷、建筑卫生陶瓷、化工陶瓷和电工陶瓷等。

按吸水率(或气孔率)的大小及烧结程度(而不是有无釉面)分,普通陶瓷分为陶器、瓷器两类。

1. 瓷器

瓷器是以瓷土、长石、石英等矿物为原料,在 $1000 \sim 1400℃$ 温度下烧结而成的。其最大特点是气孔率极低,不渗水,质地硬,强度大,断面细而有光泽,耐高温,有极好的抗氧化性和抗腐蚀性能。

(1)硬质瓷和软质瓷

硬质瓷机械强度高,介电性能良好,化学稳定性、热稳定性高,釉面硬度大,烧成温度一般在 1320～1450℃,常作为化工瓷、电瓷和高级日用瓷。软质瓷是指组成中熔剂(长石、方解石等)范围的瓷器。瓷体中玻璃相多,透光度高,烧成温度一般在 1150～1250℃,多用于制造高级餐茶具及陈设瓷。

（2）日用瓷

按使用条件,日用瓷要求造型美观、耐用、易清洗、无毒,因而在瓷体的性能上要求有良好的外观性质和内在质量,包括白度、透光度、釉面光泽度、造型、尺寸规格、色泽、装饰,以及致密度、热稳定性、机械强度、釉面硬度、坯釉结合性、产品釉面的铅和镉溶出量等。

（3）电瓷

电瓷是电力工业、有线通信、交通、照明乃至家用电器中极其重要的绝缘材料。为此,电瓷一般要机械强度高,绝缘性能好,化学稳定性优良。电瓷一般按工作电压分类,用于 1 千伏以下的称作低压电瓷,用于 1～110 千伏的称为的称作高压电瓷,而用于 110 千伏以上的称作超高压电瓷。

（4）卫生瓷

卫生瓷为瓷质卫生洁具,是用于卫生设施的带釉的陶瓷制品,包括洗面具、坐便器、小便器、洗涤槽、水箱等。

卫生洁具的主要参数有吸水率、容重、耐压强度、抗弯强度、冲击韧性、弹性模量、平均膨胀系数等。

（5）化工瓷

化工瓷是现代化学工业生产中采用的一种无机非金属耐腐蚀材料。它具有优异的耐腐蚀性能,除氢氟酸、氟硅酸和热浓碱外,在所有的无机酸和有机酸等介质中,几乎不受侵蚀;同时,它还具有硬度高、耐压强度高、耐磨度高、不易老化、不易污染介质等特点。但其脆性大,冲击韧性和抗张强度低,不易加工,导热性和耐急冷急热性能差等。

化工瓷被广泛应用于石油、化工、化纤、化肥、冶金、造纸、制药、食品、印刷、染料、金属加工等各个部门的加热、冷却、吸收、浓缩、蒸馏、过滤、结晶、搅拌及贮存、输送和控制液体或气体流量等许多化工设备,如离心泵、鼓风机、喷射器、分离机、塔类、填料、容器(槽、罐、锅)、旋塞与阀门、管道、耐酸耐温砖、耐酸球磨机、蒸发皿、漏斗、坩埚等。

2. 陶器

陶器是以陶土为原料，用可塑法成型后，在800～1000℃的温度下烧制而成。因此，它通常有一定吸水率，与瓷器、炻器比较，其致密度较低，断面粗糙无光，制品不透明，机械强度低，热稳定性和化学稳定性差，敲之声音粗哑。由于烧成温度比瓷器低得多，故气孔率较高（一般＞10％），有不同程度的渗水性，机械强度较差。

按照坯料粒度大小及烧制后结构细密程度分，陶器可分为粗陶器、普通陶器和细陶器。

按用途分，陶器可分为日用陶和建筑卫生陶。

制陶术的发展

生活信息箱

制陶术是人类早期科学技术史上一个极为重要的里程碑，是人类第一次学会用黏土等天然矿物为原料，通过物理化学反应而制造出来的一种极为有用的人造材料。中国古代陶器有灰陶、红陶、黑陶、夹砂陶、彩陶、白陶等品种。著名的唐三彩和秦兵马俑都是陶器，至今仍令世人叹服。

3.3.3 先进陶瓷

传统陶瓷主要采用天然的岩石、矿物、黏土等材料作原料。而先进陶瓷则是采用人工合成的高纯度无机化合物为原料，在严格控制的条件下经成型、烧结和其他处理而制成的具有微细结晶组织的无机材料。它具有一系列优越的物理、化学和生物性能，其应用范围是传统陶瓷远远不能相比的，这类陶瓷又称为特种陶瓷或精细陶瓷。

1. 先进陶瓷的分类

按其使用和性能分类，先进陶瓷又可分为先进结构陶瓷与先进功能陶瓷。前者是以利用力学和热学性能为主的材料，因此又可称为高温结构陶瓷;后者则是以利用电、磁、光、铁电、压电、热释电等性能及其偶合为主的材料,亦称为电子陶瓷。

(1)结构陶瓷

结构陶瓷经过加工后成为机器或机构中的构件,呈现出优越性能,特别是优越的力学和热学性能。这类陶瓷的发展是近十几年的事。由于受陶瓷固有的特性——脆性的阻碍,它的发展比功能陶瓷要迟缓一些,但近年来,随着超细粉末技术、烧结技术、纤维增强和晶须增韧等技术的发展,陶瓷的脆性得到克服,韧性得到增强,其高强度、高硬度、耐高温、耐磨损、耐腐蚀的特点得到了充分发挥。结构陶瓷是陶瓷材料的重要分支,它以耐高温、高强度、耐磨损、超硬度、抗腐蚀等机械力学性能为主要特征,广泛应用于机械、电子、航空航天、生物工程领域,产量约占整个陶瓷市场的 25%。目前最常用的结构陶瓷主要有以下几种:

氮化硅陶瓷　氮化硅陶瓷与一般硅酸盐陶瓷不同之处在于氮化硅的结合属于共价键性质的结合,因而有结合力强、绝缘性好的特点。用热压工艺并经成分优化后可制得接近理论密度的高致密的氮化硅陶瓷,其弯曲强度即使在 1400℃ 左右的高温下仍可接近 1000MPa。通过复相增韧的氮化硅基复合材料,其断裂韧性可以达到 2011MPa·m$^{1/2}$。目前反应烧结和气压烧结的氮化硅材料已经批量生产,在刀具、发动机零部件、密封环等领域广泛应用;热压制成的氮化硅基陶瓷刀具在切削冷硬铸铁时切削寿命可以达到硬质合金 YG8 的 30 倍。

碳化硅陶瓷　碳化硅陶瓷具有热膨胀系数小、密度小(只有重金属的三分之一)、导热系数大等特性。热等静压碳化硅陶瓷试样的弯曲强度可以达到 1000MPa,断裂韧性可达 814MPa·m$^{1/2}$。含 6wt% YAG·Al$_2$O$_3$ 的无压烧结碳化硅陶瓷的弯曲强度可达 707MPa,断裂韧性可达 1017MPa·m$^{1/2}$。用化学气相渗透法制得的碳纤维增强的碳化硅复合材料强度为 520MPa,断裂韧性可达 1615MPa·m$^{1/2}$。碳化硅陶瓷的高温蠕变速率小。在高温长时间使用中,碳化硅陶瓷很稳定,抗氧化性好,强度较少受环境(如氧化)的影响。碳化硅的耐急冷急热性好,且具有优良的高温抗腐蚀性。因此,碳化硅陶瓷常用于制备航天器燃烧室、火箭喷嘴及轴承、滚珠、机械密封件等。

碳化硼陶瓷 碳化硼陶瓷硬度高,熔点高,密度低,具有良好的物理性能和优越的抗化学侵蚀能力,是优异的结构陶瓷,在民用、航空和军事等领域都得到了重要应用。但碳化硼陶瓷有两个致命的弱点:一是碳化硼陶瓷的断裂韧性很低,小于 $2.2MPa \cdot m^{1/2}$;二是原子间以牢固的共价键连接,共价键含量高达 93.9%,因而很难制得高密度的烧结体。大量研究表明,必须在高温、高压条件下才能获得高致密度的纯碳化硼陶瓷;复合添加剂可极大地降低烧结温度和压力,获得碳化硼复相陶瓷,并有较高的致密度和力学性能。

氧化铝陶瓷 氧化铝陶瓷由于强度高,耐高温,绝缘性好,耐腐蚀,并具有良好的机电性能,广泛应用于电子、机械、化工工业。如利用其机械强度较高、绝缘电阻较大的性能,可制作真空器件、电路基板等;利用其耐高温性,可制作坩埚、钠光灯管等;利用其稳定的化学性能,可制作生物陶瓷、催化载体等。在 Al_2O_3 中添加 $16\%ZrO_2$ 进行增韧处理后强度可达 $1200MPa$,断裂韧性达到 $15MPa \cdot m^{1/2}$,基本达到低韧性金属材料的程度。

相变增韧陶瓷 氧化锆相变增韧陶瓷在室温下具有很高的强度和断裂韧性,强度达到 $1570MPa$,断裂韧性 $1513MPa \cdot m^{1/2}$;但在高温下由于相变作用的消失,性能急剧下降,$600℃$ 强度降到 $480MPa$,$1000℃$ 降到 $212MPa$。经过强化和增韧,虽然材料在室温下的性能有所下降,但高温性能却可以显著提高,氧化锆相变增韧陶瓷在 $1000℃$ 仍能保持 $610MPa$ 的强度。被增韧的基质材料,除了氧化锆以外,常见的有氧化铝、氧化钛、尖晶石、莫来石等氧化物陶瓷,还有氮化硅和碳化硅等非氧化物陶瓷。

新型层状陶瓷 新型层状陶瓷的典型代表是 Ti_3SiC_2 层状陶瓷。Ti_3SiC_2 是 Ti-Si-C 系统中的唯一三元化合物,属六方晶系,硅原子层被 TiC 八面体连接而构成层状结构,显微结构为纳米层片状。正是这种独特的结构赋予它不同于 Ti-Si-C 三元系中其它二元化合物的性质,使得 Ti_3SiC_2 兼有金属和陶瓷的很多优点:似金属一样是良好的电和热的导体,可切削,柔软,对热冲击不敏感,高温表现为塑性;又似陶瓷具有抗氧化、耐腐蚀、耐高温(熔点超过 3000℃),高温强度超过所有的高温合金。因此,新型层状陶瓷在高温结构陶瓷、电极材料、可加工陶瓷材料、自润滑材料等领域有着很好的应用前景。

（2）功能陶瓷

功能陶瓷通常是指具有电、光、磁、弹性及部分化学功能的无机固体材料。不同类型的陶瓷材料具有不同的特征和用途。目前最常用的功能陶瓷主要有以下几种:

铁电压电陶瓷　这是一类应用十分广泛的功能陶瓷,常见的有钙钛矿型的 $BaTiO_3$ 陶瓷、$PbTiO_3$ 陶瓷、PZT 陶瓷（钛锆酸铅）,以及三元、四元组分掺杂的 PZT 陶瓷。它们具备多种物理效应,因而具有广泛的应用范围:因具有压电效应而用于各种力传感器、换能器、点火元件等;因具有热释效应而用于制备特种温度传感器、摄像管及热成像设备;因具有电光效应而用于制备激光调制器、光开关、光记忆、图像存储及图像显示仪器等。

离子导体陶瓷　它的导电机理是通过离子的迁移,在传输电荷的同时,还伴随有物质的传递。这种特性使这类陶瓷在许多方面都有引人注目的应用前景。首先它可作为新型的化学电源,如以 LiI 作隔膜的锂碘电池已成为心脏起搏器的一次性电源。离子导体陶瓷还可用来制造化学传感器,如以 ZrO_2 为核心元件的氧分析器,用于炉气含氧量的测量以控制燃烧状,节约燃料。

半导体陶瓷　钛酸钡系半导体陶瓷（又称 PTC 材料）是应用很广的电热材料。因为它的电阻率在一定温度范围内呈现正温度系数的特性。用 PTC 材料制成的发热元件广泛应用于工业医疗器械和家用电器,如电饭锅、电吹风、细菌培养恒温器等。ZrO_2-MgO 系半导体陶瓷可制成湿度传感器,应用于烤炉和微波炉中。钛酸镉半导体陶瓷具有独特的电导特性和氧敏特性,可作为气体传感器材料。用掺有 ZnO 的多孔半导体陶瓷制成的气敏陶瓷传感器已用于城市煤气的检测。

微波陶瓷材料　微波技术的发展需要高性能、小型化的微波器件,因而微波陶瓷介质谐振器材料便发展起来了。这类材料可制造微波滤波器和振荡器，以满足现代微波集成电路的需要，也广泛应用于卫星电视、雷达和数字通讯中。最早作为微波陶瓷介质材料的是 TiO_2（金红石）。20 世纪 70 年代合成了四钛酸钡新材料，用于制造温度补偿低损耗介质谐振器。后来，又发现九钛酸钡性能更好。直到今天，科学工作者已合成了一系列优良的介质材料，可以预计微波材料的应用将获得更快的发展。

超导陶瓷　大名鼎鼎的超导陶瓷材料就是功能陶瓷的杰出代表。美国科学家发现钇钡铜氧陶瓷在 98K 时具有超导性能，为超导材料的实用化开辟了道路。我国的超导材料研发水平处于世界先进行列。中国科学院物理研究所 1986 年制得零电阻温度为 54K 的 La-Ba-Cu-O 系超导陶瓷，1987 年又研制出 Y-Ba-Cu-O 系超导陶瓷。上海硅酸盐研究所研制出的 Y-Ba-Cu-O 陶瓷超导体，零电阻温度为 94K。目前超导陶瓷材料实用性研究也在进行之中。美国已制成世界上第一台用高温超导材料制成的电动装置，它的转速达 50 转每分钟。另外，用新一代超导材料制成的一种新型线材能使数据传输的速度比目前光纤通信网络快 100 倍。

2.先进陶瓷的制备工艺

先进陶瓷制品及材料的种类繁多，其用途和制品形状也涉及许多方面，故它们的制备工艺也多种多样。成型是先进陶瓷生产过程的一个重要步骤。成型过程是将分散体系（粉料、塑性物料、浆料）转变成为具有一定几何形状和强度的块体（也称素坯）。成型的方法很多，但是总的来说可归纳为干法成型和湿法成型两种。不同形态的物料应用不同的成型方法，这取决于对制品各方面的要求和粉料的自身性质（如颗粒尺寸、分布、表面积等）。常用的成型方法如下所示：

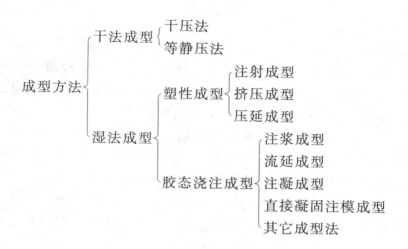

3.4 高分子材料

自古以来,人类的生活与生存就与高分子材料密切相关。几千年以前,人类就自发地使用棉、麻、丝、毛等天然高分子作织物材料,使用竹木作建筑材料。纤维造纸、皮革鞣制、制漆应用等是天然高分子材料早期的化学加工改性得到的。

3.4.1 高分子材料的概念

高分子材料是以高分子化合物为基础的材料。高分子材料是由相对分子质量较高的化合物构成的材料,包括橡胶、塑料、纤维、涂料、胶粘剂和高分子基复合材料。 高分子材料也称为聚合物材料,它是以聚合物为基本组分的材料。虽然有许多高分子材料仅由聚合物构成,但大多数高分子材料,除基本组分是聚合物之外,为获得具有各种实用性能或改善其成型加工性能,一般还加有各种添加剂,如颜料、填料、增塑剂、稳定剂、润滑剂等。

3.4.2 传统高分子材料

高分子材料的用途非常广泛,传统的高分子材料主要用于制备塑料、橡胶和纤维。

1. 塑料

塑料属于合成的高分子化合物,是利用单体原料以合成或缩合反应聚合而成的材料,由合成树脂、填料、增塑剂、稳定剂、润滑剂、色料等添加剂组成,它的主要成分是"合成树脂"。塑料可以自由改变形体样式。人类历史上第一种完全由人工合成的塑料是在 1909 年由美国化学家贝克兰用苯酚和甲醛制造的酚醛树脂,又被称为"贝克兰塑料"。

按用途分,塑料可分为通用塑料、工程塑料和特种塑料。通用塑料,主要用于日常生活用品、包装材料和一般零件。工程塑料是指可作为工程材料使用的塑料,由于具有良好的力学性能和尺寸稳定性,能代替金属作结构材料,用以制造机械零部件。而像聚四氟乙烯这样具有特殊性能的高分子材料,被称为特种塑料。

按受热时的表现分,塑料又可分为热塑性塑料和热固性塑料两大类。一般来说,热塑性塑料为线性高分子,受热能软化或熔化,具有一定的可塑性,可以制成一定的形状,冷却后变硬,所以一般说来热塑性塑料柔韧性大,脆性低,刚性、耐热性和尺寸稳定性较差。热固性塑料制品主要成分是体型结构的聚合物,所以刚性较高,耐热,不易变形,由于其力学强度一般都很大,往往要加些填料来增强。

与其它材料相比塑料具有以下特性:①质轻,化学性能稳定,耐侵蚀;②具光泽,部分透明或半透明;③大部分为良好绝缘体;④耐热性差,热膨胀率大,易燃烧;⑤成型性、着色性好,加工容易可大量生产,价格便宜;⑥易老化;⑦用途广泛,效用多,部分耐高温。

塑料的成型加工是指由合成树脂制造厂制造的聚合物至制成最终塑料制品的过程。加工方法(通常称为塑料的一次加工)包括压塑(模压成型)、挤塑(挤出成型)、注塑(注射成型)、吹塑(中空成型)、压延等。

2. 橡胶

橡胶制品因其具有很好的弹性而被广泛应用于我们的生产生活中。橡胶可以分为天然橡胶和合成橡胶两大类。

天然橡胶是由从自然界含胶植物中制取的一种高弹性物质(即胶乳)经凝聚、洗涤、成型、干燥后制得。

合成橡胶是由人工合成方法而制得的。采用不同的原料(单体)可以合成出不同种类的橡胶。按用途分,橡胶可以分为两类:一类是通用合成橡胶,其性能与天然橡胶相近,主要用于制造各种轮胎、其他工业品(如运输带、胶管、垫片、密封圈、电线电缆等)、日常生活用品(如胶鞋、热水袋等)和医疗卫生用品;另一类是具有耐寒、耐热、耐油、耐腐蚀、耐辐射、耐臭氧等某些特殊性能的特种合成橡胶,用于制造在特定条件下使用的橡胶制品。通用合成橡胶和特种合成橡胶之间并没有严格的界线,有些合成橡胶兼具上述两方面的特点。合成橡胶主要的 7 个品种分别是丁苯橡胶、顺丁橡胶、丁基橡胶、异戊橡胶、乙丙橡胶、氯丁橡胶和丁腈橡胶。

　　生活中常用的橡胶制品很多,主要有轮胎、胶带、胶管、胶鞋和橡胶工业制品等。生产中主要把橡胶制品分为干胶制品和胶乳制品两大类。橡胶的加工就是由生胶制成干胶制品或由胶乳制得胶乳制品的生产过程。干胶制品的整个生产过程应包括素炼、混炼、成型和硫化 4 个步骤。天然胶乳和合成胶乳都可制造胶乳制品。其间也要加入各种配合剂,并要加分散剂、稳定剂等专用配合剂。

生活信息箱

"橡胶"名称的来源

　　橡胶一词来源于印第安语 cau-uchu,意为"流泪的树"。天然橡胶就是由三叶橡胶树割胶时流出的胶乳经凝固、干燥后而制得。1770 年,英国化学家 J.普里斯特利发现橡胶可用来擦去铅笔字迹,当时将这种用途的材料称为 rubber,此词一直沿用至今。

　　3.纤维

　　纤维是聚合物经一定的机械加工(牵引、拉伸、定型等)后形成细而柔软的细丝。纤维具有弹性模量大、受力时形变小、强度高等特点,有很高的结晶能力,相对分子质量小。纤维包括天然纤维和化学纤维两大类。

　　天然纤维是指自然界存在的或生长的具有纺织价值的纤维,是纺织工业的重要材料来源。天然纤维包括植物纤维（天然纤维素纤维）、动物纤维（天然蛋白质纤维）和矿物纤维。常见的棉和麻主要成分是纤维素，棉纤维保暖性、吸湿性和染色性好，纤维间抱合力强，所以纺纱性能好；麻纤维表面平滑，较挺括，不易变形；羊毛具有稳定的卷曲件，有良好的蓬松性和弹性；蚕丝具有柔和的光泽和舒适的手感。

随着社会的发展，化学纤维的世界总产量已经超过了天然纤维的总产量，在质量和性能上，化学纤维的发展从仿天然纤维进入超天然纤维阶段。化学纤维一般包括两部分：一部分是由天然高分子物质经化学处理而制得的人造纤维；另一部分是由合成聚合物制得的合成纤维。人造纤维是利用自然界的天然高分子化合物——纤维素或蛋白质作原料（如木材、棉籽绒、稻草、甘蔗渣等纤维或牛奶、大豆、花生等蛋白质），经过一系列的化学处理与机械加工而制成类似棉花、羊毛、蚕丝一样能够用来纺织的纤维，如人造棉、人造丝等。合成纤维是通过小分子聚合反应合成的聚合物加工而成，最大宗产品主要是再生纤维，其中粘胶纤维产量最大，应用最广，是最主要的品种。合成纤维的主要品种是涤纶、锦纶、腈纶、维纶、丙纶和氯纶，新的工艺有连续聚合、高速纺丝、复合纺丝等。在这些产品中最主要的是前三种，它们的产量占世界合成纤维总产量的90%以上，其中涤纶占世界合成纤维总产量的居首位。

由于在第4章4.2中会对纤维做具体介绍，故此处不再详述。

3.4.3　新型高分子材料

随着材料应用领域的不断扩大，高分子材料在功能高分子、医用高分子、涂料等方面也有了很大的发展。

1. 功能高分子材料

功能高分子材料是近二三十年来发展最为迅速、与其他领域交叉最为广泛的一个领域。它以有机化学、无机化学、高分子化学、高分子物理、高分子材料学为基础，并与物理学、医学电学、光学、生物学、仿生学等多门学科紧密结合。功能高分子材料除具有聚合物的一般力学性能、绝缘性能和热性能外，还具有物质、能量和信息的转换、传递和储存等特殊功能。功能高分子材料本身又可分为两大类：一类是对采自外界或内部的各种信息(如负载、应力、应变、振动、热、光、电、磁、化学辐射等信号的变化)具有感知能力的材料,称为"敏感材料";另一类是在外界环境发生变化时能做出适当的反应并产生相应动作的材料,称为"机敏材料",如变色镜片、变色玻璃等。

2. 医用高分子材料

目前医用高分子材料的应用已经遍及整个医学领域。世界各国已成功地研制出了用高分子材料制造的人工心脏瓣膜、人工肺、人工肾、人工血管、人造血液、人工皮肤、人工骨骼、人工关节等。专家认为,在不久的将来,除人脑之外,人体所有器官都可以用人工器官代替。对于医用高分子材料,较难解决的问题是其抗血凝性,血液一接触到植入人体内的高分子材料,会产生排他作用,并在其表面形成血凝。人们曾为减少高分子材料的血凝问题作了不少努力。目前,这种高分子材料还很少,大多数医用高分子材料的发展还很不够。例如人工肾,虽然应用十分普遍,但它只有透析过滤的功能,会把新陈代谢产物和人体需要的维生素、激素等一起除掉。

制备医用高分子的原材料来源很广泛,大致可以分为天然高分子材料和合成高分子材料两类。医用材料在使用中会和人体组织发生直接或间接的接触,材料性质对人体健康有着十分密切的关系。因此对它们提出了许多特殊要求。体外医用材料,由于只限于体表接触,一般要求它们无毒,无刺激,不会引起皮肤过敏.或产生癌变,材料在消毒过程中不会发生变质等。而与体液接触的材料,除了少数金属、陶瓷和碳素外,大部分是橡胶、纤维、模制塑料等合成高分子材料,它是可以部分或全部地代替人体某一器官功能的器件。体内使用的医用材料,通常会与气体内的组织、细胞或血液等发生长时间接触,因而除满足上述条件外,还必须满足组织相容性、耐生物老化或生物降解性、血液适应性等要求。如医用缝线、高分子药物、组织黏合剂等要求在其发挥了效用以后,能被机体组织分解、吸收或迅速排出体外。

目前所应用的医用高分子材料一般来说分为以下几类:①植入体内的永久性替代损伤的器官或组织,如人造血管(聚对苯二甲醇乙二酯、聚氨酯橡胶)、人造心脏瓣膜(硅橡胶、聚氨酯橡胶)、人造肾(醋酸纤维素、聚酯纤维)、人造气管(有机硅橡胶)等。②修复人体某部分缺陷的组织,如人造皮肤(硅橡胶、聚多肽)、骨修复材料(酚醛树脂)等。③医疗器械中的高分子材料。④药用高分子材料。与低分子药物相比,药用高分子材料具有低毒、高效、缓释、长效、可定点释放等优点。⑤医药包装用高分子材料。包装药物的高分子材料可分为软、硬两种类型。

辐射技术是制备医用高分子材料的有效方法,有着以下优点:①不需要添加剂,保证其纯净性;②可在常温或低温下进行;③辐射过程也起了消毒作用,避免其他消毒法对制品的损坏。例如亲水凝胶是一种理想的人工玻璃体,它可以代替眼球中的玻璃体。采用辐射交联的方法使某些亲水的高分子材料成为一种能吸收大量水分,但又不溶于水的亲水凝胶。

3.隐身材料

隐身材料的研究和应用一直是隐身技术发展的重要内容,已成为武器装备实现隐身所需的关键技术之一。武器装备(如飞机、舰船、导弹等)使用隐身材料后,可大大减小自身的信号特征,提高生存能力。隐身材料将是航空航天材料研究领域有重要发展前景的一类特殊用途的功能材料。

隐身材料按所抑制的信号类型分,可分为声隐身材料、雷达吸波材料、红外隐身材料、可见光隐身材料。声隐身材料包括消声材料,隔声材料,吸声材料及消声、隔声、吸声的复合体,主要用于新一代潜艇。雷达吸波材料能吸收雷达波,使反射波减弱,甚至不反射雷达波,从而达到隐身的目的,其中尤以结构型雷达吸波材料和吸波涂料最为重要。红外隐身材料作为热红外隐身材料中最重要的品种,因其坚固耐用,成本低廉,制造施工方便,且不受目标几何形状限制等优点一直受到广泛的重视,是近年来发展最快的热隐身材料。

隐身材料按材料应用形式分,则可分为涂敷型隐身材料(含涂层材料和贴片材料,如雷达吸波涂层、红外隐身涂层、可见光近红外伪装涂层、放射性等离子体涂层等)、结构型隐身材料(如树脂基、陶瓷基隐身复合材料及其吸波结构)、薄膜型隐身材料(含多层膜或周期结构光栅)。

3.5　复合材料

　　复合材料在不少高技术领域(如航天、航空、信息等产业)获得重要的应用,目前已与金属、无机非金属、高分子并列为四大材料。复合材料的出现可以追溯到古代。从古至今沿用的稻草增强黏土和已使用上百年的钢筋混凝土均由两种材料复合而成。实际上,复合材料的大规模发展是在 20 世纪 40 年代第二次世界大战的末期,当时由于军事的需要采用了玻璃纤维和高分子树脂复合材料制造军工用品。50 年代以后,石墨纤维和硼纤维等高强度和高模量纤维陆续发展。70 年代出现了芳纶纤维和碳化硅纤维。这些高强度、高模量纤维能与合成树脂、石墨、陶瓷、橡胶等非金属基体或铝、镁、钛等金属基体复合,构成各具特色的复合材料。

3.5.1　复合材料概述

1.复合材料的分类

　　复合材料按其组成分,分为金属与金属复合材料、非金属与金属复合材料、非金属与非金属复合材料。复合材料按其结构特点分,分为纤维复合材料、夹层复合材料、细粒复合材料、混杂复合材料。纤维复合材料是将各种纤维增强体置于基体材料内复合而成,如纤维增强塑料、纤维增强金属等。夹层复合材料由性质不同的表面材料和芯材组合而成,通常面材强度高、薄,芯材质轻、强度低,但具有一定刚度和厚度。细粒复合材料是将硬质细粒均匀分布于基体中制成,如弥散强化合金、金属陶瓷等。混杂复合材料由两种或两种以上增强相材料混杂于一种基体相材料中构成。

2.复合材料的性能

　　复合材料可由单一增强材料和基体材料组成,也可由几种增强材料和基体材料组成。它是由各种组成材料取长补短复合而成的具有各种材料综合性能的新材料。其性能一般由组成的增强材料和基体材料的性能以及它们之间的界面所决定,作为产品还与成型工艺和结构设计有关。复合材料有以下的共同特性：

（1）比强度高，比刚度大

单位质量的强度和模量，称为比强度和比模量，是在质量相等的前提下衡量材料承载能力和刚度特性的一种指标。比强度高、比刚度大意味着可制成性能好而又质量轻的结构。

（2）成型工艺性能好

这里主要是指聚合物基纤维增强复合材料的成型工艺性能好（金属基体复合材料的成型工艺非常复杂）。从原理和设备上来讲，其制造工艺比较简单，但可制成形状复杂的部件，尤其适宜制作相当大的整体结构部件。这种较大整体结构部件可一次成型，大大减少了零部件、紧固件和接头数目，减少了装配工作量，显著减轻了结构质量，并减少了工时。

（3）材料性能可以设计

复合材料和复合材料的结构部件（产品）都具有可设计性，这两者在制造时是同步完成的。在选定增强材料和基体材料以后，尚有许多材料参数和几何参数可以变动，以设计出具有不同性能的复合材料。

（4）抗疲劳性能好

疲劳破坏是材料在交变载荷作用下，由于裂纹的形成和扩展而造成的低应力破坏。复合材料在纤维方向受拉时的疲劳特性要比金属好得多。金属材料的疲劳破坏是由里向外经过渐变然后突然扩展的。在发展疲劳破坏之前，常没有明显的预兆。而纤维增强复合材料的基体，是断裂应变较大的韧性材料。其疲劳破坏总是从纤维或基体的薄弱环节开始，逐步扩展到结合面上，损伤较多且尺寸较大，破坏前有明显的预兆，能够及时发现和采取措施。

（5）安全性能好

在纤维增强复合材料中，由于基体的作用，在沿纤维方向受拉时，各纤维的应变基本相同。已断裂的纤维由于基体传递应力的结果，除断口处和断口附近一小段不发挥作用外，其余绝大部分纤维依旧发挥作用。断裂了的纤维周围的邻接纤维，除在局部需多承受一些由断裂纤维传递过来的应力外，各纤维在宏观意义上说几乎同等受力。各纤维间应力的不均匀程度大大降低了,其平均应力将大大高于没有基体的纤维束的平均应力,因而增大了平均应变。这样,个别纤维的断裂就不会引起连锁反应和灾难性的急剧破坏,因而复合材料不易破损,安全性能很好。

(6)减振性能好

以聚合物为基体的纤维增强复合材料,基体具有粘弹性。在基体中和界面上有微裂纹和脱粘的地方,还存在着摩擦力。在振动过程中,粘弹性和摩擦力使一部分动能转换为热能。因此,纤维增强复合材料的阻尼比钢和铝合金大,若采取措施还可使阻尼增大。这就是纤维增强复合材料减振性能好的原因。

(7)高温性能好,抗蠕变能力强

由于纤维材料在高温下仍能保持较高的强度,所以纤维增强复合材料(如碳纤维增强树脂复合材料)的耐热性比树脂基体明显提高。而金属基复合材料在耐热性方面更显示出其优越性。

(8)耐腐蚀性好

很多种复合材料都能耐酸碱腐蚀,如玻璃纤维增强酚醛树脂复合材料在含氯离子的酸性介质中能长期使用,可用来制造耐强酸、盐、酯和某些溶剂的化工管道、泵、阀、容器、搅拌器等设备。

复合材料还存在一些缺点,如延伸率较小,抵抗冲击载荷能力较低,成本高,价格贵,可靠性相对较差。

3. 复合材料的发展与应用

复合材料由于其优异的特性,始终是材料领域研究热点之一。复合材料的发展已经历了半个多世纪。随着技术的提高,应用领域不断拓展,目前主要包括以下几个方面:

(1)在基础设施上的应用

近年来,复合材料在新建、改造、修复基础设施(如桥梁、公路、隧道、涵洞、水处理工厂、垃圾处理厂、海岸结构、海洋石油平台、水下贮油罐等)中发挥了巨大的作用,应用前景十分广阔,市场容量巨大,是今后复合材料应用的重要方向。

(2)在交通运输上的应用

复合材料在交通运输领域用量很大,目前在汽车、高速列车、轻轨车辆等交通运输工具与设备方面的用量约占总产量的30%以上。复合材料在汽车中的应用可大大减轻重量,减小能耗,提高生产率,降低成本,易改变车型等。采用的复合材料零部件有车壳及车身附件、驱动轴、保险杠、板簧、发动机罩、压缩天然气瓶、座椅架、重型卡车底板、制动盘等。近年来,复合材料在高速列车、地铁、轻轨等轨道交通中的应用发展也十分迅速。

(3)在防腐工程上的应用

玻璃纤维增强塑料具有良好的防腐性能,使之在防腐工程上得到最广泛的应用,消费量也在复合材料总用量上占了很大的比例。化学工业生产中,从原材料、生产过程中的各类物质,直至最后的成品,往往都具有不同程度的甚至很强的腐蚀性,因此防腐设备的用量最大,包括各类贮罐、塔器、管道、槽车等。除化工防腐外,油田的输油管、污水管、环保设备中都大量采用玻璃纤维增强塑料。

(4)在电气、电子工业上的应用

利用玻璃纤维增强塑料的良好的电绝缘性能和绝热性能,复合材料用于电力工业的输配电设备、各类绝缘构架和操作器械,如各类互感器套、开关套、配电箱、电缆箱、电缆槽、电动车接电杆架、绝缘操作设备构件等。可以用玻璃纤维短切毡片板压制成型各类电器仪表和家用电器罩壳,它具有绝缘性能好、造型容易、色彩鲜艳等综合优点;加入适当的炭黑或其他导电粉末,可以控制材料的导电性能,制造防静电电灯罩或罩壳,用于矿井、油田或化工厂房中易爆工作场所。通信设备中的雷达罩、天线反射面也普遍采用玻璃纤维或碳纤维增强塑料。

(5)在航空航天和国防军工上的应用

复合材料的高比刚度和比强度,使它成为航空航天工业中非常理想的材料。航空工业上普遍使用玻璃纤维增强塑料的机头雷达天线罩,它既起支承力作用,又有良好的透波性能。采用复合材料作直升机旋翼桨叶不但可减轻质量,还可采用变截面曲面翼形以提高空气动力学效应,又有疲劳寿命长、对缺口敏感、可靠性强等优点。在军事工业上,复合材料对于提高武器威力、增大射程、减轻武器质量等也起重要的作用。战术火箭中的火箭发射筒、火箭发动机壳体、小型固体火箭发动机耐烧蚀喷管等都采用复合材料。美国、俄罗斯、德国的反坦克导弹的大部分构件是采用工程塑料、玻璃纤维增强塑料以及合成橡胶等制造的。在陆军快速部队火炮中,玻璃纤维复合材料炮管、炮管热护套、盾板等大型构件,常规枪械中的枪托、护木、握把和发射筒等都大量采用玻璃纤维增强塑料。

3.5.2　金属基复合材料

金属基复合材料是以金属或合金为基体,并以纤维、晶须、颗粒等为增强体的复合材料。金属基复合材料是从 20 世纪 60 年代发展起来的,经过 40 余年的发展,已经成为性能优越、包含多种类型、应用前景广阔的材料体系。采用高强度、高模量的耐热纤维与金属,特别是轻金属复合成金属基复合材料,既可保持金属原有的耐热、导电、导热等性能,又可提高强度、模量,降低相对密度。金属基复合材料的特点是在力学方面为横向及剪切强度较高,韧性及疲劳等综合力学性能较好,同时还具有导热、导电、耐磨、热膨胀系数小、阻尼性好、不吸湿、不老化和无污染等优点。这类复合材料由于加工温度高,工艺复杂,界面反应控制困难,成本相对较高,应用的成熟程度远不如树脂基复合材料,应用范围较小。

金属基复合材料按增强体的类别分,分为纤维增强(包括连续和短切)、晶须增强和颗粒增强材料等。按金属或合金基体的不同,金属基复合材料可分为铝基、镁基、铜基、钛基、高温合金基、金属间化合物基以及难熔金属基复合材料等。

3.5.3　陶瓷基复合材料

陶瓷基复合材料是以陶瓷为基体与各种纤维复合的一类复合材料。陶瓷基体可为氮化硅、碳化硅等高温结构陶瓷。这些先进陶瓷具有耐高温、强度和刚度高、重量较轻、抗腐蚀等优异性能;而其致命的弱点是具有脆性,处于应力状态时,会产生裂纹,甚至断裂,导致材料失效。而采用高强度、高弹性的纤维与基体复合,则是提高陶瓷韧性和可靠性的一个有效的方法。纤维能阻止裂纹的扩展,从而得到有优良韧性的纤维增强陶瓷基复合材料。

陶瓷基复合材料具有优异的抗耐高温性能,主要用作高温及耐磨制品。其最高使用温度主要取决于基体特征。陶瓷基复合材料已实用化或即将实用化的领域有刀具、滑动构件、发动机制件、能源构件等。法国已将长纤维增强碳化硅复合材料应用于制造高速列车的制动件,显示出优异的抗摩擦磨损特性,取得满意的使用效果。

3.6　超导材料

3.6.1　超导材料概述

超导材料是指具有高临界转变温度(T_c),能在液氮温度条件下工作的材料。 20 世纪初,科学家发现了超导体。用导体做成的导线,当电流通过导线会产生电阻;**而用超导体做成的导线,电流通过后不产生电阻,这种零电阻的现象称为超导现象。**超导技术的研究是当代科技中的一项重大课题。

早在 1911 年,荷兰科学家昂尼斯(H. K. Onnes)用液氮冷却水银,当温度降到 $-2690℃$ 左右时,发现水银的电阻完全消失,这种现象即超导现象。由于超导体具有两大宏观特征,即零电阻和完全抗磁性,因而它可以输送大电流不发热,几乎不损耗能量。但是在 1911 年之后的 70 多年里,科学家所研制的超导体一直需要低温条件,最高温度只有 23.2K。直到 20 世纪 80 年代后期,发现了转变温度达 35K 的镧—钡—铜—氧体系氧化物之后,世界性的高温超导材料的研究开发才蓬勃发展起来。从 1987 年到现在,美、中、日三国都相继发现了转变温度为 100K 的超导材料。中国科学院首次在世界上公布了钡—钇—铜—氧体系,临界温度 $T_c=93K$。这一发现被誉为超导研究史上"划时代的成就"、"新的里程碑",是 20 世纪科学史上的一个重大突破。可以说,从一开始,中国高温超导材料的研究就走在世界的前列。80 年代末期以来,中国高温超导材料的研究和应用处在世界先进水平。

3.6.2　超导材料的特性

超导材料和常规导电材料的性能有很大的不同。超导材料主要有以下性能：

1. 零电阻性

超导材料处于超导态时电阻为零，能够无损耗地传输电能。如果用磁场在超导环中引发感应电流，这一电流可以毫不衰减地维持下去。这种"持续电流"已多次在实验中被观察到。

2. 完全抗磁性

超导材料处于超导态时，只要外加磁场不超过一定值，磁力线就不能透入，超导材料内的磁场恒为零。

3. 约瑟夫森效应

两超导材料之间有一薄绝缘层（厚度约 1 纳米）而形成低电阻连接时，会有电子对穿过绝缘层形成电流，而绝缘层两侧没有电压，即绝缘层也成了超导体。当电流超过一定值后，绝缘层两侧出现电压 U（也可加一电压 U），同时，直流电流变成高频交流电，并向外辐射电磁波。这些特性构成了超导材料在科学技术领域越来越引人注目的各类应用的依据。

3.6.3　高温超导材料

随着低温超导材料研究开发难度的增大，高温超导材料的研究开发逐渐兴起。当前，世界各国在高温超导材料研究方面竞争十分激烈，都希望率先找到常温条件下的超导材料。

高温超导材料不但超导转变温度高，而且多是以铜为主要元素的多元金属氧化物，氧含量不确定，具有陶瓷性质。氧化物中的金属元素（如铜）可能存在多种化合价，化合物中的大多数金属元素在一定范围内可以全部或部分被其他金属元素所取代，但仍不失其超导性。除此之外，高温超导材料具有明显的层状二维结构，超导性能具有很强的各向异性。

已发现的高温超导材料按成分不同可分为含铜的和不含铜的。含铜超导材料有镧—钡—铜—氧体系（$T_c = 35 \sim 40K$）、钇—钡—铜—氧体系（$T_c = 20 \sim 90K$）、铋—锶—钙—铜—氧体系（$T_c = 10 \sim 110K$）、铊—钡—钙—铜—氧体系（$T_c = 125K$）、铅—锶—钇—铜—氧体系（T_c约70K）。不含铜超导体主要是钡—钾—铋—氧体系（T_c约30K）。已制备出的高温超导材料有单晶、多晶块材，金属复合材料和薄膜。高温超导材料的上临界磁场高，具有在液氮以上温区实现强电应用的潜力。

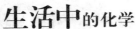

超导热的发现

1986 年 1 月，IBM 公司的米勒（K. A. Muller）和贝德诺兹（J. G. Bedno）在 Ba、La 和 Cu 的硝酸盐水溶液中，加入草酸水溶液作沉淀剂，形成相对应的草酸盐沉淀物，然后在 900 ℃加热 5 小时使沉淀物分解并进行固态反应，将反应产物压块后再在 900℃烧结，得到 Ba-La-Cu-O 系氧化物材料（简称 BLCO）。在测定其低温性能时，意外地发现 BLCO 在 30K 时出现超导性转变，到达 13 K 时电阻下降至零。

3.6.4　超导材料的研究方向及前景

超导材料具有的优异特性使它从被发现之日起，就向人类展示了诱人的应用前景。超导材料主要可在以下几个方面得到重要应用。

1. 在能量的产生、传播和储存方面

利用材料的超导电性可制作磁体，用于储能；可制作电力电缆用于大容量输电（功率可达 10^{10} 伏·安），这样就可进行远距离输电，而使不便采用高压的原子能发电站可以建到远离人口密集区的地方，且更为安全；可制作通信电缆和天线，其性能优于常规材料。

2. 在运输方面

关于超导材料在运输方面的应用，人们谈得最多的是磁悬浮列车，由于其车身被强大的磁场托举起来悬浮在轨道的上方，没有轮轴及车轮与轨道间的摩擦阻力,因而要比传统列车快很多。日本在 1979 年研制出一辆使用了以液体冷却的超导磁体的磁悬浮列车,时速达到每小时 517 千米。2003 年,世界第一辆磁悬浮列车在上海投入商业运营,该车最高时速可达每小时 430 千米。如能进一步得到室温超导体,则可制成磁悬浮的汽车。

3. 在电子器件方面

要让电子设备工作更快、体积更小、功能更多,关键之一是设法把许多电路集中制作在一块微型芯片上。但是,电路安排得越紧密,电路工作时产生的热量就越难以逸散。如用产热极少或根本没有产热的超导电路,就自然不存在这一困难。尽管 1987 年美国加州国际商用机器公司和斯坦福大学就已经研制了由氧化物超导材料制成的实验性电路,但离真正实用还有相当距离,因为氧化物超导材料脆性大,难以制成柔软的导线。

4. 在仪器、传感器和医学诊断方面

超导磁体是磁共振成像仪的关键部件。磁共振成像仪用于医疗诊断,病人无需受到 X 射线或其他辐射。如果其超导磁体实现液氮制冷,则磁共振成像仪便可能得到推广应用,为人类造福。利用超导量子干涉器件可以测量人体的极微弱磁场,以提供早期病变的信息,如果这种器件可在液氮下工作,则探头可更靠近人体,因而分辨率更好。

总之,高温超导材料在科学殿堂内又打开了一扇新的大门,有人认为这是继电灯和集成电路之后的又一次革命性的贡献。

3.7　储氢材料

氢是一种能量密度高、热值高、清洁无污染、可再生的能源。目前新能源的开发重点是太阳能、风能、海洋能、地热能、生物质能、核能和氢能等。比较之下,氢能是人类未来最理想的能源。长期以来,氢的储存一直是个技术难点,氢的气态储存要用很重的高压气瓶,而液态储存既要消耗大量的能量又有与空气混合引起爆炸的危险,既不经济又不安全。20 世纪 60 年代中期,由于先后发现 $LaNi_5$ 和 $FeTi$ 等金属间化合物具有可逆的储氢作用,储氢材料及其应用的研究得到迅速发展,逐渐成为一大功能材料。

3.7.1 储氢材料概述

目前,已有的储氢方法有两种:一种是物理法,包括高压压缩法、深冷液化法、活性炭吸附法;另一种是化学法,分为金属生成氢化物法、无机化合物储氢法、有机液态氢化物法。物理法储氢的基本原理是储氢材料的物理吸附作用。而化学法储氢的基本原理是储氢材料与氢气生成氢化物,然后氢化物在一定条件下放出氢气,从而达到储氢目的。

以上方法中所用的活性炭、储氢合金、无机化合物、有机液态氢化物等,能以物理或化学方式保存氢气而使氢气改变状态,即为储氢材料。储氢材料可分为 4 种:活性炭储氢材料、储氢合金、无机化合物储氢材料、有机液体氢化物储氢材料。

储氢材料应具有如下特征:

①易活化,氢的吸储量大。

②用于储氢时,氢化物的生成热小;用于蓄热时,生成热要尽量大。

③在室温附近时,氢化物应具有稳定的合适的平衡分解压。

④氢的吸储或释放速度快,氢吸收和分解过程中的平衡压力小。

⑤对不纯物(如氧、氮、水分等)的耐中毒能力强。

⑥当氢反复吸储和释放时,微粉化小,性能不会恶化。

⑦金属氢化物的有效热导率大。

⑧储氢材料的价格一直是影响其产业化或商业化进程的一个重要因素。因此要求储氢材料价格适中。

3.7.2 储氢材料的功能和应用

储氢材料在吸收过程中伴随着十分可观的热效应、机械效应、电化学效应、磁性变化和明显的表面吸附效应和催化作用,因此在氢提纯、重氢分离、空调、热泵、压缩机、氢能汽车、催化剂和镍金属氢化物电池等方面都有广阔的应用前景。

1. 氢化物—镍电池

金属氢化物—镍电池是以金属氢化物电极代替镉—镍电池的镉电极而发展起来的一种高功率新型碱性二次电池。它是利用储氢材料的电化学吸附特性和电催化活性原理制作的。

氢化物—镍电池正极采用镍化合物，负极采用储氢合金，正负极和氢化物镉极浸在氢氧化钾电解质溶液中构成电池。

2. 氢的储存、净化及分离

氢储存是储氢金属氢化物最基本的应用。金属氢化物储氢密度高。与其他储氢装置比较，金属氢化物储氢具有质量轻、体积小、节省能源的优点。金属氢化物储氢装置是一种金属—氢系统反应器，由于存在氢化反应的热效应，储氢装置一般为热交换器结构。

化学工业、石油炼制、化学制药和冶金工业等均有大量含氢混合尾气放空浪费，若加以回收利用，可以为有关工业部门提供大量廉价的氢气，这也是一项很可观的能源补充。采用储氢合金分离的方法是当含有氢的混合气体（尾气）流过装有储氢合金的分离床时，氢被储氢合金吸收，形成金属氢化物，而杂质排出，然后加热金属氢化物，释放出氢气。

3. 储氢合金氢化物热泵

把热从低温物体输送到高温物体的装置称为热泵。热泵启动时高温物体会逐渐升温，低温物体的温度逐渐降低。因此，热泵既有供热作用，又有制冷的功能。

金属氢化物不仅能储氢，也是理想的能量转换材料。储氢合金氢化物热泵是以氢气为工作介质，以储氢合金作为能量转换材料，由同温下分解压不同的两种氢化物组成热力学循环系统，以它们的平衡压差来驱动氢气流动，使两种氢化物分别处于吸氢（放热）和放氢（吸热）的状态，从而达到升温、增热或制冷的目的。

4. 氢催化剂

储氢合金具有很高的活性，所以它也是加氢反应和脱氢反应的良好催化剂。储氢合金在合成化学中（如甲烷合成、氨合成、羟基加成、烯烃或炔烃的加氢反应等）是良好的催化剂。

5.氢能汽车

氢能汽车是一种完全以氢气为燃料的新型汽车。它主要有 3 种类型：利用储氢材料制成储氢罐后直接燃烧氢的储氢罐型；利用镍氢电池的电动型；以燃料电池为动力的燃料电池型。

6.其他方面

储氢材料在其他方面的应用包括：氢同位素分离和核反应堆中的应用；储氢材料的压力传递功能的应用；储氢材料传感器；储氢材料执行器等。

第4章　化学与服装材料

各种色彩斑斓、造型优美的服装,给我们的生活世界带来了姹紫嫣红、气象万千的美丽景色。而材料是构成各种服装最重要的物质基础,不仅服装的构成离不开材料,而且服装的功能依赖于材料。常见的服装材料由主要材料和服装辅料构成,服装辅料与面料的协调搭配,在服装的设计制作中起着重要的作用,同时越来越多地受到人们的重视,不同的材料在材质、外观、性能、质量等方面均有很大的差异。随着人们生活生平的提高,服装的功能已经不仅仅局限于御寒,因此开发和利用新的服装材料,如新型纤维材料、纱线和织物的新结构、新型环保服装材料等已经成为一种趋势。本章介绍常见服装材料的分类、发展简史,服装材料中的纤维及服装中常见的有害物质等,更重要的是从化学角度来介绍一些新型的面料及服装中的有害化学物质。

4.1　服装材料概述

"衣、食、住、行"是人类日常生活的基本需要,是人们从事社会活动的基本保证。衣指的就是衣服,也就是我们通常所说的服装。

通常情况下服装由款式、色彩和材料三个基本要素构成。其中服装材料是最基本的要素,其他两个要素要通过材料来具体体现。服装材料的更新推动着服装行业的进程,它既是人类文明进步的象征,又是服装业沿革的基础。服装材料对服装的外观、形态、性能、加工、保养和成本都起着至关重要的作用。服装的构成离不开材料,服装的功能依赖于材料。服装是服装材料的最终产品,材料是构成服装最重要的物质基础。

4.1.1 服装材料的分类

服装材料是指构成服装的一切材料。服装材料的种类繁多,形态各异。

按成形的方法分,服装材料可分为纺织制品和非纺织制品。

按其在服装中的用途分,服装材料可分为服装面料和服装辅料两大类。

服装材料具体的分类如下所示:

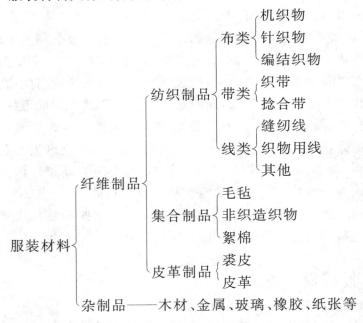

4.1.2 服装材料的发展趋势

服装材料是人类古老的艺术和技术之一,也是人类文明进化的基础。对服装材料发展过程的研究也是对人类发展过程的研究。对服装材料的研究不仅包括天然纤维的发现和加工,还包括化学纤维的研制,机器设备的革新,这些成就都丰富了服装材料的发展。现代科学技术的飞速发展,大大促进了纤维工业和纺织加工技术的改革,新型纺织品不断出现。金属、塑料等新材料和新工艺也丰富了各种服装材料。20

世纪 80 年代以来,我国研制、引进和各种新设备和新技术,以适合服装的流行变化和日益增长的消费需求,主要表现在以下几个方面:

1. 新型纤维和后整理技术

随着生活水平的提高,服装用纺织材料开始向着天然纤维化纤化、化学纤维天然化方向改进。天然纤维在经过种种处理后,仍旧能保持良好的吸水、透气等性能,除此之外还具有抗皱、防蛀、防水和免烫等特性;而化学纤维不仅要仿天然纤维,在外观上以假乱真,并在性能上克服吸湿性差、易起静电等缺点。近年来,随着技术的提高,科学家通过多种化学的和物理的新技术,出现了许多功能性纤维,如远红外纤维、抗菌、抗霉、防臭、防污、防燃等具有各种保健、卫生等功能的新材料,而且智能性服装材料也有新的进展。

2. 纱线和织物的新结构

各种结构和色彩组合的花式纱线(如弹力包芯纱、弹力包缠纱以及气流纺等新型纺纱)更加丰富多彩,别致新颖,织物穿着舒适。另外,织物的多层复合结构也赋予织物多种特殊的性能,如保暖和吸湿等。

3. 环保服装材料出现

随着环境意识的加强,没有化学污染的天然纤维(如彩棉)和化学纤维正在扩大在服装材料中的应用。

4. 服装辅料品种增加

服装辅料的新品种正在不断增加,而且在流行中扮演了重要的角色。

4.2　服装中的纤维

随着现代社会的进步,我们制作服装的面料也越来越丰富,有丝绸、呢绒、棉布,有的叫涤纶、尼龙、腈纶,还有人造棉、乔其纱等等。其实构成这些面料的都是一些叫做纤维的物质,纤维是制造纱线、织物、保暖絮片等纤维制品的基本原料,也是构成服装美感与功能的基础。服装材料具体的纤维类别如下所示:

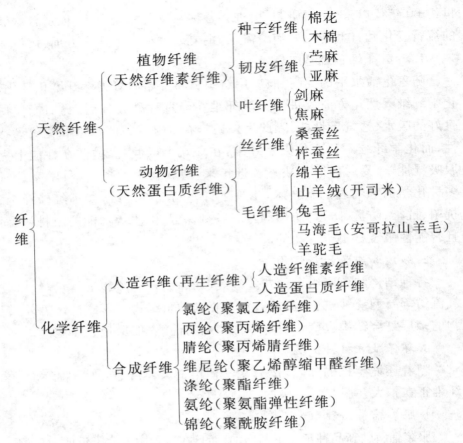

纤维
├─ 天然纤维
│ ├─ 植物纤维（天然纤维素纤维）
│ │ ├─ 种子纤维──棉花、木棉
│ │ ├─ 韧皮纤维──苎麻、亚麻
│ │ └─ 叶纤维──剑麻、焦麻
│ └─ 动物纤维（天然蛋白质纤维）
│   ├─ 丝纤维──桑蚕丝、柞蚕丝
│   └─ 毛纤维──绵羊毛、山羊绒（开司米）、兔毛、马海毛（安哥拉山羊毛）、羊驼毛
└─ 化学纤维
   ├─ 人造纤维（再生纤维）──人造纤维素纤维、人造蛋白质纤维
   └─ 合成纤维──氯纶（聚氯乙烯纤维）、丙纶（聚丙烯纤维）、腈纶（聚丙烯腈纤维）、维尼纶（聚乙烯醇缩甲醛纤维）、涤纶（聚酯纤维）、氨纶（聚氨酯弹性纤维）、锦纶（聚酰胺纤维）

4.2.1　天然纤维

　　天然纤维是自然界原有的或从人工培植的植物上、人工饲养的动物上直接取得的纺织纤维，是纺织工业的重要材料来源。尽管 20 世纪中叶以来合成纤维产量迅速增长，纺织原料的构成发生了很大变化，但是天然纤维年总产量在纺织纤维中仍约占 50%。按组成和结构的不同，它可以分为植物纤维和动物纤维两大类。在化学纤维出现以前，它们一直是人类得以利用的用于御寒与打扮的主要服饰材料。而在崇尚"绿色产品"的今天，棉花、麻、羊毛以及蚕丝等天然纤维更具有特殊的意义。

1.植物纤维

植物纤维是通过人工培植植物而获得的纤维。它的主要组成物质是纤维素,因此它又被称作天然纤维素纤维。根据纤维他在植物上生长部位的不同,又可分为种子纤维、韧皮纤维和叶纤维。棉和麻是我们常用的植物性纤维,它的主要成分是纤维素。纤维素分子有极长的链状结构,属线性高分子化合物,其分子式为$(C_6H_{10}O_5)_n$,n的数值为几百至几千甚至一万以上。

2.动物纤维

动物纤维就是从动物身上获得的纤维。其主要组成物质是蛋白质,因此又可被称为天然蛋白质纤维。它主要包括丝纤维和毛纤维。丝纤维是从昆虫腺分泌物中获得的纤维,如桑蚕丝、柞蚕丝、蓖麻蚕丝、木薯蚕丝等。毛纤维是从动物披覆的毛发中获得的纤维,如绵羊毛、山羊绒、兔毛、马海毛、骆驼毛等。

凡是由蛋白质构成的纤维,弹性都比较好,织物不容易产生折皱,不怕酸的侵蚀,但碱对它们的腐蚀性很大。

(1)蚕丝

蚕丝是熟蚕结茧时所分泌丝液凝固而成的连续长纤维,也称天然丝,是一种天然纤维。蚕丝是人类利用最早的动物纤维之一。蚕丝质地轻薄柔软。丝绸比棉坚韧耐用,吸湿性、透气性均佳,是高级衣料的材料。

生活小贴士

桑蚕丝主要由动物蛋白组成,富含18种人体必需的氨基酸,能促进皮肤细胞活力,防血管硬化。经专家认证,长期使用桑蚕丝可防皮肤衰老,此外,桑蚕丝对某些皮肤病有特殊的止痒效果,对关节炎、肩周炎、哮喘病有一定的治疗作用。

蚕丝的主要成分是丝素和丝胶。通常所说的蚕丝蛋白质就指的是丝素和丝胶,蚕丝中除丝素、丝胶以外,还含有少量的碳水化合物、蜡、色素和无机物。

生活中的化学

生活小贴士

蚕丝蛋白质为角蛋白,不能被消化酵素作用,故无营养价值。蚕丝蛋白如经酸催化水解,可以制取混合氨基酸,再经分离,可得多种氨基酸。通常利用下脚丝制取氨基酸和多肽,用于化妆品的丝素肽、丝氨酸就是蚕丝水解的产品。丝素肽溶于水,可被皮肤作为营养成分吸收,它能抑制皮肤中络氨酸酶的活性,从而控制皮肤中黑色素的形成。因此,想要使皮肤保持洁白,就要多用含有丝素肽、丝氨酸的化妆品。

(2)羊毛

羊毛是人类在纺织上最早利用的天然纤维之一。羊毛纤维柔软而富有弹性,可用于制作呢绒、绒线、毛毯、毡呢等生活用和工业用的纺织品。羊毛制品有手感丰满、保暖性好、穿着舒适等特点。羊毛纤维表面的皮质细胞呈鳞片状,像鱼身上的鳞片,覆盖在内层的皮质细胞的外面。虽然它很小、又很薄,却起着保护内层细胞的作用。在鳞片的外面,还有胶和结实的角膜层,使羊毛耐磨、光滑、保暖。羊毛是纺织工业的重要原料,它具有弹性好、吸湿性强、保暖性好等优点。羊毛衣料有适度的透气性和吸湿性,热塑性能比较好,毛料服装经过熨烫以后,可以长时间地保持挺括。

生活小贴士

丝和毛耐碱性差,洗涤时须用碱性小的专用洗涤剂,丝和毛是蛋白质纤维,易被虫蛀,保存这类衣物需用樟脑防虫蛀。

4.2.2 化学纤维

化学纤维是指用化学方法和机械加工得到的纤维状物体。根据原料来源和处理方法的不同,可分为人造纤维和合成纤维两大类。

1. 人造纤维

人造纤维是用某些天然高分子化合物或衍生物作原料,溶解后制成纺织溶液,然后制成的纤维。人造纤维的出现,显示了人类认识自然、改造自然的伟大力量。但是,人造纤维还存在不少缺点,它的原料和棉、麻一样受到动植物资源的限制。

人造纤维又称再生纤维,它是用含有天然纤维的原料经过人工加工而再生制得的。它的化学组成与原天然纤维基本相同,它包括人造纤维素纤维和人造蛋白质纤维两大类。人造纤维素纤维又称再生纤维素纤维,它是利用自然界中存在的棉短绒、木材、甘蔗渣等含有纤维素的物质制成的纤维,如粘胶纤维。人造蛋白质纤维又称再生蛋白纤维,它是利用天然蛋白质产品为原料,经过人工加工制成的纤维,如络素纤维、大豆纤维、花生纤维、乳酪纤维等。因为这类纤维的原料价格高,性能又欠佳,所以目前使用得不多。

根据人造纤维的形状和用途不同,人造纤维又可以分为人造丝、人造棉和人造毛三种。

生活信息箱

人们是如何利用木材、芦苇、甘蔗渣、棉秆、麦秆等来纺丝织布的

将这些不能纺丝的纤维素先后用二硫化碳和氢氧化钠处理,就会得到纤维素黄原酸钠。除去杂质后,将其溶解于稀碱液中就制成一种黏稠的液体。通过特殊的喷丝装置将此黏液喷入硫酸和硫酸盐的溶液中,这种粘胶状的酯就会被分解为纤维素。这就是粘胶纤维生产的全过程。

2. 合成纤维

合成纤维实际上是用合成高分子化合物做原料而制得的化学纤维的统称。它是以小分子的有机化合物为原料,经加聚反应或缩聚反应合成的线型有机高分子化合物。合成纤维的生产有三大工序:合成聚合物制备、纺丝成型、后处理。

生活中的化学

下面为常见的几种合成纤维：

（1）涤纶（聚酯纤维）

涤纶又名"的确良"。它的发展极为迅速，已成为合成纤维中产量最大的品种之一。它的原料是对苯二甲酸和乙二醇，它们分别来源于石油工业中的甲苯和乙烯。

涤纶具有很高的强度，耐磨性也仅次于尼龙，而且耐光，耐蚀，耐蛀，易洗快干，挺括，保型性好。涤纶的综合性能优于尼龙，是优良的衣料，也被大量用于轮胎帘子线、工业滤布、绳索等。但其缺点是吸湿性差，导电性差，因此不适宜作内衣，也不易染色。

生活小贴士

用涤纶制作的织物容易与其他物体摩擦产生静电，把灰尘吸附在织物上而变脏起毛球。因此，在穿着涤纶衣服时，要尽量防止静电的危害。

（2）尼龙（聚酰胺纤维）

尼龙是聚酰胺类纤维的商品名。它主要指尼龙6和尼龙66。尼龙在三大合成纤维（聚酰胺纤维、聚酯纤维、聚丙烯腈纤维）中产量位居首位。

生活信息箱

"锦纶"的由来

由于我国最早大量生产尼龙的工厂在辽宁锦州，故尼龙在我国又被称为"锦纶"。

尼龙的最大优点是强度大，弹性好，耐磨擦。其强度比棉花大两三倍，耐磨性是棉花的10倍，尼龙绳强度比同样粗的钢丝绳还要大。另外它质轻，比棉花轻35％。它耐腐蚀，不受虫蛀。但尼龙纤维的耐光性、耐热性和保型性都较差，制成的衣料不挺括，容易变形，所以尼龙不适于作高级服装的面料，而且不宜用开水洗涤尼龙衣物，熨烫的温度也不能很高。

（3）腈纶（聚丙烯腈纤维）

腈纶就是我们俗称的"人造羊毛"，在国外它又被称为"奥纶"、"开司米纶"，是仅次于聚酯纤维和聚酰胺纤维的合成纤维品种。腈纶质地柔软，轻盈，保暖。它虽然比羊毛轻10％以上，但强度却大2倍多。腈纶不但不会发霉和被虫蛀，对日光的抵抗性也比羊毛强1倍，比棉花强10倍，因此特别适合制造帐篷、炮衣、车篷、幕布等室外织物。用它制成的毛线，特别是轻软的膨体绒线早就为人们所喜爱。

（4）丙纶（聚丙烯纤维）

丙纶自20世纪60年代工业化生产以来，发展速度快。由于其原料便宜易得，聚合和纺丝工艺简单，丙纶以轻、牢、耐磨而著称，引起人们的广泛重视。

聚丙烯纤维是合成纤维中密度最小的，可以浮在水上，因此丙纶穿着和使用都比较轻便。它的强度和耐磨性与聚酰胺相近，此外还有不吸湿、绝缘等特点。丙纶主要用于绳索、网具、滤布、编织绳和编织袋等。用丙纶做成的消毒纱布具有不粘连伤口的特点，且可直接高温消毒。它主要的缺点是吸湿性、可染性差。此外，由于其耐光耐热性低，因此不宜在烈日下暴晒，日晒后老化现象比较显著，若在聚合体中加入添加剂，或进行化学处理，或与第二组分进行接枝共聚，老化现象可得到改善。

生活小贴士

丙纶织物在穿着时容易起毛球，有了毛球一定不要人为地拔掉，否则会越拔越多。

（5）氯纶（聚氯乙烯纤维）

聚氯乙烯虽是生活中最广泛使用的塑料品种，但直至解决了溶液纺丝所需的溶剂问题和改善了纤维的热稳定性后，氯纶纤维有了较大的发展。由于原料丰富，工艺简单，成本低廉，又有特殊用途，因此它在合成纤维中具有一定的地位。

氯纶的突出优点是难燃,保暖,耐晒,耐磨,耐蚀和耐蛀,弹性也很好,但由于染色性差,热收缩大,限制了它的应用。改善的办法是与其他纤维品种共聚或与其他纤维进行乳液混合纺丝。

生活小贴士

由于氯纶具有很好的保暖性,易生产和保持静电,故用它做成的针织内衣对风湿性关节炎有一定疗效。因此,涤纶常用于两方面:一是利用其抗焰性制作的工作服;二是利用其起负静电作用制作的治疗风湿性关节炎的药用衣物。

4.2.3　特种化学处理织物

随着人们生活水平的提高和社会的进步,人们对服装的要求也越来越高,不但要求美观新颖,同时还要穿着舒适,并且有一些特殊的功能。

1. 抗紫外线的涤纶

抗紫外线涤纶是新型功能性纺织纤维原料,与普通的涤纶相比,它具有优异的物理、机械性能,强度高,弹性好,抗皱性和尺寸稳定性强,化学稳定性、耐气候性、耐热性优良,同时还具有遮蔽紫外线的特殊功能。抗紫外线涤纶是将具有遮蔽紫外线功能的无机陶瓷微粒添加到聚酯熔体中,经纺丝加工制成的。将这种抗紫外线涤纶经纺织印染、整理加工的纺织品后,会使紫外线遮蔽率大大增强,这与以往在聚酯熔体中添加有机抗紫外线防老化剂或纺织品涂敷整理后赋予遮蔽紫外线功能的方法不同。无论是采用抗紫外线涤纶短纤维与棉纤维的混纺纱,还是与普通涤纶长丝交织生产的纺织面料,其平均紫外线遮蔽均达到94%以上。另外,该涤纶对紫外线、可见光及红外线有一定的分散和反射作用,因此,强化了其对紫外线的遮蔽作用。

2. 人造气候服装

人穿着人造气候服装时会感觉润湿、温热、柔软、滑爽、厚实、合身,其中最主要的是润湿和温热。因为这种服装主要由两层材料构成:第一层是贴身层,由合成纤维衬衣构成;第二层是由纯棉布网络织物构成。人造气候服装可保持衣服内的温度始终在 30～33℃,相对湿度 50％左右,因此大大地增强了人们穿衣的舒适感。

4.3　新型面料

　　服装材料的发展趋势与社会现状、人们的需求、科学技术的发展水平等诸方面的因素有关。

　　随着消费水平的提高和现代生活方式的转变,现代人越来越不满足已有纺织品所能提供的功能,纺织品的生产也呈现出飞速发展的态势。纺织品已从御寒蔽体发展到美观舒适,从安全卫生发展到保健强身,并出现了许多新功能、多功能、高功能的纺织品,极大地适应了现代人对服装的新要求。人们对已有的服装材料进行物理化学改性,使其性能更加完美。

4.3.1　新型纺织品

1.棉织品

(1)彩色棉

　　长期以来,人们只知道棉花是白色的,其实,在自然界中早已存在有色棉花。这种棉花的色彩是一种生物特性,由遗传基因控制,可以传递给下一代。天然彩色棉是采用现代生物工程技术培育出来的一种在棉花吐絮时就具有天然色彩的新型纺织原料。

　　天然彩色棉有以下特点。

　　①舒适:亲和皮肤,对皮肤无刺激,符合环保及人体健康要求。

　　②抗静电:由于棉纤的回潮率较高,不起静电,不起球。

　　③透汗性好:吸附人体皮肤上的汗水和微汗,使体温迅速恢复正常,真正达到透气、吸汗效果。经调研,发现彩色棉的环保特性和天然色泽非常符合现代人生活的品味需求,由于它未经任何化学处理,因此某些纱线、面料品种上还保留有一些棉籽壳,体现了回归自然的感觉,产品开发就充分利用了这些特点。做到色泽柔和、自然、典雅,风格上

以休闲为主,再渗透当季的流行趋势。服饰品形象体现庄重大方又不失轻松自然,家纺类形象体现温馨舒适而又给人以返璞归真的感受。

目前彩棉服装以棕色、绿色为基色,它体现着生态、自然、休闲、时尚趋势。除了这些颜色以外,现在正在逐步开发的有兰、紫、灰红、褐等色彩的服装品种。

(2)生态棉

生态棉属于化纤材料,是一种超微细丙纶熔喷纤维。该材料一般作为服装或棉被等的保暖层,具有轻、薄、软、暖、透气、透湿等特性。它不需要施加任何化学药剂抗虫害,适应绿色环保的潮流,因此深受服装界的重视和消费者的欢迎。

(3)免烫棉

免烫棉制备时运用各种防皱技术,克服棉制品易折皱和保型性差的特点,使服装具有免烫、防缩、保型性好的优点。

(4)丝光棉

通过丝光处理,使棉织品光滑,具有丝般的光泽,穿着轻软、光滑而舒适。丝光棉产品成本较高,终端消费品一般是高档POLO衫、T恤、衬衫和商务袜。

2.麻织物

(1)新型麻

运用生物技术,对麻纤维或面料进行加工处理,使其柔软、光泽好、抗折皱、防微生物性良好。它目前是春秋运动装的最佳衣料。

(2)保健麻

保健麻一般使用罗布麻,它具有防霉、防臭、活血降压的功能。

3.毛织物

(1)凉爽羊毛

在消费者心目中,羊毛以它的保暖性闻名,但依据科学的观点,其毛织物也是凉爽的。富于凉爽感的超薄型毛织品已经问世,受到了人们的普遍认同和赞赏。它主要通过羊毛脱鳞,使羊毛光滑,不扎人,手感柔软。

(2)羊毛仿真丝绸

羊毛织物通过陶瓷加工,具有丝绸的效果。天热时穿着这种羊毛仿真丝绸,会感到光滑、凉爽和舒适。

4.丝织物

(1)防缩免烫真丝绸

通过加工处理的防缩免烫真丝绸,具有抗皱、防缩、免烫的特性。

(2)蓬松真丝绸

通过加工处理的蓬松真丝绸具有较好的蓬松性,并具有毛型感。其织物手感柔软、丰满,抗皱性、弹性良好。

4.3.2 功能保健服装

1.保健型服装材料

(1)微元生化纤维

微元生化是指能持久地发射人体吸收的远红外波,改善人体微循环,消除肿块,具有抗菌保健功效的高科技技术。微元生化纤维是 20 世纪 90 年代诞生的高科技产品。该纤维是采用以铝、硅、钛、锆等元素与聚酯共混纺制成。微元生化纤维与人体肌肤接触后能在短时间内激发人体生物微元活化,从而使人体产生特殊的生理效应,以促进血液循环和新陈代谢,加速血乳酸分解,消除肌肉疼痛及疲劳,达到防病强身的功能。

(2)远红外线纤维

由于远红外线与人体内细胞分子的振动频率接近,远红外线进入体内之后,便会引起人体细胞的原子和分子的共振,通过共振,分子之间摩擦生热,形成热反应,促使皮下深层温度上升,并使微血管扩张,加速血液循环,有利于清除血管圈积物及体内有害物质,将妨害新陈代谢的障碍清除,重新使组织复活,促进酵素生成,达到活化组织细胞、防止老化、强化免疫系统的目的。所以说,远红外线对于血液循环和微循环障碍引起的多种疾病均具有改善和防治作用。另外,远红外纤维产生的远红外线可以渗透到人体皮肤深处,起到保温保健作用。

2.舒适型服装材料

(1)甲壳质吸湿材料

甲壳质是白色或灰白色半透明片状固体,具有动物骨胶原组织和植物纤维组织的双重性质。甲壳质具有优越的吸水性、与活体组织的融合性及抗菌性,因此纺织服装行业用它来作防雨剂、吸湿剂和防霉抗腐剂。新型的运动服巧妙地利用甲壳质来解决运动时人闷热不适的问题。

(2)新型保暖内衣和衬衫材料

原来的保暖内衣和衬衫是以传统的太空棉为囊胆,但它穿在身上有起壳不贴身的缺点。现采用棉、衫分类的两件套工艺及澳毛制成的高科技产品,其内衣侧缝可松紧,既合体又便于运动,保暖性又强。

(3)"凉爽棉"

"凉爽棉"是美国杜邦公司出品的,它是由56％棉、24％聚酰胺、20％莱卡组成的新型混纺织物。该面料具有凉爽透气、手感好等特点,适宜做各种内衣裤。

4.3.3　新型服装纤维材料

现代人越来越不满足已有纤维所能提供的功能,人们希望得到的纤维是像天然纤维那样舒适透气,同时又像合成纤维那样保养方便。现代科学技术的发展使这一切成为了现实,人们通过不断开发新材料及对已有纤维进行改性,使服装用的纤维性能更加的完美。美观性、舒适性、保健性、功能性、方便随意性、绿色环保性等成为了现代纤维材料的发展方向。

1.超细纤维

超细纤维可用来织造人造麂皮、超高密度织物、防水透湿织物等,用超细纤维制造的织物手感特别柔软、滑糯,光泽特别柔和,同时具有优良的吸湿性和保暖性。

超细纤维具有以下主要特性。

①覆盖性好:由于纤维较细,所以单位细度的纱线所含的纤维根数比普通纤维多,纤维的比表面积大,纤维表面粘附的静止空气层较多,形成的织物较丰满,保暖性好,同时具有较强的吸附过滤作用,可作为高效的清洁布。

②光泽柔和:由于纤维细,纱线中纤维反光层次多,所以反光柔和。

③手感柔软,垂感好:由于纤维细,容易弯曲,所以手感柔软,垂感优异。

④有芯吸作用:虽然超细纤维本身不吸水,但可以利用毛细作用通

过纤维孔道传输水分,以保持人体皮肤的干燥,提高织物热湿舒适性。

⑤可制成高密防水透气产品:由于纤维细,可以制成较密实的织物,使纱线之间的空隙大于水蒸气分子而小于水分子,这样人体汗液可以以水蒸气分子的形式通过织物进行蒸发,而外界水分子不能进入织物,使织物具有防水透气功能。

⑥后加工性能好:由于超细纤维可加工成较密实的织物,纤维强度又较大,所以可以进行磨毛、砂洗等高技术的后整理,使织物具有防水透气功能。

超细纤维的出现给合成纤维带来了新的外观和使用性能。由于具有卓越的性能,超细纤维近年来发展很快,目前主要用于仿真丝产品、桃皮绒织物、防水防风防寒的高密织物、内衣、运动衣等,此外超细纤维还广泛用于高性能的清洁布、合成皮革基布等产品。

2. Lyocell(Tencel)纤维

Lyocell 纤维被誉为 21 世纪的绿色纤维,是一种全新概念的再生纤维素纤维,采用天然木浆,经溶液纺丝制得纤维。其纺丝过程全部为物理过程,纺丝溶液循环使用,克服了传统再生纤维素纤维污染严重的问题,符合当今的环保要求。

Lyocell 除了保持了传统再生纤维素纤维染色性好,垂感优良等优点外,还克服了传统再生纤维湿态性能差的缺点,通过对其织物进行各种高科技的后整理,使其具有更丰富的外观和手感。Lyocell 纤维强度与涤纶接近,但有良好的吸湿性、染色性及生物降解性。其另外一大特点是容易原纤化(即分裂出比纤维本身要细的小毛丝),经磨毛、砂洗等加工后纤维表面易形成一层细小的绒毛,具有完美的桃皮绒效果,使织物更加柔软舒适,富于弹性。

Lyocell 纤维可用于纯纺,也可与棉、麻、涤纶等纤维混纺形成不同外观和风格的织物,被广泛的用于牛仔布、休闲装、职业套装、针织服装以及高级时装产品。Lyocell 纤维因具有卓越的环保特性和优异的服用性能,在欧美、日本、东南亚等地都显示出了巨大的市场潜力。

3. 大豆蛋白纤维

大豆纤维是以榨掉油脂的大豆豆粕作原料,提取植物球蛋白,经合成后制成新型再生植物蛋白纤维。它由我国纺织科技工作者自主开发，并在国际上率先实现了工业化生产。

这种纤维物理机械性能好，耐酸耐碱性强，吸湿导湿性好，有着羊绒般的柔软手感、蚕丝般的柔和光泽、棉的保暖性和良好的亲肤性等优良性能，还有明显的抑菌功能，被誉为"新世纪的健康舒适纤维"。

以50%以上的大豆纤维与羊绒混纺成高支纱，用于生产春、秋、冬季的薄型绒衫，其效果与纯羊绒一样滑糯、轻盈、柔软，能保留精纺面料的光泽和细腻感，增加滑糯手感。它也是生产轻薄柔软型高级西装和大衣的理想面料。用大豆纤维与真丝交织或与绢丝混纺制成的面料，既能保持丝绸亮泽、飘逸的特点，又能改善其悬垂性，消除产生汗渍及吸湿后贴肤的特点，是制作睡衣、衬衫、晚礼服等高档服装的理想面料。此外，大豆纤维与亚麻等麻纤维混纺，是制作功能性内衣及夏季服装的理想面料。大豆纤维与棉混纺的高支纱，是制造高档衬衫、高级寝卧具的理想材料。大豆纤维中加入少量氨纶，手感柔软舒适，用于制作T恤、内衣、沙滩装、休闲服、运动服、时尚女装等，极具休闲风格。

4. 复合纤维

复合纤维又称共轭纤维，也有人称之为聚合物的"合金"。它是由两种或两种以上聚合物，或具有不同性质的同一聚合物，经复合纺丝法制成的化学纤维。纤维截面含有两种或两种以上不相混合聚合物的纤维。复合纤维具有三维立体卷曲、高蓬松性、覆盖性、导电性、抗静电性和阻燃性，产品具有一定的毛型感。它主要用于加工毛线、毛毯、毛织物、保暖絮绒填充料、丝绸织物、非织造布、医疗卫生用品和特殊工作服等。

5. 吸湿排汗纤维

纺织品要达到吸湿排汗的功能，可采用以下方法。

①纤维截面异形化：增加了表面积，纤维表面有更多的凹槽，可提高水气传递效果。

②中空或多空纤维：利用毛细管作用和增加表面积原理将汗液迅速扩散出去。

③纤维表面化学改性：通过增加纤维表面亲水性基团，达到迅速吸湿的目的。

④亲水剂整理：直接用亲水助剂在印染后处理过程中赋予织物或纤维纱线亲水性。

⑤采用多层织物结构：利用亲水性纤维作内层织物，能将人体产生之汗液快速吸收，再经过外层织物空隙散发至外部，达到舒适凉爽的性能。

6. 易染性涤纶纤维

易染性涤纶纤维具有弹性优良、模量较低、手感柔软、易染色等特点，是一种发展前景很大的聚酯纤维。

7. 聚乳酸纤维

聚乳酸纤维由于生产原料乳酸是从玉米淀粉制得的，故也称为玉米纤维。目前，商业化生产的聚乳酸纤维是以玉米淀粉发酵制成乳酸，经脱水聚合反应制得聚乳酸酯溶液，再进行纺丝加工而成。聚乳酸纤维之所以受到众多纤维公司和消费者关注，并显示强大的生命力，主要是因为聚乳酸纤维有许多突出的优点。

①原料来自于天然植物，容易生物降解，降解产物是乳酸、二氧化碳和水，是新一代环保型可降解聚酯纤维；

②有较好的亲水性、毛细管效应和水的扩散性；

③手感柔软；

④有防紫外线能力，紫外线吸收率低；

⑤折射率低，染色制品显色性好。

4.4　服装中的危害

为了使服装挺括，不起皱，或者防霉防蛀，通常在纺织品的生产过程中添加各种化学品，使其满足人们的需要。如果不加以注意，这些化学品就可能会对人体产生危害。

4.4.1　服装中常见的有害物质

1. 甲醛

甲醛是一种对人体有害的化学物质。服装中的甲醛主要来源于纺织印染助剂，它能与纤维素羟基结合，以提高印染助剂在织物上的耐久性,起固色、耐久、粘合等作用。甲醛对人体(或生物)细胞的原生质有害,它可与人体的蛋白质结合,改变蛋白质内部结构并使之凝固,从而具有杀伤力,一般利用甲醛这一特性来杀菌防腐。甲醛对皮肤黏膜有强烈的刺激作用,如与手指接触后手指皮肤变皱,汗液分泌减少,手指甲软化、变脆;长期接触甲醛气体,可引起头痛、软弱无力、感觉障碍、排汗不规则、体温变化、脉搏加快、皮炎、湿疹、红肿胀痛等,亦可诱发癌症等其他疾病。

我国于 2003 年发布了 GB18401《国家纺织产品基本安全技术规范》标准,对纺织品中甲醛的含量进行了限定:婴幼儿用品不超过 20 毫克/千克;直接接触皮肤的产品不超过 75 毫克/千克;非直接接触皮肤的产品不超过 300 毫克/千克。

生活小贴士

甲醛主要来源于廉价的染料和助剂,因此尽量不要购买进行过抗皱处理的服装;尽量选择小图案的衣服,而且图案上的印花不要很硬;不要购买漂白过的服装。为婴幼儿购买服装最好选择浅色的,深色的服装经孩子穿着摩擦,易使染料脱落渗入皮肤,对儿童身体造成伤害。特别是一些婴幼儿爱咬嚼衣服,染料及化学助剂会因此进入体内,损伤身体。

甲醛易溶于水,服装买回家后最好先用清水进行充分漂洗后再穿,这样服装中的甲醛含量将大大降低。

2.致癌偶氮染料

需要检测偶氮染料含量的产品有:

①服装、被褥、毛巾、假发、假眉毛、帽子、尿布以及其他的清洁卫生用品、睡袋;

②鞋、手套、手表带、手提袋、钱包、公文包、椅子套;

③纺织或皮革的服装和玩具、带有纺织或皮革的服装和玩具、合成染料、有机化合物染料;

④消费者最终使用的织物和纱线。

偶氮染料是指含有偶氮基(—N＝N—)的染料。这是应用品种最多的一类合成染料,包括酸性、碱性、酸性媒介、阳离子、活性和分散染料等,可用于各种纤维染色和印花。长期的研究和临床试验证明,偶氮染料染色的纺织品与人体长期接触,与人体中正常代谢所释放的物质(如汗液)混在一起,经还原会释放出 20 多种致癌芳香胺类,可形成致癌芳香胺中间体,其危害性大于甲醛。如果长期穿着含可分解芳香胺染料的衣物,会导致头疼、恶心、失眠、呕吐、咳嗽,甚至膀胱癌、输尿管癌、肾癌等恶性疾病。这种染料在人的身体上驻留的时间很长,就如同在人的皮肤上的膏药,通过汗液和体温的作用引起病变。医学实验表明,这种作用甚至比通过饮食引起的作用还快。

生活信息箱

我国出口服装被退回的"罪魁祸首"——偶氮染料

许多出口转内销的服装用料讲究,做工精细。但是,这些色彩绚丽、款式新颖的服装被退回的主要原因是使用了致癌偶氮染料。出口西欧等地的服装必须接受禁用染料的检测,凡是服装偶氮染料含量超标的,就会被认为对人体有害,将不允许进入市场。而在我国行销的服装却不需要接受类似的检测。因此有关专家已经在呼吁有关部门尽早建立起相关的法规,保护消费者的利益。

3. 残留的重金属

使用金属络合染料是纺织品中重金属的重要来源。而天然植物纤维在生长加工过程中亦可能从土壤或空气中吸收重金属。此外,在染料加工和纺织品印染加工过程中也可能带入一部分重金属。重金属对人体的累积毒性是相当严重的。重金属一旦为人体所吸收,则可能会累积于肝、骨骼、肾、心及脑中,当受影响的器官中重金属积累到某一程度时,便会对健康造成无法逆转的巨大损害。这种情况对儿童更为严重,因为儿童对重金属的吸收能力远高于成人。

棉花、麻类这些天然植物纤维一般是从自然界引入重金属的,锑、砷、镉、钴、铜、镍、铅、汞、六价铬这些重金属元素通过自然中的水、土壤、空气迁移，生长过程以及人为因素（如喷洒农药常含汞、砷、铜等）而污染天然纤维；羊毛、兔毛等动物纤维及其他化学纤维等一般是在纺纱、染色、印花、整理等过程中引入重金属元素，如纺纱设备摩擦、染料中金属络合物、含铜染料助剂、含锑的阻燃整理剂等。

人体是由化学元素组成的，但是占绝大多数的是第一类元素，即碳、氢、氧、氮、磷、钙等元素，占95%；还有一小部分是第二类元素，也称为微量元素，如铁、锌、铜、锰、镉、钴、铬、镍、氟、碘、硒、钒、钼、锶、锡等，这些元素在人体内很少但可以起到调节生理功能、参与人体活动和新陈代谢的作用，是人体不可缺少的物质；而第三类元素则是对人体有害的元素，如铊、锑、砷、铅、汞、六价铬等，这类元素不仅不能参与正常生命活动，而且还会破坏正常的生命活动，对人体造成威胁。

目前，国际知名生态安全规范"Oeko-Tex100"对纺织品中锑、砷、镉、钴、铬、铜、镍、铅、汞、六价铬这十种重金属元素加以限制。目前，检测这些重金属元素的方法主要有原子吸收分光光度法、电感耦合等离子体发射光谱法、原子荧光分光光度计法、紫外—可见光分光光度计法。

4. 五氯苯酚（PCP）防腐剂

五氯苯酚其实是一种防腐剂。它可用于棉纤维和羊毛的储运，又可用于印花浆增稠剂，在某些分散剂、杀虫剂中也有该物质。五氯苯酚具有生物毒性，可造成动物畸胎和致癌。纺织品漂洗时使用五氯苯酚排出的废水会污染环境。德国法律规定禁止生产和使用五氯苯酚，服装和皮革制品中该物质的限量为5×10^{-6}；有的国家要求该物质的检出率为0。

5. 农药

农药和五氯苯酚一样具有相当的生物毒性，而且其自然降解过程十分缓慢，通过皮肤在人体内积累而危害健康。

4.4.2　常见的服装危害

服装对人体造成的危害主要以接触后引发的局部危害最为常见，严重者也可有全身症状，局部损害则以接触性皮炎为主。

1. 刺激性接触性皮炎

刺激性接触性皮炎皮肤损害仅在接触部位可见。急性者可见红斑、水肿、丘疹,或在水肿性红斑基础上密布丘疹、水疱或大疱,并可有糜烂、渗液、结痂,自觉烧灼或瘙痒。慢性者则有不同程度的浸润、脱屑或开裂。发病的快慢和反应程度与刺激物的性质、浓度、接触方式及作用时间有密切的关系。

2. 变应性接触性皮炎

皮肤的损害与接触性皮炎相似,但以湿疹较为常见。慢性患者的皮肤可有增厚或苔藓样的改变。皮肤的损坏初见接触部位,慢慢可扩散至其他部位,甚至全身。病程较长,短者数星期,若没有得到及时的治疗,长者可达数月甚至数年。潜伏期约 5～14 天或更长。致敏后再接触常在 24 小时内发病,反应强度取决于致敏强度和个体素质。高度致敏者一旦发病,闻到气味也可能导致发病,且可愈发严重。但也存在逐渐适应而不发病的。

4.4.3　服装危害的防护

我们应对在日常生活中接触到的化学物质有所了解,尽量穿着天然纺织品制作的,并且是采用天然染料染色的衣服。最好不要穿会褪色的衣服,尽量选择浅色的。在购买衣物时要特别注意,若一些纺织制品散发出特殊气味(如霉味、汽油味、煤油味、鱼腥味及芳香烃气味等),这表明纺织品上有过量的化学药剂残留或纺织品发生了生物或化学变质。

穿着新衣物前要认真阅读使用说明,掌握正确的使用方法。不要买不合格的产品(如没有使用说明或没有标明注意事项的产品)。据有关专家介绍,从服装标签上完全了解得到服装的安全等级。《国家纺织品基本安全技术规范》标准规定,市场上所有销售的服装的吊牌、标签或使用说明上都应明确标注产品分类。目前市场上的服装标签上有"生态纤维制品标志"和"天然纤维制品标志"两种。生态纤维制品标志是以经纬纱线编织成树状的图形。天然纤维制品标志是由 N、P 两个字母构成的图形。它们的使用范围、品牌品种、使用期限与数量有严格的规定。申领这两种标志必须经过严格的审批,且企业对它们使用情况受到中国纤维检验局的监控。因此,在购买服装时，应认准这两种标志。

　　有调查表明，75％的小孩有将小物品放入口内的习惯。有些物品（如经防虫剂处理的衣服、床上用品等）与人体接触时，其中的防虫剂等化学物就可能被唾液和汗水溶解。小孩如果舔食这类物品就会受到危害，所以要特别注意对小孩的防护。如果发生问题不要惊慌，应该及时去医院治疗。只要治疗及时，一般都不会造成严重的危害。

生活小贴士

　　不同质地的服装有不同的收藏方法。

　　（1）棉布服装

　　因残留的氯（漂布）及染料（硫化色布）的缘故，新的棉布服装保存时间过长，牢度会受影响，甚至变脆。因此，如购买后暂不用或不穿，都要清洗晾干后再收藏。

　　（2）呢绒服装

　　存放时应注意防蛀，可放置包好的防蛀剂。丝绒、立绒、长毛绒等因怕压，最好挂藏。毛料和高档锦缎衣服也应如此收藏。

　　（3）丝绸服装

　　与其他服装混放时，应用白布包好再放。柞丝绸因用硫磺熏过，可使桑丝绸及白色或浅色衣服发黄，应避免混放。

　　（4）合成纤维衣料

　　因耐霉、抗蛀性能较强，存放时不需放置樟脑丸，以免影响牢度。如与棉、羊毛织品混放，可放包好的防蛀剂。

　　（5）羽绒服

　　必须洗净晾干后再收藏。

　　（6）皮革衣服

　　擦去灰尘，置于阴凉通风处吹去潮气，防止发霉。宜挂藏，放包好的防蛀剂。

　　（7）毛衣

　　洗净晾干，单放，并且放包好的防蛀剂。

　　（8）羊毛毯

　　晾晒冷透，套上塑料套，放入包好的防蛀剂。新的羊毛毯一定要晾透再收藏，切不可直接放入箱内。

第 5 章　化学与洗涤剂

　　人类的生活,特别是现代人的生活已经离不开清洗用的洗涤剂。洗涤用品是指洗涤物体时,能改变水的表面活性、提高去污效果的一类物质。根据国际表面活性剂会议(CID)用语,**所谓洗涤剂,是指以去污为目的而设计配合的制品,由必需的活性成分(活性组分)和辅助成分(辅助组分)构成。**作为活性组分的是表面活性剂;作为辅助组分的有助剂、抗沉淀剂、酶、填充剂等,其作用是增强和提高洗涤剂的各种效能。尽管合成洗涤剂和肥皂已成为人们的一种生活必需品,并且是人们十分熟悉的东西,但很少有人去关注它们究竟是由什么物质构成,具有什么性能,对人类和环境又有什么影响这些问题。这些问题都涉及有关洗涤用品的化学知识,本章主要介绍洗涤用品的化学成分及使用方法。

5.1　表面活性剂

　　表面活性剂是一类重要的精细化学品,用途十分广泛,在洗涤、纺织、石油、建筑、涂料、农药和医药等行业中均发挥着重要的作用,其应用范围几乎覆盖了精细化工的所有领域。

　　表面活性剂和合成洗涤剂形成一门工业可追溯到 20 世纪 30 年代,以石油化工原料衍生的合成表面活性剂和洗涤剂打破了肥皂一统天下的局面。随着世界经济的发展以及科学技术领域的开拓,作为工业"味精"的表面活性剂的发展更为迅猛。近年来,随着高新技术的不断发展,表面活性剂的需求量和年产量持续增长。

5.1.1 表面张力

我们一般根据分子间的相互吸引力来解释液体的某些性质,比如表面张力、界面张力以及相类似的现象的基本物理现象。这种作用力的实质就是分子间作用力,即范德华力。

通常,由于环境不同,处于界面的分子与处于相本体内的分子所受力是不同的。在本体内的分子所受的力是对称的、平衡的。比如在水内部的一个水分子受到周围水分子的作用力的合力为 0。但在表面的一个水分子却不如此,如图 5-1 所示,因上层空间气相分子对它的吸引力小于内部液相分子对它的吸引力,所以该分子所受合力不等于 0,其合力方向垂直指向液体内部,结果导致液体表面具有自动缩小的趋势,使这种不平衡的状态趋向平衡状态,这种收缩力称为表面张力。

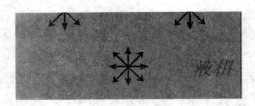

图 5-1　液相内分子受力示意图

5.1.2 表面活性与表面活性剂

表面活性剂通常是指能够改变(多数是降低)两相间表面张力的物质。日常生活中,在水中加入少许洗涤剂或肥皂,使水的表面化学性质发生明显改变,显著降低水的表面张力,增加润湿性能、乳化性能、起泡性能、洗涤性能。而糖、食盐等则无此功能。

实验证明,各种物质水溶液的表面张力与浓度存在如下关系:

第一类　在水溶液中加入 NaCl、KNO_3、NaOH 等无机物质,溶液的表面张力随物质浓度的增加缓慢增加。我们称这类物质为非表面活性剂。

第二类　在水溶液中加入醇、醚、酯、酸等物质,溶液的表面张力随物质浓度增加而降低。一般浓度小时降幅较大,浓度大时降幅缓慢。

　　第三类　在水溶液中加入洗涤剂或肥皂物质,溶液的表面张力在物质较稀时随浓度急剧下降,但到一定浓度时降幅变化不大。

　　第二、第三类物质具有表面活性作用。但两者又有不同:前者在水溶液中不发生缔合作用或缔合作用较小;而后者在水溶液中会发生缔合作用,形面胶束等缔合物,除具有较高的表面活性作用外,还具有显著的润湿、乳化、起泡、洗涤作用,我们称这类表面活性物质为表面活性剂。

5.1.3　表面活性剂分子结构特点

　　表面活性剂的种类繁多,结构复杂,但从分子内部的角度来看,所有的表面活性剂又非常"相似",其结构都具有亲水和亲油两部分。

　　多数情况下,我们可以用传统的火柴模型来表达表面活性剂的结构,如图 5-2 所示(以十二烷基苯磺酸钠为例)。

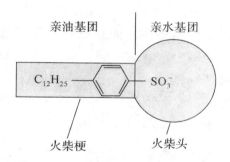

图 5-2　表面活性剂结构的火柴模型

　　图 5-2 中,火柴梗部位表示亲油基团(或称憎水基团),即该部位可溶于油(水溶性差);火柴头部位表示亲水基团(或称憎油基团),即该部位可溶于水(油溶性差)。

　　由于表面活性剂的结构中同时存在着亲水和亲油结构,因此两部位遇到对应的相似性质的溶剂时,将趋向于溶解,但是相反性质的部位会相互排斥。故当我们在水—油混合分层的液体中加入表面活性剂,表面活性剂首先排列在水—油的接触界面上,如图 5-3(a)所示。而在水中加入表面活性剂,表面活性剂同样首先排列在水—气的接触界面上,但由于两相的界面面积是有限的,如果不断地加入表面活性剂,那么当界面上表面活性剂排满后,多出来的表面活性剂必然进入水中或油中。**表面活性剂刚刚好能填满整个界面的浓度,被称为临界胶束浓度(CMC)。**临界胶束浓度也指表面活性剂在溶液中形成胶束的最低浓度。低于此浓度,表面活性剂以单分子形式存在于溶液中。高于此浓度,这些过多的表面活性剂分子在溶液中是杂乱无章的,或者是以某种规律存在于溶液中,它们在溶液中大多缔合为胶束,这种胶束的存在状态也是一种动态平衡过程。

表面活性剂的量超过临界胶束浓度后,如果表面活性剂均要溶入水中,必然面临着其亲油基团不溶于水的困难。然而我们发现,当表面活性剂分子的亲油基团聚集在一起,亲水基团一致朝外时,即生成如图5-3(b)所示的模型,则该聚集体是水溶性聚集体。此时,由于其亲油基团本身性质相似,故可以相似聚集,而聚集体外表面是纯水溶性的,水无法对其内部的非水溶性结构产生排斥作用,所以该聚集体完全可以溶解于水中,且在水中稳定存在。而这也是表面活性剂会增加发泡的原因,因为表面活性剂不会乖乖地溶解在液体中,反而是喜欢群聚在气泡表面,让疏水端对准气体,而亲水端则一头栽入液体中。一旦浮力不断增强,便会导致气袋与气泡产生。而表面活性剂若反向聚集就可以生成可溶于油的油溶性聚集体,如图5-3(c)所示。

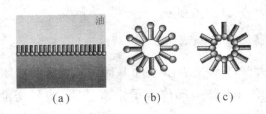

图 5-3 表面活性剂在两相间的排列与聚集

水溶性胶束在水中有较好的溶解度,胶束内部是油溶体,如果少量的油被包裹在油溶性的火柴头内部,则由于该胶束具有水溶性,胶束将带着油一起溶于水中,大量的胶束就可以将油通过该方式分散到水中,这样一种混合体，就是我们常说的水包油（O/W）。反之，油溶性胶束生成的就是油包水（W/O）。

实验测试表明，临界胶束浓度的范围相当狭窄。不同的表面活性剂的临界胶束浓度不一样。构成胶束的表面活性剂，其疏水基团之间的作用力是范德华力。当表面活性剂的浓度达到临界胶束浓度后，其单体分子浓度不再增加，而只增加胶束的数量。

5.1.4　表面活性剂的结构与分类

无论何种表面活性剂，其分子结构均由亲油基、亲水基两部分构成，形成了一种不对称的、极性的结构，表面活性剂分子因而也常被称作"双亲分子"。

表面活性剂非水溶性（憎水基团、疏水基团）的部分一般是长链的碳氢化合物，也有有机氟、有机硅、有机锡、有机磷等。疏水基团的变化主要是链长短及支链结构变化，其他变化不多。相对疏水基团而言，亲水基团结构变化较多，有羧酸盐、高级醇硫酸酯盐、有机胺衍生物等。

由于表面活性剂具有不同的亲水亲油结构，故表面活性剂大致分为：阴离子表面活性剂、阳离子表面活性剂、两性离子型表面活性剂、非离子型表面活性剂及其他型。

1. 阴离子表面活性剂

在水中电离后，其亲水性基团为阴离子基团。代表性的阴离子表面活性剂有羧酸盐、高级醇硫酸酯盐、烷基苯磺酸盐等。

（1）羧酸盐类表面活性剂

羧酸盐类表面活性剂俗称肥皂，是用油脂与碱溶液加热皂化而制得，其水溶性、硬度、碱性等与亲油性基团的结构直接相关。而同样的脂肪酸，由于成盐时的金属离子的不同，其硬度、pH 值、碱性也有所不同：其中钠皂硬度最高，钾皂次之，铵皂比较柔软；钠皂、钾皂水溶液的pH 值较高，其饱和溶液 pH 值约为 10，而铵皂的 pH 值约为 8。肥皂能吸附在气体、液体和固体的一切表面上，而且具有良好的渗透、润湿、起泡、乳化、分散和去污性能。总的来说，该类表面活性剂的去污能力、洗涤能力较强，价格低廉，但是抗硬水性能差，酸性条件下易失效。

（2）高级醇硫酸酯盐

该类表面活性剂性能优于肥皂，其洗涤能力、发泡能力较好，抗硬水性能良好，其溶液呈中性或者弱碱性，并具有良好的生物降解性能。其代表性产品为 K_{12}，其结构简式为 $C_{12}H_{25}OSO_3Na$（俗称月桂醇硫酸钠），常温下为白色粉末，水溶性较好，常用来配制液体洗涤剂，是良好的发泡剂、洗涤剂。而在此基础上引入聚氧乙烯醚结构，可以得到烷基聚氧乙烯醚硫酸酯盐，代表性产品为 AES，其结构简式为 $C_{12}H_{25}(OCH_2CH_2)_nOSO_3Na$（俗称月桂醇聚氧乙烯醚硫酸钠），常温下为黏稠状无色透明液体，去油污能力强，水溶性较好，常用作餐具洗涤剂和透明液体香波的原料。

（3）烷基磺酸盐

该类表面活性剂的化学稳定性与表面活性能力均优于烷基硫酸酯盐，是目前为止应用最多的一类阴离子表面活性剂，多用作配制各类合成洗涤剂的主要活性成分。不同的烷基使得该类表面活性剂呈现出不同的表面活性，可用于乳化剂、润湿剂、发泡剂、洗涤剂等。此类表面活性剂总体可分为三类：第一类为烷基苯磺酸钠，其代表性产品为 ABS（支链十二烷基苯磺酸钠）和 LAS（直链十二烷基苯磺酸钠），结构简式为 $C_{12}H_{25}\!\!-\!\!\bigcirc\!\!-\!\!SO_3Na$，常温条件下为黏稠状固体，具有良好的发泡能力和去污能力，综合性能优越，是洗衣粉中最主要的活性成分；第二类为仲烷基磺酸钠，统称 SAS，该类产品的溶解性和生物降解性能优于烷基苯磺酸钠，但其黏性强、不松散，故多用于液体洗涤剂；第三类为 α-烯基磺酸盐，简称 AOS，其去污能力优于 LAS，具有良好的生物降解性和酶协同性，刺激性与毒性都较小，与其他表面活性剂的配伍性良好，常用于制造加酶洗涤剂。

总的来说，阴离子表面活性剂性能较温和，洗涤能力、去污能力和发泡能力良好，刺激性较小。

2. 阳离子表面活性剂

在水中电离后，其亲水性基团为阳离子基团，常见的均为有机胺衍生物。目前我们生活中常见的阳离子表面活性剂有"1227"、"1631"等。

（1）季铵盐

它为最常见的阳离子表面活性剂。该类表面活性剂的杀菌能力极强。其代表性产品为阳离子表面活性剂"1227"，结构式为：

$$C_{12}H_{25}-\overset{\overset{\displaystyle CH_3}{|}}{\underset{\underset{\displaystyle CH_3}{|}}{\overset{+}{N}}}-CH_2-\langle\ \rangle\ \cdot\ Cl^-$$

其杀菌能力强，俗称"洁尔灭"，在医疗卫生和医药行业均有使用。

（2）咪唑啉盐

该类表面活性剂具有较好的杀菌性、抗静电性，同时对人体毛发具有较好的滋润性、调理性，能在一定程度上修复头发的分叉，增强头发的亮泽度，也是常见的织物柔软剂。

（3）吡啶卤化物

该类表面活性剂杀菌能力强，对伤寒杆菌和黄金葡萄球菌有杀灭能力，常用作洗涤消毒剂，比如用于食品加工、餐厅、游泳池等。代表性产品为十二烷基吡啶氯化铵。

阳离子表面活性剂的洗涤性能较差，刺激性和毒性较大，杀菌性能强，主要用作杀菌剂、柔软剂、破乳剂和抗静电剂。

3. 两性离子型表面活性剂

两性离子型表面活性剂同时具有正离子官能团和负离子官能团。当其溶解于水溶液中，在酸性条件下，呈现出阳离子表面活性剂的性能；在碱性条件下，呈现出阴离子表面活性剂的性能；但在等电点时（正好酸碱性都不强，使其两种离子团都不能游离），呈现非离子状态，此时的表面活性较差。

该类表面活性剂主要有三种：甜菜碱型两性表面活性剂、氨基酸型两性表面活性剂和咪唑啉型两性表面活性剂。其代表性产品为甜菜碱，是一种从天然作物甜菜中分离提炼出来的天然产物，其无毒性，刺激性小，是较好的柔软剂、调理剂和抗静电剂。

蛋黄中的卵磷脂是一种纯天然的两性离子型表面活性剂，是食品工业使用的唯一的离子型表面活性剂，也是制作蛋黄酱不可缺少的。

其水溶性差,对油有良好的乳化效果。

两性离子型表面活性剂与其他表面活性剂的相容性较好,且可在任何酸碱度条件下使用,有良好的耐硬水性,发泡力强,无毒性且刺激性小。此类活性剂常用作婴儿洗涤用品,如婴儿用洗发香波。

4. 非离子型表面活性剂

非离子型表面活性剂本身不含离子型官能团,在水溶液中也无法电离,以分子状态存在于溶液中。由于其不含离子型官能团和不电离的状态,故不受溶液本身的酸碱度和电解质的影响,其化学稳定性及与其他表面活性剂的相容性都较好。其性能主要受内部的亲水基团和亲油基团的性能制约。

(1)聚氧乙烯醚类

它是非离子型表面活性剂中用量最大、用途最广的一类。其代表性产品是"TX"系列和"OP"系列产品,它们的化学稳定性好,润湿性能、洗涤能力都较好。

(2)烷基酰醇胺

其代表性产品为"6501",结构简式为

$$C_{11}H_{23}-\overset{\overset{\displaystyle O}{\|}}{C}-N(C_2H_4OH)_2$$

。其水溶液呈弱碱性,在酸性条件下,其溶解性下降。其洗涤、发泡、稳泡性能良好,溶于水中后,水溶液黏稠度增大,常用作液体洗涤剂的增稠剂和稳泡剂;该类产品还具有缓和一般表面活性剂对皮肤刺激的效果。

(3)失水山梨醇脂肪酸酯

此类活性剂化学稳定性好,无毒,刺激性小。代表性产品为 Span 系列和 Tween 系列产品,其中 Span 系列的亲水性较差,Tween 的亲水性较好。它们都是较好的乳化剂,由于无毒和刺激性低,故常用于食品、医药和化妆品工业。

(4)氧化胺

在中性和碱性溶液中,氧化胺呈现非离子型特性;在酸性溶液中表现为弱阳离子表面活性剂。氧化胺发泡细密,刺激性小、毒性小,有较强的抗静电和调理作用,常用作洗发、沐浴和高档餐具洗涤用的液体洗涤剂中。

（5）烷基糖苷

此类活性剂俗称 APG,多为固体,颜色多为白色或黄色,有优良的水溶性,不易成胶体,稳定性好,对温度较稳定,对皮肤刺激性小,对人体温和无毒,具有广泛的相容性。它是一种具有广泛前景的绿色表面活性剂,由于对人体温和,刺激性低,故可用于化妆品、洗涤等行业,是良好的吸湿剂、保湿剂、润湿剂和护发剂。

该类表面活性剂整体性能温和,毒性、刺激性较低,化学稳定性好,与其他表面活性剂的相容性较好,有良好的乳化、渗透、增溶、润湿等性能。

5.1.5　表面活性剂的性质和应用

表面活性剂由于其特殊的结构,形成了一系列独特的理化性质,具有乳化、发泡、分散、破乳、增溶、润湿、洗涤等作用。我们就其在日用化学中常见的性质及其应用进行探讨。

1. 乳化作用

把一种液体以极其细小的液滴（直径约 0.1 至数十微米）均匀分散到另一种与之不相混溶的液体中的过程称为乳化。所形成的体系称为乳状液。将两种纯的互不相溶的液体（如水和油）放在一起用力振荡（或搅拌）能看到许多液珠分散在体系中,这时界面面积增加了,构成了热力学不稳定体系。静置后水珠迅速合并变大,又分为两层,得不到稳定的乳状液。若想得到较稳定的乳状液,通常加入稳定剂,称为乳化剂。它的作用在于能显著降低表（界）面张力。由于表面活性剂分子在"液滴",即胶束表层定向排列,使"液滴"表层形成了具有一定机械强度的薄膜,可阻止"液滴"之间因碰撞而合并。若用离子型表面活性剂,因为带同性电荷,胶束间相斥阻止了液滴的聚集。

在膏霜类化妆品中,这是一种常见的表面活性剂的作用。而在食品工业中,为了防止添加剂与溶液分层,也需要使用乳化剂。

2. 发泡作用

发泡是指改变液体和气体之间的表面张力，使得混合过程中出现泡沫的现象。最典型的发泡现象就是使用洗衣粉时，用力搓洗将会出现大量的泡沫；而纯水不易起泡。**能使泡沫稳定的物质为起泡剂。泡沫是未溶气体分散于液体或熔融固体中形成的分散系。气体进入液体（水）中被液膜包围形成气泡。表面活性剂富集于气液界面，以它的疏水基伸向气泡内，它的亲水基指向溶液，形成单分子层膜。这种膜的形成降低了界面的张力，而使气泡处于较稳定的热力学状态。**

专家提示

洗衣粉并非泡沫越多越好

洗衣粉由于种类较多，特点各不相同，人们往往很难正确选购和使用，以至于造成浪费和影响使用效果。据专家介绍，洗衣粉主要由表面活性剂、聚磷酸盐、4A 沸石、水溶性硅酸盐、酶等助洗剂、分散剂经复配加工而成。洗衣粉按其洗涤效能又可分为普通和浓缩洗衣粉。普通洗衣粉（A 型）颗粒大而疏松，溶解性好，泡沫较为丰富，但去污力相对较弱，不易漂洗，一般适合于手洗。浓缩洗衣粉（B 型）颗粒小，密度大，泡沫较少，但去污力至少是普通洗衣粉的两倍，易于清洗，节约水，一般适于机洗。有的消费者错误地认为洗衣粉泡沫越多越好，实际上泡沫的多少和去污力没有直接联系，泡沫的多少不是衡量洗衣粉质量、清洗程度、用量的标准。用量少、去污力强、高效低泡洗衣粉近年来在国内陆续出现，如"活力28"、熊猫牌超浓缩无泡高级洗衣粉等。这种洗衣粉由多种表面活性剂、高效助剂配制而成，功效比普通洗衣粉高四倍，无泡沫，易漂洗，可以节省洗衣粉用量，又具有较强的去污力。

3. 分散作用

分散是指不溶于溶剂的固体借助表面活性剂的作用，均匀分散于溶剂中的现象。早期指甲油（如 20 世纪 90 年代之前使用的指甲油）往往由于没有恰当的分散剂,故存放过程中,其瓶子底部常出现固体粉末沉淀,一般要求摇匀使用,这是因为指甲油的主体溶剂一般是油状体或水性体,而各种美化指甲用的添加剂,如荧光增白剂、颜料等一般都为难溶于溶剂的固体。但是,在今天,因为适用的分散剂已经开发并广泛用于指甲油工业,故所使用的指甲油若在使用过程中仍然出现沉淀,这只能说明指甲油配方或质量不合格。

4. 破乳作用

破乳是指使乳化体系中的油、水分层,消除乳化现象。比如为获得具有更低脂肪含量的牛奶,在牛奶中加入少量的破乳剂,使得牛奶中的脂肪破乳分层,去除油脂层后,我们就得到所需的脱脂牛奶(或低脂牛奶)。

5. 增溶作用

当表面活性剂用量超过临界胶束浓度后,形成的胶束将携带其中一相的物质溶入溶剂,使得低溶解度的物质溶解度"增加",这就是增溶。它常用于提高溶剂中一些低溶解度的助剂的含量。其作用与乳化类似,将磨细的固体微粒(粒径 0.1 至几十微米)分散到液体中时,加入少量的表面活性剂可增加液体对固体的润湿程度,抑制固体微粒凝聚成团的倾向,从而能很好地均匀地分散在液体中。

6. 润湿作用

润湿是指固体与液体接触时,扩大接触面而相互附着的现象,是不同表面与界面张力作用的综合结果。可以用表面张力与液相夹角关系以及液相夹角 θ 大小来描述润湿的情况,见图 5-4。比如把水滴在玻璃表面上,它很容易铺展开,在固液交界处有较小的接触角 θ,当 $\theta=0°$,称为完全润湿(如玻璃上的水膜);然而如把水滴滴在固体石蜡上,水滴则呈椭圆球形,θ 呈钝角,若接触面趋于缩小不能附着,则称不润湿;当 $\theta=180°$ 时,表示液体完全不润湿固体(尚未发现有该物质)。可见,θ 接触角越小,液体对固体润湿得越好;θ 接触角越大,表明固体不容易被液体所润湿。倘若加入表面活性剂,改变液体的表面张力,则接触角 θ 随之改变,液体对固体的润湿性也就改变。能被液体所湿润的固体称为亲液性固体;反之称为憎液性固体。一般极性液体容易润湿极性固体物质。极性固体皆亲水,如硫酸盐、石英等。而非极性固体多数是憎水的,如石蜡、石墨等。当被洗涤物容易被润湿后,清洗将变得非常容易。

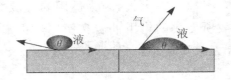

图 5-4　表面张力与液相夹角关系图

7. 洗涤作用

从固体表面除掉污渍的过程为洗涤。**洗涤作用主要是基于表面活性剂降低界面的表面张力而产生的综合效应,以物理和化学并用的方法,将附着在被洗物表面上的不需要物体或者有害物体除掉,从而使被洗物表面清洁。**洗涤是表面活性剂的各种作用的综合结果。污物在洗涤剂(即表面活性剂)溶液中浸泡一定时间后,由于表面活性剂明显降低了水的表面张力,故使油污易被湿润。表面活性剂夹带着水润湿并渗透到污物表面,使污物与洗涤剂溶液中的成分相溶,经揉洗及搅拌等机械作用,污物随之乳化、分散和增溶进入洗涤液中,部分还随着产生的泡沫浮上液面,经清水反复漂洗便达到去污的目的。此外,为了增加洗涤效果,我们往往在洗涤剂中添加一些功能性的助剂。

表面活性剂的理化性质与表面活性剂的用量在一定程度上是相关的。如图 5-5 所示,随着表面活性剂的用量的加大,水的表面张力会逐步减小,但是到达临界胶束浓度后,继续增加表面活性剂的浓度,对改变表面张力将没有明显的帮助。而表面活性剂的增溶作用则是在达到临界胶束浓度后,才开始具有并增长的。表面活性剂对污垢的洗涤能力则是伴随着表面活性剂的用量增大而逐渐增强的,当表面活性剂的用量达到临界胶束浓度后,其洗涤能力几乎达到最大,此后洗涤能力不再有明显的上升。

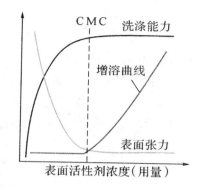

图 5-5　表面活性剂部分理化性质与其浓度的关系曲线

生活小贴士

　　洗涤过程中,并不是洗涤剂用得越多,洗涤能力就会越强。因为,从图 5-5 我们可以知道当洗衣粉的用量达到临界胶束浓度时,洗涤能力达到最大;继续加入过量的洗衣粉,洗涤能力不会有明显的上升。这也是为什么现在市场中出售的洗衣粉往往都有建议用量,一般会建议多少公斤(或多少件)衣服使用多少洗衣粉。例如,立白的高效超浓缩无磷洗衣粉,其机洗建议用量为 8～12 件衣服/勺,手洗用量为 5～8 件衣服/勺。因此,洗衣服时并非洗涤剂越多越好,只要按照建议用量使用即可,用太多是完全没有必要的。

5.2　肥　皂

　　就我国而言,肥皂目前仍然是每个家庭中必不可少的洗涤用品。肥皂历史悠久,它由于采用天然油脂类为原料,对人体安全,毒性极低,刺激性很小,而且易降解,对环境污染小,所以至今仍被广泛使用。**肥皂是指含有 8～18 个碳原子的脂肪酸或混合脂肪酸的碱性盐类(无机的或有机的)的总称。**

5.2.1　肥皂的原料

油脂　油脂是指天然动植物油脂,即高级脂肪酸甘油酯。根据油脂品种的不同,其所含的脂肪酸的碳数和饱和程度不同。熔点或凝固点在 40℃ 以上的称为"脂",而在 40℃ 以下的称为"油",二者无严格界限。最主要的皂用油脂是牛油、猪油、椰子油、棕榈油、橄榄油、蓖麻油、花生油、亚麻仁油、大豆油及棉籽油等。

泡花碱　泡花碱是肥皂的主要填料。其作用主要是增加肥皂的去污力和泡沫稳定性,使肥皂光滑细腻,缓冲肥皂内的游离碱,减少对皮肤的刺激和对织物的破坏,软化硬水,减少肥皂的消耗。此外,由于泡花碱的价格较低,所以目前肥皂中多填充泡花碱。泡花碱是硅酸钠的俗称,属硅酸盐类,由不同比例的 Na_2O 和 SiO_2 结合而成,因此化学式亦可写成 $Na_2O \cdot nSiO_2$。

碳酸钠与滑石粉　碳酸钠也为碱性电解质,对防止肥皂的酸败变质很有功效。加入少量碳酸钠可以提高肥皂的硬度,特别是配方中液体油脂较多时,还可以节约部分固体油脂。颜色较深的肥皂中加入滑石粉,能使肥皂反光发白,改进肥皂颜色。若肥皂太软,不耐用,可加入陶土或高岭土,与水以 1：1 的比例成糊状加入。

钛白粉　钛白粉即二氧化钛,颜色纯白,有较高的不透明度和遮盖力。在肥皂内加入 0.2% 的钛白粉可以解决真空压条皂的透明和发暗现象,且光泽好,可减弱油腻感觉。白色香皂中也加入少量钛白粉。

香料　由于肥皂是由各种动植物脂类制成,制成后会有令人不快的气味,因此在肥皂生产过程中加香是提高肥皂质量的一种很重要的手段。洗衣皂中常加入的香料有樟脑油、萘油、茴香油等及加香副产品。透明皂中常常加入香草油。香草油也称香茅油,其主要成分是香叶醇和香草醛。香皂中添加的香料有从动物(如雄麝)和芳草植物的根、茎、叶、果中提取的各种香精和人工合成香料。

着色剂　肥皂中除添加各种香料以提高其质量外,还常常要添加一些着色剂以改善其外观。肥皂中通常加入 0.001%～0.01% 的着色剂,这些着色剂在碱性条件下长期不变色,不褪色,而且不吸附在衣服上,对皮肤使用安全。常用的着色剂为染料和颜料。染料有荧光增白剂、酸性红、大红、金黄、嫩黄、湖蓝、深蓝、碱性品红、淡黄、直接耐晒黄等等。颜料有色浆嫩黄、色浆绿橙、明绿、桃红等。

钙皂分散剂 为了克服肥皂在硬水中洗涤时与水中钙、镁离子生成不溶性钙皂、镁皂而降低洗涤效果的缺点,目前往往在肥皂中加入钙皂分散剂。钙皂分散剂主要是表面活性剂,有阳离子型、非离子型和两性离子型。

5.2.2 制皂原理和肥皂去污原理

1.制皂原理

肥皂是油脂(脂肪酸甘油酯)在碱溶液中水解反应得到的脂肪酸钠,这就是著名的皂化反应,反应式如下:

$$(C_{17}H_{35}COO)_3C_3H_5 + 3NaOH \longrightarrow 3C_{17}H_{35}COONa + C_3H_5(OH)_3$$

由于生成的产物是互溶的混合物,因此加入食盐后,密度较小的、在盐溶液中溶解度较小的肥皂就会浮出水面而析出。这个过程就称为盐析。再在肥皂中掺入一定量的香料和着色剂进行调和,冷却后成型,即可切块包装。皂化反应的副产物是甘油,又名丙三醇。它具有助溶性、润滑性和很强的吸湿性,是化妆品工业中重要的化工原料。

2.肥皂去污原理

肥皂在洗涤过程中是怎样去污的呢?这是因为肥皂中的脂肪酸钠溶于水中,并水解为脂肪酸和氢氧化钠。

$$C_{17}H_{35}COONa + H_2O \longrightarrow C_{17}H_{35}COOH + NaOH$$

亲油基　　　　　　亲水基

脂肪酸钠是一种表面活性剂,具有两亲基团,它是肥皂中主要的去污成分。

肥皂在水中具有润湿、乳化、起泡、增溶、悬浮等性能,从而表现出显著的去污能力。但是,肥皂不能在硬水中使用。因为肥皂能与硬水中的钙、镁离子生成不溶性的钙皂和镁皂,从而减弱肥皂的洗涤能力,这不仅会浪费肥皂,而积淀在织物上的钙皂和镁皂也会影响染色效果,还会使织物泛黄、变灰、变脆。同时,肥皂也不适合在酸性溶液中使用,否则会分解成脂肪酸和盐。

5.2.3　肥皂的分类和常用肥皂

根据阳离子的不同,肥皂可分为金属皂(非碱金属皂)和碱性皂。碱性皂又可分为钠皂、钾皂、铵皂、有机碱皂。根据用途不同,肥皂可分为家用和工业用两类。家用皂又分为洗衣皂、香皂、特种皂等;工业用皂则主要指纤维用皂。也可按照香皂的制皂方法、油脂原料、脂肪酸原料、产品形状等进行分类。

优质肥皂应该是具有适当的硬度,不发黏,不分层,不应出现冒油、裂纹及严重冒霜现象;皂型应美观,形状应端正;皂体无缺损变形,图案、字迹清楚。色泽应均匀一致,无黑斑、黑点,不发绿,不呈暗褐色。气味应符合肥皂固有的味道,无不良异味(如油味、酸味、苦涩、腥膻等异味)。

1. 洗衣皂

洗衣皂是指洗涤衣物用的肥皂。洗衣皂是块状硬皂,主要活性成分是脂肪酸钠盐,此外洗涤皂中还含有助洗剂、填充料等,如泡花碱、碳酸钠、沸石、着色剂、透明剂、钙皂分散剂、香料、荧光增白剂等。洗衣皂的主要成分见表5-1。洗涤皂是碱性洗涤剂,其水溶液呈碱性。其去污力强,泡沫适中,使用方便。缺点是不耐硬水,在硬水中洗涤时会产生皂垢。

表 5-1 洗衣皂的基础配方

组 分	质量/%
皂 基	75
硅酸钠	5
羧甲基纤维素钠	1
水	11
碳酸钠	至 100

生活小贴士

洗衣皂可以与洗衣粉混合使用可提高去污能力。洗衣粉中所含的三聚磷酸钠具有络合钙、镁离子,软化硬水的功效,可以使肥皂的去污能力得以提高。再者,肥皂与洗衣粉中的烷基苯磺酸钠可产生"协同去污效应",提高了二者的去污能力。此外,肥皂能抑制洗衣粉的发泡能力,使衣物易于漂洗。

2.香皂

香皂也是块状硬皂,带有芳香气味。香皂一般以牛油、羊油、椰子油、猪油等动植物油脂为原料,经皂化制得脂肪酸钠皂。除钠皂外,香皂中还添加各种添加物,如香精、钛白粉、泡花碱、抗氧化剂、螯合剂、杀菌剂、除臭剂、富脂剂、着色剂、透明剂、荧光增白剂等。以桂花香皂为例,其主要成分见表 5-2。香皂质地细腻,气味芬芳,可用来洗手、洗脸、洗发、洗澡。在香皂皂基中添加各种添加剂可制成多功能用皂,以适应香皂品种细分化和专业化需要。如针对不同年龄的消费层,出现了老人皂、儿童皂、婴儿皂;为美化外形,有了大理石花纹皂、全透明皂和半透明皂、异形皂等;按功能不同,又有药皂、祛臭皂、清新皂、润肤皂、美容皂、减肥皂、驱蚊皂等。

表 5-2　桂花香皂的基础配方

组　分	质量/%
皂　片	98.4
钛白粉	0.2
中性泡花碱	0.3
水解珍珠	0.5
桂花香精	0.6

从制作原料上说,虽然香皂和洗衣皂都是用动植物油脂和碱经过皂化反应而制成的,但两种产品对油脂原料要求有所不同,香皂所使用的油脂是牛油、羊油、椰子油、松香等,制皂以前先经过碱炼、脱色、脱臭等精炼处理,使之成为无色、无味的纯净油脂;而洗衣皂所用的油脂是各种动物油、植物油、硬化油等,一般不需经过复杂的精炼处理。香皂在加工时工序比较多,如要经过皂基干燥、配料、混合与均化、压缩出条、切块打印等工序;而洗衣皂加工过程则简单得多。

3.富脂皂

富脂皂也称过脂皂,是块状硬皂。人的皮肤表面覆盖着一层天然的由皮肤排泄的皮脂和汗液组成的乳化膜。它由乳酸、脂肪酸、固醇类、游离氨基酸、尿素、尿酸、中性脂肪、钠、钾、氯等混合物构成。

皮肤表面呈弱酸性,一般人的皮肤 pH 值为 4.5~6.5,平均为5.7,男性皮肤更酸。普通的肥皂呈微碱性,有较强的脱脂作用,会破坏皮肤正常的生理机能平衡,使皮肤发干,产生刺激。富脂皂类似于护肤香皂,是在香皂配方中添加过脂剂,过脂剂在皮肤上形成一层疏水性薄膜而产生润湿效果,或留下疏水性薄膜而使皮肤柔软。富脂皂可供洗脸、沐浴用,特别适用于干燥皮肤者,有滋润、柔软皮肤,防止皮肤干裂的功能。富脂皂的主要成分见表 5-3。

表 5-3　富脂皂的基础配方

组　分	质量/%
椰子油/牛脂(20:80 皂基)	84
甘　油	2.5
十六醇	3
羊毛脂	1.5
水	至 100

4.药皂

药皂是在香皂中加入中西药物而制成的块状硬皂。药皂除具有普通香皂的共性外,尚有杀菌、消毒、祛臭的疗效或兼有治疗某些皮肤病的性能。由于加入的药物种类和量的多少不同,药皂对不同的皮肤病有不同的疗效。香皂中可加入的中西药物有多种,但总的要求是无毒,对皮肤无不良影响,并能和香皂中其他成分很好混合,不发生任何不良反应。

5.美容皂

美容皂也称为营养皂,一般为块状硬皂。除普通香皂成分外,美容皂中还加有蜂蜜、人参、珍珠、花粉、磷脂、奶粉、维生素、芦荟汁、荷荷巴油、丝瓜汁、散沫花、燕麦片、茶树油、月见草油、羊毛脂、蓖麻油、黄瓜提取物、牛奶、绿豆提取物等营养物质和护肤剂,还配有高级化妆香精。美容皂一般选用高级香皂基,有幽雅清新的香味和稠密稳定的泡沫,去污力强,洁肤效果好。此外,美容皂还有滋润皮肤、营养机体、促进皮肤代谢的功能,从而达到延缓皮肤衰老的作用,起到类似化妆品的功效。美容皂的主要成分见表 5-4。

表 5-4　美容皂的基础配方

组　分	质量/%
牛　油	77.6
椰子油	19.4

续表

组　分	质量/%
甘　油	1.0
聚乙烯微球料	0.5
月见草油	0.5
香　精	1.0

6. 减肥皂

减肥皂属于功能性肥皂。这些肥皂多采用中国名贵中药,根据中医学理论,经科学配方,把萃取精制的药物精华加入到皂基中而制成。坚持每天沐浴时使用减肥皂,有洁肤、保健、消除皮下脂肪、增强皮肤弹性之功能,使皮肤光润柔滑、体态健美,增添青春活力和神采。有减肥作用的中草药植物提取物有茶叶提取物、红花提取物、常青藤提取物、海藻提取物、甘菊提取物、绞股蓝提取物、问荆提取物等。这些药物多可食用,安全性高,对皮肤及人体无害,无副作用。减肥皂的主要成分见表5-5。

表5-5　减肥皂的基础配方

组　分	质量/%
皂　基	95
助　剂	1
减肥剂	4

7. 透明皂

和普通皂相比,透明皂的透明度非常显著,其皂体透明,晶莹如蜡。透明皂使用的是通过精炼的色泽非常浅的油脂。为了抑制肥皂的结晶,提高肥皂的透明度,需在透明皂中加入透明剂。透明皂是利用肥皂在透明剂溶液中析出透明微晶的原理而制成的。常见的透明剂有乙醇,甘油,蔗糖,山梨醇,丙二醇,聚乙二醇,香茅醇,乙二醇以及 N'-酰基氨基酸的单乙醇胺盐、二乙醇胺盐、三乙醇胺盐等。这些物质不仅可以提高肥皂的透明度,而且能防止皂体开裂。由于透明剂多为保湿剂,故对皮肤也有滋润、保护之功效。透明皂的主要成分见表 5-6。

表 5-6　透明皂的基础配方

组　分	质量/%
混合钠皂	74.00
丙二醇	4.00
甘　油	3.00
聚乙二醇	2.00
米淀粉	7.00
EDTA	0.05
水	至 100

8. 复合皂

　　复合皂为块状硬皂,有复合香皂和复合洗衣皂两种。复合皂是配有钙皂分散剂的皂类洗涤剂。钙皂分散剂一般多为表面活性剂,它与肥皂配伍后,可发挥彼此的增溶作用,提高肥皂在冷水中的溶解度,增加其在冷水中的去污力,还可以防止不溶性金属盐的产生。常用的钙皂分散剂有 α-甘油单烷基醚-α'-磺酸盐、α-磺基脂肪酸甲酯盐、α-酰基-α'-磺酰基二甘油酯、酰基-N-甲基牛磺酸盐、脂肪酸异丙酰基硫酸酯盐、N-酰基谷氨酸盐、烷基硫酸盐、烷基苯磺酸盐、脂肪醇聚氧乙烯醚、脂肪酸羟乙基磺酸盐、脂肪酸烷醇酰胺磷酸酯(盐)、单甘酯二硫酸盐等。在洗衣皂方面,在肥皂和钙皂分散剂中添加硅酸钠、三聚磷酸钠等助剂的复合皂具有与市售合成洗涤剂相匹敌的去污力。复合皂的主要成分见表 5-7。

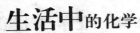

表 5-7 复合皂的基础配方

组　分	质量/%
皂　基	62
脂肪酰氧乙基磺酸钠	15
烷基醇酰胺	6
石　蜡	7
香精、其他助剂	2
水	至 100

9.儿童皂

儿童皂选用精制油脂制造皂基,还加入少量羊毛脂、硼酸、中性泡花碱、有健肤作用的药剂,以及儿童喜爱的香精。儿童皂刺激性低,性能温和,能去除污垢,增加皮肤柔软感。儿童皂的主要成分见表 5-8。

表 5-8 儿童皂的基础配方

组　分	质量/%
皂　基	73
N-混合酰基谷氨酸钠	25
钛白粉	0.3
氢化羊毛脂	1
香　精	0.7

10.液体皂

液体皂与块状肥皂相比,配制工艺、制造设备比较简单,容易配入多种添加剂,如螯合剂、护肤剂、柔软剂、营养性成分等。液体皂可以配制成许多用途的产品,如浴用品、厨房用品、洗发用品等等。液体皂不受硬水的影响,具有优良的洗涤性能,去污力强,泡沫性好,可以使皮肤有柔软舒服的感觉。液体皂按活性物的组成可分为肥皂型、十二烷基硫酸盐型、α-烯基磺酸盐型和混合表面活性剂型。肥皂型液体皂的主要成分见表 5-9。

表 5-9　肥皂型液体皂的基础配方

组　分	质量/%
月桂酸	8～10
油　酸	6～8
硬脂酸	1～2
乙二醇硬脂酸酯	1～3
椰油酰二乙醇胺或月桂酰二乙醇胺	3～5
甘　油	2～5
氢氧化钠(固体)	2～3
氧化钠	0.25～1
乙二胺四乙酸	0.075
防腐剂、颜料	适量
去离子水	至 100

肥皂是碱性物质,其脱脂作用强,因此不要过于频繁地使用肥皂,以免将皮肤上的皮脂过多地去掉,造成皮肤粗糙、干裂。

①要认识不同功能肥皂的特点,根据自己皮肤的类型和状况选择合适的肥皂。干性皮肤一般较薄,皮脂腺分泌油脂少,因此应该选用富脂皂,冲洗后残留的一些羊毛脂、甘油类物质有保护皮肤的作用。婴儿皮肤娇嫩,应该选用婴儿皂和液体皂类。

②洗涤后应该用水将皮肤上的肥皂冲洗干净,尽可能减少其在皮肤上的残留,这样可以减少肥皂或其中的添加物对人体皮肤造成的刺激或致敏作用。

③一旦出现皮肤刺激或过敏情况,应该立即更换肥皂,改用较温和的肥皂,或停止使用。老年人新陈代谢的速度降低,皮脂腺萎缩,皮肤干燥,易引起瘙痒,洗澡时应使用较温和的肥皂或少用肥皂,甚至不用肥皂。

④洗涤时不可避免地会将皮肤上的皮脂保护层洗脱,皮肤缺少了油脂的滋润,不能保持皮肤水分,因此洗涤后皮肤通常有紧绷感,此时可适当地涂抹一些护肤品。

⑤要使用优质肥皂,肥皂变质后不要再使用。

5.3 合成洗涤剂

合成洗涤剂是近代文明的产物,起源于表面活性剂的开发。**合成洗涤剂是指以(合成)表面活性剂为活性组分的洗涤剂。**

合成洗涤剂的洗涤性能比肥皂好,在硬水环境下也不会产生沉淀,在水中不易水解,不产生游离碱,不会损伤丝、毛织物。合成洗涤剂可在碱性、中性、酸性溶液中使用,溶解方便,使用时省时、省力,用量又少,有些还可在低温下使用,同时又可节省大量食用油脂。目前,洗涤剂的品种正向多形态、多品种、多层次、专业化的方向发展。合成洗涤剂不仅用于纺织纤维、服装以及日用器皿、厨房清洁、卫生间、金属材料等,还可用于农药、石油、医药、电子器材、机电、光学仪器、交通运输等各个领域。

5.3.1　合成洗涤剂的分类

合成洗涤剂通常按用途分类,分为家庭日用和工业用两大类。家庭日用合成洗涤剂又可分为服装用(棉、麻织品,丝、毛织品,化学纤维、合成纤维织品及混纺织品)、厨房用(餐具、灶具、水果、蔬菜)、硬表面用(木质家具、玻璃制品、塑料制品、瓷砖、地板、墙壁、金属制品等)、香波(洗发、沐浴)。工业用合成洗涤剂又可分为纺织、印染工业用,轻工、食品、发酵、造纸等工业用,金属、机械、仪器仪表等工业用,化工、医药及公用设施卫生用,石油工业用。洗涤剂也可分为个人清洁洗涤剂、家庭洗涤剂、工业及公共设施洗涤剂等。

按产品配方组成及洗涤对象不同,合成洗涤剂又可分为重役型洗涤剂和轻役型洗涤剂两种。重役型(又称重垢型)洗涤剂是指产品配方中活性物含量高,或含有大量多种助剂,以除去较难洗涤的污垢的洗涤剂,适用于棉质或纤维质地的受污染较重的衣料。轻役型(又称轻垢型)洗涤剂是含较少助剂或不加助剂,以去除易洗涤污垢的洗涤剂。

按产品状态,合成洗涤剂又分为粉状洗涤剂、液体洗涤剂、块状洗涤剂、粒状洗涤剂、膏状洗涤剂等。

5.3.2　合成洗涤剂的原料

合成洗涤剂中一般以表面活性剂为主要成分,它们约占 5％～30％。除表面活性剂外,还要添加各种助剂,才能发挥良好的洗涤能力。助剂本身有的有去污能力,很多没有去污能力,但加入到洗涤剂中后,可使洗涤剂的性能得到明显的改善,或可使表面活性剂的配合量降低,因此,可以称为洗涤强化剂或去污增强剂,是洗涤剂中必不可少的重要组分。助剂包括无机助剂和有机助剂。无机助剂一般为碱性,主要有磷酸盐、硅酸盐、碳酸盐、硫酸钠等;有机助剂的用量较小,但其重

要性却不亚于无机助剂,主要有羧甲基纤维素钠、荧光增白剂、增溶剂等。按习惯分类方法,洗涤助剂主要有以下几类:

增溶剂　增溶剂的作用主要是提高洗涤剂的溶解性和各配伍组分的相溶性。常用增溶剂或助溶组分是对甲苯磺酸钠及二甲苯磺酸钠,此外,还广泛使用低分子醇和尿素。

增泡剂　大部分液体洗涤剂对泡沫有一定要求,如洗发香波和皮肤清洁剂都要求有丰富和细腻的泡沫,对泡沫的稳定性也有较高要求。因为作为洗涤剂,泡沫起携污作用,它也对漂洗过程起指示作用。但泡沫丰富不一定洗涤力强,漂洗时泡沫没有了也不一定就是漂洗干净了。

增稠剂　在制造家用液体洗涤剂时,一般都要求产品具有一定的稠度和黏度,这一是为了符合使用者心理需要,二是为了使用运输方便。对于有效物含量低的洗涤剂产品,保持产品有足够的黏度更为重要。为了增加黏度,有必要添加一些高分子水溶性物质、天然树脂和合成树脂、聚乙二醇酯类、长链脂肪酸等物质。

柔软剂　在织物液体洗涤剂产品中,柔软剂的比重很大,作用也相当重要,它可以使织物蓬松、柔软、手感好并且抗静电。对于调理型洗发香波和护发素,柔软剂的作用主要是改善头发的梳理性、抗静电性等。柔软剂按离子性来分有阳离子型、非离子型、阴离子型和两性季铵盐型四种。阳离子型柔软剂是使用最广泛的一类。

乳化剂　在制备乳状液体洗涤剂产品时,必须加入乳化剂。一般来说,乳化剂是由多种表面活性剂、极性有机物和其他高分子化合物组成的亲水亲油体系。

消毒剂　餐具洗涤剂和衣用液体洗涤剂都要具有消毒功能。目前大量使用的消毒剂仍然是含氯消毒剂,如次氯酸钠、次氯酸钙、氯化磷酸三钠、二氯异氰尿酸及其盐类。

杀菌剂　许多洗涤剂产品中必须有杀菌剂,以防止和抑制细菌的生长,保证产品在保质期内不至于腐败变质。应选用无毒、无刺激、色浅价廉以及配伍性好的杀菌防腐剂。常用的杀菌剂有对羟基苯甲酸酯类,常用的是季铵盐类、邻苯基苯酚、咪唑烷基脲。某些香料也具有防腐性,有机酸(如苯甲酸及其盐类、水杨酸、石炭酸等)也是杀菌剂。

抗氧化剂　　抗氧化剂是以油脂为原料的洗涤剂中使用的助剂。特别是含有不饱和键的化合物很容易因氧化引起变质，出现酸败现象，影响产品质量，故必须加入抗氧化剂。抗氧化剂种类很多，常用的是酚类和醌类。选择抗氧化剂时，应根据油脂性质、制品的物理状态、制品的 pH 值、用途、贮存期要求等进行选择。最常用的品种有丁羟基茴香醚、二叔丁基对苯甲酚、2,5-二叔丁基对苯二酚、没食子酸丙酯等。

除臭剂　　除臭剂用在厕所等有异味的场合。根据用途和产品档次的不同，可选择不同的除臭方法及配合的除臭剂。最简单的方法是赋香掩盖除臭，即在洗涤剂中加入适当的香精，使用后靠留香掩盖臭味。使用最多也是最有效的是化学除臭法，如洗涤剂中加铁盐可以除去便池中的硫化氢臭气；一些碱性或酸性制剂、氧化剂、还原剂等与臭气反应，可达到除臭目的；利用马来酸酯与臭氧缩合也可除臭。有些洗涤剂采用物理方法实现除臭，如加入吸附剂、吸收剂进行除臭。

香精　　香精可以通过分子扩散引起人们的快感，闻到香味感到优雅和舒适。液体洗涤剂，尤其是洗发香波和沐浴液，对香精的要求相当严格。

色素　　一些液体洗涤剂，可以配制成不同的颜色，以使产品对顾客产生视觉上的魅力。对于某些产品，还可通过加入某种色素来遮盖由于原料或工艺给产品带来的外观缺陷。

缓冲剂　　缓冲剂也称 pH 调节剂，主要是用于调节洗涤剂的酸碱度，使 pH 值在所设计的范围内满足产品或组成物的特定需要。常用的品种有各种磺酸、柠檬酸、酒石酸、磷酸、硼酸钠、碳酸氢钠、磷酸二氢钠等。

螯合剂　　螯合剂的作用是与硬金属离子结合，生成可溶性络合物。在洗涤过程中，螯合剂先于洗涤成分与水中的金属离子螯合，使水软化。合成洗涤剂中最常见也是性能最好的螯合剂是三聚磷酸钠，但是在液体洗涤剂中较难加入三聚磷酸钠，因为在一般情况下三聚磷酸钠在液体洗涤剂中会使产品变得混浊以致分层。

生活中的化学

无磷洗衣粉

洗衣粉中的磷酸盐在使用后未经变化直接进入河流和湖泊，它的存在促使藻类大量繁殖，一方面覆盖了水面，另一方面使水中的含氧量下降，导致鱼类死亡，水质混浊恶化。这种现象称为富营养化。出于对生态和环境的考虑，人们开始寻找磷酸盐的替代品。较为理想的有沸石、层状硅酸盐和有机代磷助剂，最常用的有机螯合剂是乙二胺四乙酸二钠。

紫外线吸收剂 紫外线吸收剂广泛用于护肤产品，它可以防止紫外线对皮肤的伤害。常用的紫外线吸收剂有二苯甲酮衍生物以及苯并噻唑衍生物。

保湿剂 对于一些具有化妆和滋润作用的洗涤剂，需要加入一些保湿剂。它可以使皮肤保持一定的水分，并与营养物质更好地接触，更好地滋润皮肤。常用的品种有甘油、丙二醇、山梨醇、聚乙二醇、乳酸钠等。

酶制剂 酶制剂是一种生化制剂，加入洗涤剂中可与相应的污垢进行生化反应，如脂肪酶可使油脂类污垢分解；蛋白酶可使血迹等污垢分解；淀粉酶可分解淀粉类污垢。使用酶制剂洗涤可以缩短洗涤时间，延长织物寿命，有效提高去污力。

摩擦剂 对于部分液体洗涤剂，要洗涤带有牢固污斑的硬表面（如炉灶、炊具等），必须借助机械摩擦力才能有效地去污。加入摩擦剂可增大洗涤剂与硬表面的机械摩擦力，使污垢更易脱离。常用的摩擦剂有石英砂等非金属矿物粉。摩擦剂要有一定的硬度和粒度。新出现的一类摩擦剂是硬质塑料细粉或塑料小球。有时泡沫小球也可作为地毯洗涤剂用摩擦剂。

抗污垢再沉积剂 抗污垢再沉积剂具有两种功能：一是防止重金属的无机盐沉积；二是使因洗涤而进入水溶液中的污垢悬浮，分散在水溶液中，防止这些污垢再沉积到洗涤后的织物上。一般最常用的抗污垢再沉积剂为羧甲基纤维素钠（CMC），此外还有聚乙烯醇（PVA）、聚乙烯吡咯烷酮（PVP）等。

漂白剂　对于织物及其他重垢物品，去污效果是至关重要的，加入漂白剂是一种有效的方法。常用的漂白剂有含氯漂白剂如次氯酸钠，含氧漂白剂如过氧化氢、过硼酸钠、过碳酸钠、过碳酸钠以及过氧羧酸等。

珠光剂　珠光剂可使产品产生一种珍珠样光泽，使产品得到更加漂亮的外观。过去常用一些天然珠光原料，如贝壳粉、云母粉、天然胶等。现在更喜欢选用乙二醇硬脂酸酯作为珠光剂。

荧光增白剂　白色物体为了获得更加令人满意的洗涤白度，或者某些浅色印染织物需要增加鲜艳度时，通常加入一些能发射出荧光的化合物来达到目的，这种能发射出荧光的化合物被称为荧光增白剂。荧光增白剂是一类吸收紫外光，发射出蓝光或紫蓝光的荧光物质。荧光增白，只是光学上的增亮补色，并不能代替漂白。洗涤剂中所用的荧光增白剂大致有下列几种：二苯乙烯类荧光增白剂、香豆素类荧光增白剂、萘酰亚胺类荧光增白剂、芳唑类荧光增白剂、吡啶类荧光增白剂等。

专家提示

衣服漂洗不净危害大

人们在日常洗衣时，往往只注意衣服上看得见的污垢是否洗净，却忽视了肉眼看不见的因漂洗不净而残留在衣服中的洗涤剂、细菌等。洗衣粉中主要"成员"——十二烷基苯磺酸钠作为一种表面活性剂，是一种协同致癌物质。荧光增白剂也是一种致癌物质，还能影响人的生育能力。

怎样才能使衣服的漂净度达到皮肤健康的安全要求？当人工搓洗衣服时，洗衣粉不宜放入过多，还要注意增加漂洗的次数，把衣服冲洗干净，不含残余的洗衣粉。最根本的就是要生产一种健康型的新型洗衣机。这种洗衣机，目前已成为世界各主要洗衣机生产厂商技术竞争的焦点。高效能的洗衣机将可以彻底解决因衣服漂洗不净而带来的危害。

生活中的化学

　　人类生活的都市化是不可避免的,都市生活对清洁剂的依赖也是不可避免的。因此,改善洗涤剂,使用不危害人体健康、不破坏生存环境、无毒无公害的洗涤剂就成为当务之急。当人们逐步了解化学洗涤剂的危害之后,一定会加快开发天然环保洗涤剂资源的步伐,为使人们更健康、社会更进步而努力。

生活小贴士

　　在生产、研制洗涤剂过程中要使用大量的化学品,洗涤剂在使用过程中又直接与人体接触,用后多数随水排放。不论是作为洗涤剂中的某种组分的表面活性剂、助剂,还是作为最终产品的洗涤剂,对人体和动物都可能存在着直接的或潜在的毒效应,同时对环境产生污染。因此,应正确使用洗涤剂,减少因使用不当而对人体、环境造成的伤害。

　　①在购买洗涤剂时要选用优质产品,注意标签上是否有生产企业、质量检验合格证号、卫生许可证号、生产日期、产品有效日期、使用方法和使用注意事项。注意不要购买假冒伪劣产品。

　　②要注意洗涤剂的外观,特别是液体洗涤剂是否均匀、是否有沉淀或悬浮物,不要购买变质的洗涤剂。

　　③分清家用洗涤剂和工业用洗涤剂。一般工业用洗涤剂去污强度大,往往含有强碱、强酸、强氧化剂和生物化学物质等,若误用,会造成恶性事故。

　　④要针对不同用途选择合适的清洁用品。如厨房选择的清洁剂就兼有洗涤和消毒功能,并且为碱性的洗涤剂。

　　⑤要选择适合自己皮肤的洗涤用品,以减少洗涤剂对皮肤的伤害。若出现皮肤刺激反应、过敏反应,应该停止使用该洗涤用品,更换对皮肤刺激小的洗涤用品。

　　⑥避免皮肤(主要是手部皮肤)直接接触浓的洗涤剂,特别是重垢型洗涤剂,尽量缩短接触高浓度洗涤剂的时间,或者将其稀释后再使用。使用强碱、强酸性洗涤剂的最好方法是戴厚的橡胶手套。

⑦倾倒洗涤剂要小心,不要溅洒,特别是应避免粉状洗涤剂飞扬,以免对眼睛和呼吸道黏膜产生刺激作用,引起流泪、咳嗽和咽喉疼痛。

⑧洗涤后要用水尽量将皮肤上的洗涤剂冲洗干净,以免残留的洗涤剂继续对皮肤产生刺激作用。长时间洗涤后,应该适量涂抹油性较大的护肤霜。出现严重的皮肤反应时应该进行治疗。

⑨要将衣服漂洗干净,避免因漂洗不净而残留在衣服中的肉眼看不见的洗涤剂、细菌等对人体健康带来的隐患。如洗衣粉中的十二烷基苯磺酸钠是一种协同致癌物质;荧光增白剂也是一种致癌物质,可使人体细胞发生畸变,亦可引发皮炎和皮肤瘙痒,还能影响人的生育能力。因此,洗衣服时不宜放入过多洗衣粉,还要注意增加漂洗的次数,把衣服冲洗干净,使之不含残余的洗衣粉。

⑩洗涤剂要放置在儿童不易拿取到的地方,防止误服。

⑪有些卫生清洁剂用品对人体健康和自然环境有潜在影响,应避免大量滥用。

第6章　化学与化妆品

化妆品在人们的肌肤保养及美容美发中经常使用,随着生活质量的提高,人们对其种类及功效的需求呈现多样化的特征,化妆品产业随之兴起。化妆品属于精细日用化学用品,其发展离不开化学。化妆品的原料组成、生产流程及配方等的微小差异都会使化妆品的性能有相当大的不同。本章从化学的角度审视化妆品,介绍了部分典型美容美发化妆品及其配方,同时为人们如何选择化妆品提供建议。

6.1　化妆品概述

化妆品在日常生活中经常使用,即用于装饰美容、化妆美容、皮肤美容、毛皮美容等。虽然人体中含有天然酶解毒系统,能够深层净化细胞,但当人处于较差或被污染的环境中,细胞受到较大侵害,以至于影响细胞的呼吸、再生、营养的运输时,皮肤的健康就会受损。化妆品能通过有效成分帮助细胞排毒,促进细胞新陈代谢,活化细胞,达到让肌肤更健康、靓丽的目的。因此,化妆品在肌肤的装饰及美容中非常重要。

6.1.1　化妆品的原料

化妆品是由不同功能的原料按一定科学配方组合,通过一定的混合加工技术而制得。化妆品质量的优劣,与所采用原料关系很大。

1.基质原料

基质原料是调配各种化妆品的主体,即基础原料。

（1）油脂类原料

常用于化妆品的植物油脂有橄榄油、椰子油、蓖麻油、棉籽油、大豆油、芝麻油、杏仁油、花生油、玉米油、米糠油、茶籽油、沙棘油、鳄梨油、石栗子油、欧洲坚果油、胡桃油、可可油等。

常用于化妆品的动物性油脂有水貂油、蛋黄油、羊毛脂油、卵磷脂等。和植物性油脂相比，其色泽、气味等较差，在具体使用时应注意防腐问题。水貂油具有较好的亲和性，易被皮肤吸收，用后滑爽而不腻，性能优异，故在化妆品（如营养霜、润肤霜、发油、洗发水、唇膏及防晒霜等）中得到广泛应用。蛋黄油含油脂，磷脂，卵磷脂以及维生素 A、D、E 等，可作唇膏类化妆品的油脂原料。羊毛脂油对皮肤亲和性、渗透性、扩散性较好，润滑柔软性好，易被皮肤吸收，对皮肤安全无刺激，主要作用于无水油膏、乳液、发油以及浴油等。卵磷脂是从蛋黄、大豆和谷物中提取的，具有乳化、抗氧化、滋润皮肤的功效，是一种良好的天然乳化剂，常用于润肤霜和润肤油中。

（2）蜡类原料

蜡类为高级脂肪酸的伯醇酯类，分植物性蜡和动物性蜡。蜡类在化妆品中主要作固化剂，增加化妆品的稳定性，调节其黏稠度，提高液态油的熔点，使用时对皮肤产生柔软的效果。

植物性蜡（如巴西棕榈蜡）是化妆品原料中硬度最大的一种，广泛用于唇膏、膏霜类制品。

动物性蜡中最为重要的为鲸蜡（用于唇膏、膏类化妆品）、蜂蜡、羊毛脂及其衍生物。蜂蜡在常温下是固体，呈淡黄色，熔点为 $62\sim65\,^\circ\!C$，含有大量的游离脂肪酸，经皂化可作为乳化剂。蜂蜡是制造香脂的原料，也是口红等美容化妆品的原料。此外，蜂蜡还具有抗细菌、抗真菌、愈合创伤的功能，因而近年来常用它制造高效去头屑洗发剂（治疗真菌引起的多头皮屑症）。羊毛脂及其衍生物（如精制羊毛脂、乙酰羊毛脂、乙氧基化羊毛脂、羊毛脂醇、烃基化羊毛脂、液体羊毛脂等）在各类化妆品中可广泛使用。羊毛脂及其衍生物对皮肤有柔软、润滑及防治脱脂的功效，对皮肤的湿润性、柔和力和软化效果好。

（3）烃类原料

烃是指由天然的矿物精加工而得到的一类碳水化合物。它们的沸点高，多在300℃以上，无动植物油脂的皂化价与酸价。在化妆品中，它主要是起溶剂作用，用来防止皮肤表面水分的蒸发，提高化妆品的保湿效果。通常用于化妆品的烃类有液体石蜡、固体石蜡、微晶石蜡、地蜡、凡士林等。

液体石蜡又叫白油或蜡油，是一种无色透明、无味、无臭的黏稠液体，广泛用在发油、发蜡、发乳、雪花膏、冷霜、剃须膏等化妆品中。

固体石蜡由于对皮肤无不良反应，主要作为发蜡、香脂、胭脂膏、唇膏等油脂原料。

地蜡在化妆品中分为两个等级：一级品熔点为74～78℃，主要作为乳液制品的原料；二级品熔点在66～68℃，主要作为发蜡等的重要原料。

凡士林又称矿物脂，为白色和淡黄色均匀膏状物，主要为 $C_{16} \sim C_{32}$ 高碳烷烃和高碳烯烃的混合物。凡士林具有无味、无臭、化学惰性好、黏附性好、价格低廉、亲油性和高密度等特点。它用于护肤膏霜、发用类、美容修饰类等化妆品，如清洁霜、美容霜、发蜡、唇膏、眼影膏、睫毛膏以及染发膏等。它在医药行业还作为软膏基质或者含药物化妆品的重要成分。

（4）合成油脂原料

合成油脂原料指由各种油脂或原料经过加工合成的改性的油脂和蜡。其组成和原料油脂相似，保持原料油脂的优点，但在纯度、物理性状、化学稳定性、微生物稳定性、对皮肤的刺激性和皮肤吸收性等方面都有明显的改善和提高，因此，已广泛用于各类化妆品中。常用的合成油脂原料有角鲨烷、羊毛脂衍生物、聚硅氧烷、脂肪酸、脂肪醇、脂肪酸酯等。

角鲨烷由鲨鱼肝油中取得的角鲨烯加氢反应制得，为无色透明、无味、无臭、无毒的油状液体，主要成分为肉豆蔻酸、肉豆蔻脂、角鲨烯、角鲨烷等。角鲨烷具有良好的渗透性、润滑性和安全性，常常被用于各类膏霜类、乳液、化妆水、口红、护发素、眼线膏等高级化妆品中。

聚硅氧烷又称硅油或硅酮。它与其衍生物是化妆品的一种优质的原料,具有生理惰性和良好的化学稳定性,无臭、无毒,对皮肤无刺激性,有良好的润滑性能,具有抗紫外线辐射作用,透气性好,对香精香料有缓释放作用,抗静电性好,具有明显的防尘功能,稳定性高,不影响与其他成分匹配。

作为化妆品原料的脂肪酸有多种,如月桂酸、肉豆蔻酸、棕榈酸、硬脂酸、异硬脂酸、油脂等。脂肪酸为化妆品的原料,主要和氢氧化钾或三乙醇胺等合并作用,制成肥皂,硬脂酸作为乳化剂。月桂酸又叫十二烷酸,为白色结晶蜡状固体。在化妆品中,一月桂酸作为制造化妆品的乳化剂和分散剂,它起泡性好,泡沫稳定,主要用于香波、洗面奶及剃须膏等制品。肉豆蔻酸和月桂酸应用范围一样,主要为洗面奶及剃须膏的原料。棕榈酸为膏霜类、乳液、表面活性剂、油脂的原料。硬脂酸、油脂是膏霜类、发乳、化妆水和唇膏以及表面活性剂的原料。

作为油脂原料的脂肪醇主要为 $C_{12} \sim C_{18}$ 的高级脂肪醇。如月桂醇、鲸醇、硬脂醇等作为保湿剂;丙二醇、丙三醇、山梨醇等可以作为黏度剂、定性剂和香料的溶剂。月桂醇很少直接用在化妆品中,多用作表面活性剂。鲸醇作为膏霜、乳液的基本油脂原料,广泛应用于化妆品中。硬脂醇是制备膏霜、乳液的基本原料,与十六醇匹配使用于唇膏产品中。

脂肪酸酯多由高级脂肪酸与低相对分子质量的一元醇酯化生成。其与油脂有互溶性,且黏度低,延展性好,对皮肤渗透性好,在化妆品中应用较广。硬脂酸丁酯是指甲油、唇膏的原料。肉豆蔻酸异丙酯、棕榈酸异丙酯可用在护发、护肤以及美容化妆品中。硬脂酸异辛酯主要用在膏霜制品中。

(5)粉质原料

粉质原料有良好的滑爽性、吸收性、黏附性和遮盖性,是制取香粉、胭脂、爽身粉和痱子粉的原料。

滑石粉的主要成分是硅酸镁($3MgO \cdot 4SiO_2 \cdot 2H_2O$),色白,滑爽,柔软,与皮肤不发生任何化学反应,主要用于爽身粉、香粉、粉饼、胭脂等各种粉类的化妆品。

钛白粉主要成分为氧化钛,白色,粉质柔软,为无臭、无味、无定形微粒细粉末,具有较强的遮盖力,对紫外线透过率较低,因此多应用于防晒化妆品中,也用于粉条、眼影、爽身粉、香粉、粉饼、胭脂等各种粉类的化妆品。

锌白粉即氧化锌,是无臭、无味的白色粉末,不溶于水、乙醇、乙醚。这类粉剂对皮肤具有滑润、柔软和黏附性,用于香粉、爽身粉类制品。

化妆品中使用的碳酸钙为由沉淀法制得的粉末状沉淀碳酸钙,通常由石灰乳和二氧化碳或氯化钙和碳酸钠作用制取。用沉淀法制得的粉状碳酸钙根据其密度分为轻质沉淀碳酸钙和重质沉淀碳酸钙。碳酸钙有一定的吸附件和附着件,但滑爽性差,且吸收汗液后常留下痕迹,用于牙膏及香粉制造。

碳酸镁为白色粉末,具有很好的吸收性,比碳酸钙强 3～4 倍,主要用于香粉、水粉等制品中作为吸收剂。

硬脂酸锌和硬脂酸镁的纯品均为白色轻质粉末,有脂蜡感。加入 3％～10％硬脂酸锌和硬脂酸镁后,香粉有良好的黏附性和润滑性。它们可以先用硬脂酸与氢氧化钠溶液制成硬脂酸钠,再分别与硫酸锌或硫酸镁溶液作用制得。

高岭土又叫白陶土,为天然硅酸铝,主要成分为含水硅酸铝($2SiO_2 \cdot Al_2O_3 \cdot 2H_2O$),为白色或淡黄色细粉,对皮肤的黏附性能好,有抑制皮脂及吸汗的性能,在化妆品中与滑石粉配合使用,主要用于水粉、眼影、爽身粉、香粉、粉饼、胭脂等各种粉类化妆品。

(6)胶质原料

胶质原料是水溶性的高分子化合物,它在水中能膨胀成胶体,应用于化妆品中会产生多种功能,可使固体粉质原料粘和成型,对乳状液或悬状剂起乳化作用,此外还具有增稠或凝胶化作用。

化妆品中所用的水溶性的高分子化合物主要分为天然的和合成的两大类。天然的水溶性的高分子化合物有淀粉、植物树胶、动物明胶等,但质量不稳定,易受气候、地理环境(空气湿度)的影响,且产量有限,易受细菌、霉菌的作用而变质。合成的水溶性的高分子化合物有聚乙烯醇、聚乙烯吡咯烷酮等,性质稳定,对皮肤的刺激性低,价格低廉,所以取代了天然的水溶性的高分子化合物成为胶体原料的主要来源。这些在化妆品中常作为粘胶剂、增稠剂、成膜剂、乳化稳定剂。

（7）溶剂

溶剂是膏、浆、液状化妆品（如香脂、雪花膏、牙膏、发浆、发水、香水、花露水、指甲油等）配方中不可缺少的主要成分。它与其他成分互相配合，使制品具有一定的物理化学特性，便于使用。固体化妆品在生产过程中通常也需要使用一些溶剂，如在制造粉饼类产品中需要溶剂起粘胶作用；一些香料和营养成分需要借助溶剂来溶解，以达到均匀分布。在化妆品中除了利用溶剂的溶解性外，还利用它的挥发、湿润、润滑、保香、防冻及收敛等性能。

化妆品中最常用的溶剂为高品质的去离子水。此外常用的溶剂有醇类（如乙醇、丁醇、戊醇）、酯类（如乙酸乙酯、乙酸丁酯、乙酸戊酯）、酮类（如丙酮、丁酮）、醚类（如二乙二醇单乙醚、乙二醇单甲醚、乙二醇单乙醚等）、芳香族溶剂（如甲苯、二甲苯等）。

（8）表面活性剂

清洁类化妆品主要利用表面活性剂去污的特性；膏霜类、香波类化妆品主要利用表面活性剂乳化的特性，用其作为乳化剂；要使面霜、唇膏、染发剂、烫发剂均匀接触皮肤，则利用表面活性剂的湿润、渗透、增溶的特性。

非离子型表面活性剂在化妆品中使用得相对较多，使用剂量也非常大。品种主要有两大类：聚氧乙烯型和多元醇型。在化妆品中，使用的乳化剂、泡沫剂、增稠剂、分散剂大多是非离子型表面活性剂。

2. 辅助原料及添加剂

化妆品的辅助原料及添加剂是一些使化妆品成型、稳定或赋予色、香及其他特定功效的物质。这些物质在化妆品配方中用量不大，但很重要。

（1）香精

在了解香精之前，首先要区分香精和香料的区别。香料即调配香精的原料，但广义上可以把香料理解为香料与香精的统称。天然香料和合成香料的香气都比较单调，不适合直接使用，一般要将各种香料调配成香精后使用。所以香精即是按特定配方由几种或几十种香料调配而成的,是具有一定香型的香料混合体。

化妆品能否成功,香味往往是非常重要的因素,调配得当的香精不仅能掩盖产品中某些成分的不良气味,而且能使产品具有高贵、优雅、舒适的香味。化妆品香精按用途分主要有香水类香精、膏霜类香精、美容化妆品用香精、香波香精等。

化妆品的加香必须先考虑选择适宜香型,再次要考虑所用香精对产品质量及使用效果是否有影响,二者缺一不可。化妆品的赋香率因产品而异。对于一般化妆品,添加香精的数量达到能消除基料气味的程度就可以了。而对于香波、唇膏、香粉、香水等以赋香为主的化妆品,而需要提高赋香率。

（2）色素

色素又叫着色剂,它可赋予化妆品美丽的颜色,改善化妆品的色泽,从而提高化妆品的质量与品质。人们对化妆品的选择更多是凭视、嗅、触三方面的感觉,而色素则为提高产品视觉效果的重要一环。由于色素应用的恰当与否对产品好坏常起决定作用,因此色素对化妆品极为重要。化妆品中常用的色素分为三类:有机合成色素、无机颜料和天然色素。

有机合成色素包括染料、颜料、色淀。染料是一类带有强烈色泽的化合物,它能溶于水、油及醇等溶剂中,对被染物的基质有亲和力,能被吸附或溶解于基质中,使被染物具有均匀的颜色。有机颜料是既不溶于水也不溶于油的一类白色或有色的化合物。它具有良好的遮盖力,以细小的固体粉末形式分散于其他物质中,而使物质着色,其有鲜艳的颜色,着色力和牢固度均较好,只是遮盖力稍低。色淀是指将可溶性染料沉淀于不溶性的载体得到的颜料,如氢氧化铝、铝钡白做成有色颜料。一般色淀增加了不透明性及遮盖力,色泽较鲜艳,着色力强,与颜料相比,其耐酸碱性一般较差。色淀分两种:一种是通过钙盐、钡盐、锶盐使难溶于水的颜料形成不溶于水的色淀颜料;另一种是用硫酸铝、硫酸锆等沉淀剂使其易溶性染料生产沉淀,并吸附在氧化锆上形成染料色淀。

常用的无机颜料称作矿物性颜料,对光稳定性好,不溶于有机溶剂,但其色泽的鲜艳程度和着色力不如有机颜料,主要用于演员化妆的粉底、香粉、眉黛等化妆品。能产生珍珠光泽效果的基础物质叫作珍珠颜料或珍珠光泽颜料,常用于口红、指甲油、固体香粉等系列产品。

取自动植物的天然色素,由于其着色力、色泽鲜艳度和供应数量等问题,大部分已经被有机合成色素所代替。一些稳定的普通天然色素仍用于食品、医药品和化妆品,如胭脂红、红花苷、胡萝卜素、姜黄和叶绿素等。

(3)防腐剂

许多化妆品的基质为微生物的繁殖提供了良好条件,因为化妆品中常加有蛋白质、维生素、油、蜡等,另外还有足够的水分。为了防止化妆品变质,需加入防腐剂。化妆品中的防腐剂要求较高,一般要求含量极少就能抑菌,颜色要淡,味轻,无毒,无刺激,储存期长,配伍性能好,溶解度大,这样才能满足上述要求。

适合于化妆品的防腐剂不多,特别是用于面部、眼部化妆品的防腐剂的选择更需谨慎。由于很多防腐剂只能在很狭窄 pH 范围内发挥较好的效果,因此,选用防腐剂时应考虑其 pH 值。同时还必须考虑配方中各成分与防腐剂间的相互影响,尤其是使用了非离子型表面活性剂的产品。

(4)抗氧化剂

化妆品中的油脂在空气中久置会发生氧化、水解反应,生成较小分子的羟酸和低级醛酮,甚至发生酸败,产生酸臭气味,刺激皮肤,严重的会引起皮炎。因而,必须在化妆品中加抗氧化剂防止化妆品自动氧化。抗氧化剂大致分为苯酚类、醌类、胺系、有机酸、酯类以及硫磺、磷、硒等无机酸及其盐类。

为了达到化妆品的安全性和质量要求,抗氧化剂必须满足以下条件:只加入极少量就有抗氧化变质的作用;抗氧化剂本身或它在反应中生成的物质,必须完全无毒性;不会令化妆品产生异味与变色现象;价格便宜。

（5）化妆品添加剂

现代化妆品除了要具有清洁和护肤、护发等基本功能外，还要有营养和保健的作用。为了实现化妆品的这些功能，则需要添加各种营养添加剂，因此，开发具有优良营养性能、安全、与其他原料配伍性良好的营养添加剂将是化妆品的一个发展趋势。

化妆品添加剂主要有维生素类、氨基酸类、蛋白类原料、表皮生长因子（EGF）、透明质酸（HA）、熊果苷（Arbutin）、曲酸、脱氧核糖核酸（DNA）、果酸（AHA）、超氧化物歧化酶（SOD）、甲壳素及其衍生物、花粉、胎盘水解液、中草药添加剂、瓜果蔬菜类添加剂、海洋生物提取物等。

专家提示

警惕"纯天然化妆品"的诱惑

而所谓"天然"，是在化妆品中添加天然萃取原料，而不是去掉化妆品中的合成成分。化妆品的合成，必然需要一些基本原料。即便是没加香料、香精、防腐剂，这类化妆品也不能被称为"纯天然"。因为植物成分或矿物成分在提取的时候，本身也是一种合成的过程。因此，根本没有100%的"纯天然化妆品"。

此外，即便是在化妆品中添加了部分天然成分，可天然成分并不全是无毒无害的。某些天然成分本身就会对人体皮肤产生刺激。例如，天然提取的香精、香料、果酸对人体皮肤有较大刺激，花粉容易使一些人皮肤过敏。再如，目前祛斑类化妆品的配方中大多含有白芷，白芷内就含有化妆品的禁用物质——欧前胡内酯，该物质在紫外线的照射下会导致皮肤产生光毒性或光敏性皮炎。细辛、丁香等则含有起致癌作用的挥发油。

因此，"纯天然化妆品"是生产商策划出来的一种夸张化的表述，国家对此并没有任何标准，消费者需仔细筛选。

6.1.2　化妆品的选择

美容离不开各种各样的化妆品。其实,美容的基础是化学,有一定的化学理论作指导的美容才是科学的美容,因此需要了解美容、化妆品和化学之间的关系。

1.皮肤的结构

皮肤是人体最大的器官,由表皮、真皮和皮下组织三层组成。表皮位于皮肤的表层,是上皮组织,与外界接触最多,也是与化妆品关系最为密切的部位。表皮又可分为角质层、透明层、颗粒层、棘状层和基底层。基底层由基底细胞和黑色素细胞构成。黑色素细胞可以制造黑色素;基底细胞则不断分裂,产生新的细胞而形成颗粒层。颗粒层细胞间贮有水分,可以从外部吸收营养,所以,该层细胞对化妆品的使用效果起着重要的作用。颗粒层细胞可以转化为透明层和角质层,角质层中有一种非水溶性的角质蛋白,对酸、碱、有机溶剂等有一定的抵抗能力从而保护皮肤。

真皮在表皮下层,与表皮分界明显,表皮底部呈凹凸状,与真皮紧密接触。真皮内部的细胞很少,主要由纤维结缔组织构成,其中有胶原纤维、弹性纤维和网状纤维等。皮肤的弹性、光泽及张力主要是由真皮组织决定的。皮下组织位于真皮下,与真皮无明显的分界,是由大量的脂肪组织散布于疏松的结缔组织中而构成,它的作用是缓冲外来冲击和压力,减少体温的发散和能量供给。

2.不同类型皮肤化妆用品的选择

从类型上说,皮肤大致可分为干性皮肤、油性皮肤和中性皮肤。干性皮肤毛孔幼细,纹理细腻,缺点是缺少水分、油分,易受外界刺激,容易老化起皱;油性皮肤则毛孔较大,皮脂腺分泌油脂较多,不易受外界刺激,但皮脂易阻塞毛孔,易发生粉刺。中性皮肤常常又指健康的皮肤,表现为组织紧密,柔软滋润,富有弹性和光泽。对于各类不同的皮肤,应该采取不同的护理。在护理过程中,选择适当的化妆品是美容必须注意的问题。

护肤用品一般是指膏霜类化妆品,其主要成分是油、蜡、水和乳化剂。膏霜类化妆品按其乳化的性质可分为 W/O（油包水）和 O/W（水包油）两种。干性皮肤宜选用 W/O 型乳化体,此类护肤品滋润性、保湿性较强,能给予皮肤充分的油脂和水分,以恢复和维持皮肤的滋润光泽;油性皮肤宜选用 O/W 型乳化体,此类护肤品油脂含量较低,且油性皮肤要特别注重皮肤的清洁,保持毛孔通畅。

3.影响化妆品选择的其他因素

选择化妆品不仅要根据个人皮肤的类型,还应考虑其他因素,如季节、年龄、性别等。

（1）按季节选择

人的皮肤随着四季气温、湿度等因素的不同呈现不同状态。春秋季节气候宜人,一般选择含油量中等的乳液类护肤品为好。夏天气温高,皮肤的皮脂腺、汗腺功能旺盛,皮脂与汗液分泌多,以选用含油量少、具有收敛性的化妆水类制品为好。夏季太阳光紫外线强,可使用防晒液、防晒霜等化妆品保护皮肤。花露水、爽身粉也是夏季常用的化妆品。冬季气候寒冷、干燥,皮脂、汗液分泌减少,皮肤往往变得干燥,容易产生皱裂,应使用含油量高,并含有适量保湿成分及水分的护肤品。

（2）按年龄选择

化妆品的选择必须考虑年龄因素。青年和中年正是身强力壮时期,皮肤护理相对容易些;而儿童与老年人的皮肤较为特殊,应注意化妆品的选用。

儿童皮肤细嫩,较敏感,对内外环境反应强烈,又因为皮肤屏障不健全,局部防御机能差,因而儿童应用无毒、无刺激的化妆品。儿童化妆品所选用的原料应对皮肤、毛发、眼睛的刺激特别小。选用的香精也是由没有刺激性的优质香料调配而成,并且所加的香精很少,最低限度地减少了可能因香精而引起的皮肤过敏。而且这类化妆品应根据儿童的生理特点研制,使此类化妆品能增强儿童皮肤的抗菌能力,有助于防治各种皮肤病。

老年人的皮肤与儿童截然不同。老年人在脸部、颈部及各关节等处有明显的皱纹,皮肤失去弹性和光泽,变得干燥、粗糙,皮肤颜色变成黄褐色,皮下脂肪减少,浅部皮肤静脉明显。针对这些情况,老年人应选用含高营养物质(如维生素、胶原、氨基酸、人参、透明质酸、SOD 等)的油性膏霜。这类护肤品具有收敛毛孔、补充营养、滋润皮肤的作用,有紧肤、护肤效果。

(3)按性别选择

青春期之前,男女皮肤状况十分相近。青春期过后,由于激素分泌的差异,男性皮脂腺分泌旺盛,男性皮肤相对女性偏油。因而男性选择的护肤品不只是提供油分,它还应具有平衡油脂分泌或供给水分的功用。但少数皮肤偏干和到了皮肤干燥年龄的男性则要根据个人实际情况,随时调整所用的化妆品。

女性选择化妆品时基本上可以根据年龄来选择,但相对男性,女性选用的化妆品一般要具有香气。孕妇是特殊人群,她们选用的化妆品不仅刺激要小,而且针对怀孕期间女性面部易出现黄褐斑,选用的化妆品还应对减少面部的黄褐斑有一定功效。

(4)其他

此外,选择化妆品时还应考虑其酸碱度。因为皮肤的 pH 值通常约为 4.5～6.5,呈弱酸性,其原因是汗液中含乳酸和氨基酸及皮脂中含脂肪酸。微弱的酸性能抑制皮肤表面的病菌及微生物的繁殖,并能阻止天然润湿因子的流失,若所选的化妆品 pH 值过高,则会破坏由皮脂和汗液共同形成的皮脂膜。

化妆品质量优劣的鉴别

专家提示

有些原料(如羊毛脂、丙二醇)本身即是强致敏原,可以引起变态反应接触性皮炎。香料也是常见的致敏原。根据《化妆品卫生规范》的规定,在化妆品组分中禁用的化学物质有 421 种,限用的化学物质有 300 余种,这些物质具有强烈的毒性、致突变性、致癌性、致畸性,或者对皮肤、黏膜可能造成明显损伤,或者有特殊的、在化妆品中不希望具有的生物活性。美容师可以据此规定来识别产品质量的优劣。因此在购买化妆品时应咨询美容师,请其挑选优质且合适的产品。

同时,要注意化妆品的外观、气味、对皮肤的感触性等,一般来说,优质的化妆品应该是颗粒细腻,黏度和湿度适当,色泽纯正、均匀一致,香气淡雅,无异味,接触皮肤后感觉自然、舒适、滑爽。

另外,还应该注意提高识别假冒伪劣产品的能力,保证使用经过有关部门检验并鉴定合格的化妆品。重点注意生产企业的质量检验合格标志、厂名、生产企业卫生许可证编号、生产日期和有效使用期等标志。

使用化妆品时的注意事项

绝对安全的化妆品是没有的,因此,化妆品的选择和正确的使用极为重要。首先,应明确化妆品的使用应当适度,浓妆艳抹不但起不到保护皮肤的作用,反而会干扰或破坏皮肤的自然防御功能。其次,在化妆品的选择上必须对其基本成分及性能有较为清楚的认识,要尽量依据自身皮肤的特点来选择相适宜的化妆品。严重痤疮皮肤或当皮肤发生破损或有异常情况(皮肤发炎、发痒、红肿、起水泡)时,应该立即停止使用化妆品,以避免对皮肤产生新的刺激,加重皮肤的损害。夜间入睡前应卸妆,如不卸妆,则会堵塞皮肤毛孔,使汗腺和皮脂腺的正常分泌、排泄功能受到影响。现在,也有专供夜间使用的化妆品,没有上述不良影响。

6.1.3 毛发的结构及烫发染发原理

1.毛发的结构

毛发主要由角质蛋白组成,按元素分,含有碳、氢、氮及少量的硫元素。硫元素约占 4%,但少量硫对头发的许多化学性质起着重要作用。

构成毛发的角蛋白是一种具有阻抗作用的不溶于水的纤维状蛋白。头发含有胱氨酸等十几种氨基酸，每个氨基酸分子至少有一个氨基（—NH$_2$）和羧基（—COOH），两个氨基酸分子之间通过脱水缩合形成酰胺基（即肽键）而联合在一起，多个氨基酸间通过这种肽键彼此联结组成多肽链的主干。而形成的众多肽链又通过二硫键、离子键、氢键、酰胺键、酯键等结合方式形成了具有网状结构的天然高分子纤维。

实际上，头发的肽链多以螺旋形式存在，分子中亲水基团大部分分布在螺旋的周围，带正电的氨基和带负电的羧基之间以离子键结合，而胱氨酸则可使螺旋之间形成二硫键，由于这种特殊结构，每条肽链上的羰基氧原子都可与螺旋上氨基酸残基氢原子之间形成氢键，这些键的存在使得头发角质的大分子形成稳定的网状结构，也使头发具有纵向延展性和弹性。

头发是一种蛋白质，它们的化学性质不活泼，但对沸水、酸、碱、氧化剂和还原剂等还是比较敏感的，可发生化学反应，通常利用这些反应来改善头发的外观和性质，达到美发和护发的目的。

2.烫发原理

烫发是利用机械能、热能、化学能使头发的结构发生变化而达到相对持久的卷曲或直挺。**烫发在化学上理解就是打开键桥、重新排列、固定发型、再重新构建键桥的过程。**

利用加热并辅以碱液打开二硫键的方法叫热烫。利用化学药物在常温下打开二硫键的方法叫冷烫。热烫对头发的损伤较大，人感觉也不好，故已不太使用，目前较为流行的是冷烫。冷烫具体包括如下三个过程：

（1）头发的软化过程

对头发形状起决定作用的是多肽链间的氢键、离子键和二硫键。当这三种键发生改变时，头发就软化，易拉伸，弯曲，并可被做成各种形状。通常用水、碱以及还原剂三者相互作用来加速对头发的软化作用。

由于头发的长链分子有众多的亲水基团（如 —NH$_2$ 、—COOH 、—OH 、—CONH 等），因此水可以与其形成氢键，从而切断头发中原有的氢键。由于头发纤维素—水之间的键能大于水—水之间的键能，水可以进入头发纤维内部,使头发纤维发生膨胀而变得柔软。碱对头发的作用比较剧烈,主要是切断头发的离子键,使头发变得柔软,易于弯曲或拉直。还原剂的作用主要是破坏头发中的二硫键,二硫键在常温下不受水和碱的影响,可用亚硫酸钠或巯基化合物(如 $HSCH_2COOH$、$HSCH_2CH(NH_2)COOH$ 等)将其切断。其反应如下:

$$R—S—S—R' + Na_2SO_3 \longrightarrow R—S—SO_3Na + S—R'Na$$

$$R—S—S—R' + 2HS—R'' \longrightarrow HS—R + R''—S—S—R'' + HS—R'$$

这样,其中的二硫键被切断,形成具有可塑性的巯基化合物,使头发易于弯曲与拉直。但若作用太强,二硫键被完全破坏,则头发将发生断裂。

(2)头发的卷曲与拉直过程

由于原来头发中的氢键、离子键、二硫键均发生断裂,使得头发变得柔软,易于弯曲或拉直成型。此时,可用卷发器将头发卷曲成各种需要的形状或用直发器将头发拉直。

(3)头发的定型过程

当头发卷曲或拉直成型后,若不修复这些键,发型就难以固定下来。同时,由于键的断裂,头发的强度降低,变得易断。因此,在卷曲或拉直成型后,还必须修复被破坏的键,使卷曲或拉直后的发型固定下来,形成持久的卷发或直发。

在卷发和直发的全过程中,干燥可使氢键复原;调整 pH 为 $4\sim7$ 可使离子键复原;二硫键的修复(在卷棒上)是通过氧化反应来完成的,其反应式如下:

$$HS—R + HS—R'[O] \longrightarrow R—S—S—R'$$

所用的氧化剂有过氧化氢、溴酸钾等。在氧化过程中巯基有可能被氧化成磺酸基,这种产物不能再被还原成二硫基,从而会减弱头发的强度,因此不能用过强的氧化剂,且氧化剂的浓度也不宜过高。

3. 染发原理

染发就是通过增加色素来改变头发的色彩。例如,用染发剂把白发染成黑色,把黑发染成棕色、红色;用漂白剂减少色素来改变头发色彩,如将黑发漂白脱色。根据染发原理,常用的染发剂分为漂白剂、暂时性染发剂、持久性染发剂三种。按染发色泽的持续时间长短，染发剂又可分为暂时性、半持久性和持久性三类。暂时性、半持久性染发剂色泽牢固性差，不耐洗，多为临时性的头发表面装饰之用。持久性染发剂染料能有效地渗入头发的毛髓内部，发生化学反应使其着色，染发后耐洗涤，耐日晒，色泽持久，是普遍使用的一类染发剂。

（1）持久性染发剂

研究显示，含有疏水性基团的染料较含有亲水性基团的染料耐洗涤，高分子材料比低分子材料耐洗涤。而头发的生理特征要求染发时温度不能太高，同时对酸碱度、腐蚀性、毒性等要求都较为苛刻，这使得高分子的渗入较为困难。只有染料渗入到头发内部，才会有较持久的染发效果，因此染料只能是小分子材料。染发机理为部分小分子的染料中间体先渗入头发，然后经氧化生成大分子的不溶性色素被锁定在头发内部。染发后能保持40～50天。

中间体是影响染发色调和染色力的主要因素。对苯二胺是目前最常用的染发中间体。为提高染发效果，在配方中加入间苯二酚、邻苯二酚、连苯二酚等酚类物质可使着色牢固、光亮。对氨基酚能将头发染成淡茶褐色；对甲苯二胺和2、4－二氨基甲氧基苯以不同的比例并用，能将头发染成金色或暗红色。几种中间体混用，再加入修正液，可得到各种颜色。染料中间体不单独使用，而是与显色剂混合涂于头发上，氧化成醌亚胺，再与偶联剂进一步氧化，生成所需的色泽。整个过程需要30分钟。显色剂也叫氧化剂，其作用是使中间体氧化成为大分子染料。选用标准是氧化反应完全，对头发损伤小，无毒副作用。常用的有过硼酸钠、过氧化氢、过硫酸钠等。

市上出售的染发剂有多种形式，如粉状、液状、膏状及染发香波等。最常用的是二瓶分装，一瓶装染料的基质，另一瓶装氧化剂的基质。使用时，将二瓶等量混合，均匀涂覆在头发上。

（2）半持久性染发剂

半持久性染发剂可耐洗五六次，保持色泽三四周。这种染发剂能渗入头发皮质直接染发，并不需要氧化剂。常用的是硝基苯二胺、硝基氨基苯酚、氨基蒽醌等。染发剂要求相对分子质量低，对发质有亲和作用。染发机理是相对分子质量低的染料渗入发髓而产生所需颜色,并能保持较长时间。这类染料以香波形式较多,使用时将香波涂在头发上揉搓,让泡沫在头发上停留一会儿,使染料分子与头发有足够的时间进行渗透,染发后用水冲洗干净即可。此类染发剂由于不使用氧化剂,对皮肤过敏者尤其合适。

(3)暂时性染发剂

由于演出、化妆等原因,需要经一次洗涤就能完全清除的染发剂即暂时性染发剂。其通常采用能有效沉淀在头发表面上而不会渗透到头发内部的大分子染料,如偶氮类、蒽醌类、三苯甲烷类、吩嗪类染料。暂时性染发要求着色均匀,着色牢固度较差,容易冲洗干净。可用碱性、酸性、分散性大分子染料制成液状、膏状涂敷产品,也可将颜料溶于含水高聚物的液体介质中,制成喷雾状产品。

(4)头发漂白剂

漂白剂使头发变白或变浅,其过程是先漂白使发质变浅,再配合染料达成所需颜色。由于头发黑色素是难溶的高分子物质,通过氧化过程可使头发黑色素氧化分解成浅色的分子。其反应是不可逆的物理化学反应。概括氧化剂的种类、浓度、头发与氧化剂的接触(反应)时间、温度、漂染次数的不同,可将头发染成不同的色调。颜色变化如下:

黑色(棕黑色)—红棕色—茶褐色—淡茶褐色—灰红色—浅灰色

使用方法是先把头发洗干净,干燥后将头发浸入调和的漂白溶液中不断浸洗,调整配方比例、浸洗时间以染成不同颜色的头发,最后用大量热水冲洗,以终止漂白作用。

专家提示

慎用染发剂

为了头皮健康,慎用染发剂。染发原料会减少有益于头皮的细菌数量,危害头皮健康。据报道,研究人员对如今流行的棕色染料——对苯二胺的作用进行检验,结果发现它会减慢有益菌的生长,而这些有益菌属可驱除其他引起感染的细菌和引起头皮菌的真菌。

6.2　典型美容化妆品的生产流程与配方

6.2.1　霜膏类化妆品

霜膏类化妆品是主要由油、脂、蜡、水和乳化剂等组成的一种乳化体。这类化妆品生产工艺流程如图 6-1 所示。

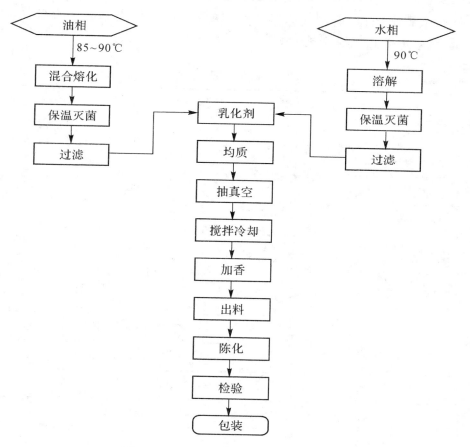

图 6-1　霜膏类化妆品生产工艺流程

霜膏类化妆品的分类方法很多,按乳化形式和制品含油量分,可分为无油型、水包油型、油包水型和无水油型;按形态分类,可分为固体膏类和液体膏类。固体膏类呈半固体状态,不能流动,如雪花膏、润肤霜、冷霜等;液体膏类能流动,如奶液、清洁奶液等。

1.雪花膏

雪花膏颜色洁白,涂到皮肤上犹如雪花溶入皮肤而消失,故得名。雪花膏油而不腻,使用后有滑爽和舒适感,在皮肤表面形成一层由硬脂酸及盐、保湿剂组成的薄膜,使皮肤与外界干燥空气隔离。硬脂酸能使皮肤柔软滋润;保湿剂能吸收水分,保持和调节角质层适度的水分含量,有效地防止皮肤干枯。雪花膏的主要成分见表6-1。

表6-1 雪花膏的基础配方

配方1		配方2(苹果油雪花膏)	
组 分	质量/%	组 分	质量/%
精制水	72.8	精制水	36.5
甘 油	8.0	三乙醇胺	0.3
氢氧化钾	0.5	尼泊金甲酯	0.2
硬脂酸	14.0	羊毛脂	22.0
单硬脂酸甘油酯	1.5	凡士林	12.0
白 油	1.5	白 油	9.0
十六醇	1.0	蜂 蜡	5.0
尼泊金甲酯	0.2	硬脂酸	3.0
香 精	0.5	单硬脂酸甘油酯	11.0
甘 油	5.0	苹果油	0.5
丙二醇	5.0	香 精	0.5

2.冷霜

冷霜是一种典型的油包水型乳化体,其外观很像雪花膏。由于含有水分,当水分挥发会赋予冷却感,故称之为冷霜。冷霜是保护皮肤的用品,广泛用于按摩或化妆前调整皮肤,其中掺和营养药剂、油脂等。专用于干性皮肤的冷霜制品也较多。使用冷霜进行按摩,能提高按摩效果和增强冷霜的渗透性,所以逐渐用作按摩霜。冷霜的主要成分见表 6-2。

表 6-2　冷霜的基础配方

配方 1		配方 2	
组　分	质量／%	组　分	质量／%
白　油	37.0	白　油	35.0
蜂　蜡	15.0	凡士林	12.0
羊毛脂	10.0	蜂　蜡	11.0
吐温-40(Tween-40)	3.0	羊毛脂	4.0
斯盘-40(Span-40)	2.0	石　蜡	8.0
丁羟基茴香醚(BHA)	0.05	精制水	25.0
尼泊金甲酯	0.15	吐温-20(Tween-20)	4.0
精制水	32.0	大蒜无臭有效物	0.5
香　精	0.8	香　精	0.5

3. 蜜类化妆品

蜜类化妆品,也称乳液、奶液,是一种介于化妆水和雪花膏之间的半流动状的液态膏,故又称软质雪花膏。在蜜类产品中,常添加动植物油脂,蛋白质,生化制剂和增白、爽肤、除皱等中草药添加剂,将其制成营养型或疗效型蜜类化妆品,如天津的郁美净西林蜜、无锡的丝蜜斯丝素蜜等。蜜类化妆品的主要成分见表 6-3。

表 6-3　蜜类化妆品的基础配方

配方 1		配方 2	
组　分	质量/%	组　分	质量/%
白　油	5.0	甘油单硬脂酸酯	2.0
甘　油	12.4	鲸蜡醇	0.25
十八醇	2.5	十八醇	0.25
无水羊毛脂	0.2	棕榈酸异丙酯	4.0
硬脂酸甘油酯	1.0	羊毛脂	2.0
防腐剂(尼泊金甲酯+尼泊金丙酯)	各 0.05	矿物油	8.0
K12	0.4	硬脂酰氧化胺	10.0
柠檬有效提取物、色素、香精	适　量	盐酸二季铵盐	4.0
精制水	至 100	蒸馏水	至 100

6.2.2　液体化妆品

生产液体化妆品常用的设备有配料锅、贮存罐、过滤机、液化装罐机等。这些设备可用来生产香水、花露水、化妆水、冷烫液、生发液等。液体化妆品生产工艺流程如图 6-2 所示。

1. 香水

香水是香精的酒精溶液,或再辅加适量定香剂等。香水具有芬芳浓郁的香气,主要作用是喷洒于衣襟、手帕及发际等部位,散发怡人香气,是重要的液体化妆品之一。香水的主要成分见表 6-4。

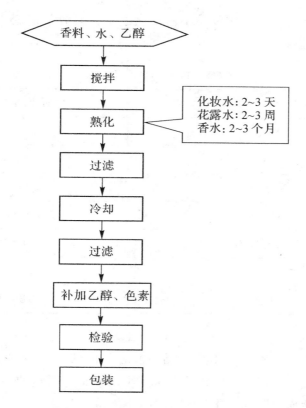

图 6-2　液体化妆品生产工艺流程

表 6-4　香水的基础配方

组　　分	质量/%
酒　精	75.0
水	5.0
丙二醇	适　量
清香型香精	20.0

2. 古龙香水

古龙香水又称科隆水,是意大利人在德国的科隆市研制成功的,属

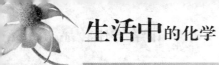

男用花露香水,在男用化妆品中占一席之地。其香气清新、舒适。古龙水的主要成分见表6-5。

表6-5　古龙香水的基础配方

组　分	质量/%
橙花油	0.88
肉桂油	0.13
薰衣草油	0.13
甜橙油	0.5
香柠檬油	0.5
酒　精	75.0
纯净水	22.86

3.花露水

花露水,是一种夏令卫生用品。其香气浓郁,在内衣或手帕上洒上几滴,即可香气四溢,使人感到精神爽快。它具有一定的消毒功能和良好的止痒、活血、消肿作用。花露水的主要成分见表6-6。

表6-6　花露水的基础配方

配方1		配方2	
组　分	质量/%	组　分	质量/%
酒　精	75.0	柠檬油	2.8
水	22.0	玫瑰油	0.15
玫瑰麝香香精	3.0	丁香油	0.23
色　素	适　量	橙花油	0.15
		安息香	0.06
		酒精(95%)	96.61

4. 化妆水

化妆水一般为透明液体,能除去皮肤上的污垢和油性分泌物,保持皮肤角质层有适度水分,具有促进皮肤的生理作用、柔软皮肤和防止皮肤粗糙等功能。化妆水种类较多,一般根据使用目的可分为收敛性化妆水、柔软性化妆水、润肤化妆水等。化妆水的主要成分见表6-7。

表 6-7 化妆水的基础配方

配方1(收敛性化妆水)		配方2(柔软性化妆水)		配方3(润肤性化妆水)	
组　分	质量/%	组　分	质量/%	组　分	质量/%
柠檬酸	0.1	甘　油	3.0	甘　油	10.0
对酚碘酸锌	0.2	丙二醇	4.0	聚乙二醇1500	2.0
甘　油	5.0	缩水二丙二醇	4.0	油醇聚氧乙烯(15)醚	2.0
油醇聚氧乙烯(20)醚	1.0	油　醇	0.1	乙　醇	20.0
乙　醇	20.0	Tween-20	1.5	精制水	65.8
精制水	73.5	月桂醇聚氧乙烯(20)醚	0.5	香　料	0.2
香　料	0.2	乙　醇	15.0	染料、防腐剂	适量
防腐剂	适量	精制水	71.8		
		香　料	0.1		
		色素、防腐剂、紫外线吸收剂	适量		

6.2.3 香粉类化妆品

粉状化妆品的生产过程中,常用的设备有混合机、粉碎机、筛粉机、灭菌器、自动压制粉饼机、包装机等。这些设备广泛应用于生产香粉、粉饼、胭脂饼、爽身粉、痱子粉等粉状化妆品。香粉类化妆品生产工艺流程如图6-3所示。

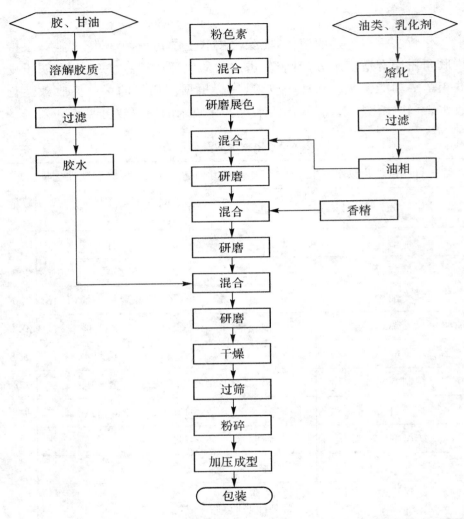

图 6-3　香粉类化妆品生产工艺流程

1. 香粉

香粉是女性和演员常用的化妆用品,具有良好的涂白、美容作用,并能遮盖面部微小的缺陷,还具有很好的防晒效果。香粉的主要成分见表 6-8。

表 6-8　香粉的基础配方

配方 1		配方 2	
组　分	质量/%	组　分	质量/%
滑石粉	70.0	滑石粉	80.0
氧化锌	5.0	氧化锌	3.0
硬脂酸锌	10.0	硬脂酸锌	6.0
沉淀碳酸钙	15.0	钛白粉	1.0
香料、香精	适　量	香料、香精	适　量
		碳酸镁	10.0

2. 胭脂

胭脂是擦在脸上，使脸型更具立体感、呈现红润气色、焕发健康气息的化妆品。胭脂的主要成分见表 6-9。

表 6-9　胭脂的基础配方

组　分	质量/%
精制水	63.0
聚丙烯酸溶液(2%)	20.0
尼泊金甲酯	0.2
三乙醇胺(5%)	1.8
甘　油	10.0
聚氧乙烯(16)羊毛醇醚	5.0
红色颜料(2.5%水溶液)	适　量

3. 爽身粉

爽身粉是夏令和日常生活中常用的卫生用品，浴后使用能爽滑肌肤，给人以舒适的感觉。小孩使用还可防止痱子生长。爽身粉的主要成分见表 6-10。

表 6-10 爽身粉的基础配方

组　分	质量/%
滑石粉	70.0
碳酸镁	20.5
硬脂酸镁	4.0
硼　酸	4.5
香　精	1.0

6.2.4　唇膏类化妆品

　　唇膏类化妆品的生产过程中,常用的设备有颜料混合锅、原料溶解锅、真空脱泡锅、三辊研磨机等。唇膏类化妆品生产工艺流程如图 6-4 所示。

　　唇膏的主要成分见表 6-11。

表 6-11　唇膏的基础配方

配方 1		配方 2	
组　分	质量/%	组　分	质量/%
蓖麻油	18.0	凡士林	37.18
羊毛醇	16.0	白　油	25.00
羊毛脂	15.0	鲸　蜡	7.00
氢化动物油	12.0	单硬脂酸甘油酯	25.00
凡士林	10.7	硬脂酸丁酯	5.00
巴西棕榈蜡	8.0	尼泊金乙酯	0.20
石　蜡	5.0	二叔丁基对甲酚	0.02
尼泊金丙酯	0.2	尿囊素	0.10
叔丁基羟基苯甲醚	0.1	香　精	0.50
水解动物蛋白	4.0		
金盏花浸液	2.0		
颜料	8.0		
香　精	1.0		

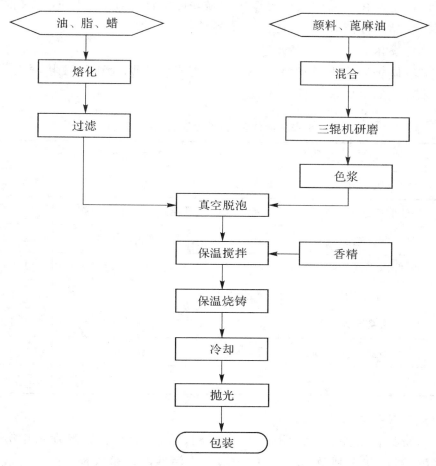

图 6-4　唇膏类化妆品生产工艺流程

6.3　典型发用化妆品的配方

发用化妆品是用来清洁、营养、保护和美化人们头发的化妆品。按用途分,发用化妆品可分为清洁用、护发用、美发用和营养治疗四大类。

6.3.1　洗发化妆品

洗发化妆品的主要功能是洗净粘附于头发和头皮上的污垢和头屑

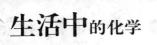

等。在洗发化妆品中起主要作用的是表面活性剂,除此之外,为改善洗发化妆品的性能,配方中还加入了各种特殊添加剂。

1. 液体香波(洗发精)

液体香波为半流动液体,根据外观分为透明状和乳液状两大类。液体香波的主要成分见表 6-12。

表 6-12　液体香波(洗发精)的基础配方

配方 1(透明状)		配方 2(乳液状)	
组　分	质量/%	组　分	质量/%
月桂醇硫酸三乙醇胺	16.0	月桂醇硫酸单乙醇胺	15.00
月桂酸二乙醇酰胺	15.0	月桂酸单乙醇胺	2.00
非离子活性剂	9.0	单硬脂酸丙二醇酯	1.25
羊毛脂	3.0	硫酸镁	0.60
去离子水	57.0	硬脂酸	1.40
香精、色素、防腐剂	适　量	氢氧化钠	0.20
		去离子水	至 100

2. 粉状香波(洗发粉)

粉状香波多为白色粉末,不易吸潮、糊烂或结块,容易在水中分散溶解,对皮肤无刺激,有良好的起泡和去污性能。粉状香波的主要成分见表 6-13。

表 6-13　粉状香波(洗发粉)的基础配方

组　分	质量/%
香　精	15.0
碳酸氢钠	5.0
硼砂(40 目)	80.0
十二醇硫酸钠	适　量

3.膏状香波(洗发膏)

膏状香波别名洗发膏,为不透明膏体,可着上不同的浅淡颜色,适于罐装或软管装,当罐或软管被打开时,产品不会流出,使用时则易分散。膏状香波的主要成分见表6-14。

表6-14 膏状香波(洗发膏)的基础配方

组　分	质量/%
月桂基聚氧乙烯醚硫酸钠	25.00
椰油酸二乙醇酰胺	5.00
草地泡沫油	1.00
丙二醇	2.00
月桂酸异丙醇酰胺	2.00
二硬脂酸乙二醇酯	1.50
香料、防腐剂、染料	适量
去离子水	至100

6.3.2 护发化妆品

护发素是一种清洁头发的高级护发用品。使用护发素能使硬性头发柔软、顺服,能使头发光亮、柔顺、富有弹性、易于梳理。护发素的主要成分见表6-15。

表6-15 护发素的基础配方

组　分	质量/%
十六、十八烷基三甲基氯化铵	1.50
凡士林	2.00
月桂酰胺MEA	1.00
甲基苯基二甲基硅氧烷	3.00

生活中的化学

续表

组　分	质量/%
丙二醇	5.00
十六、十八醇	0.50
去离子水	至 100

6.3.3 染发化妆品

染发化妆品是用来改变头发的颜色,达到美化头发的一类化妆品。暂时性染发剂、半持久性染发剂和持久性染发剂的主要成分见表 6-16。

表 6-16　染发剂的基础配方

配方 1(暂时性染发剂)		配方 2(半永久性染发剂)		配方 3(持久性染发剂)	
组　分	质量/%	组　分	质量/%	组　分	质量/%
硬脂酸	15.0	碱性染料	<1.0	油　酸	8.3
三乙醇胺	7.5	十六烷基三甲基氯化铵(30%)	3.0	异丙醇	8.3
硬脂酸单甘酯	4.0	油醇醚—20	0.5	氨水(28%)	3.6
蜂　蜡	46.0	羟丙基纤维素	0.8	油　醇	10.3
白　蜡	10.0	三乙醇胺(调节 pH)	pH 8	二甘醇—乙醚	1.6
椰油基二乙醇酰胺	7.5	苄　醇	3.0	聚氧乙烯烷基酚醚	7.7
微晶蜡	10.0	去离子水	至 100	EDTA	0.1
颜　料	适量			去离子水	60.1

第 7 章　化学与涂料

自从 20 世纪 80 年代以来,能源、材料与环境已成为具有时代特征的三大课题。使用涂料是保护材料的重要手段,也是对各种材料进行改性以赋予新性能的最简便的方法。涂料属于精细化工范畴,尽管高分子科学的发展是涂料科学的最重要的基础,但单是高分子科学并不能使涂料成为一门独立的学科。涂料不仅需要聚合物,还需要各种无机和有机颜料以及各种助剂和溶剂的配合,借以取得各种性能。为了制备出稳定、合用的涂料及获得最佳的使用效果,还需要胶体化学、流变学、光学等方面理论的指导。本章在介绍涂料概念和组成的基础上来了解常用家装涂料和工业涂料的性能,希望读者能更好地认识和使用涂料。

7.1　涂料概述

7.1.1　涂料的概念

涂料是以高分子材料为主体,以有机溶剂、水或空气为分散介质的多种物质的混合物。涂料是一种流动状态(少量是粉末状态)的物质,采取刷、淋、浸、喷等简单的施工方法,并经自干或烘干,能够很方便地在物体表面牢固覆盖一层均匀的薄膜(即涂层)。该涂层将对物体起保护、装饰、标识和其他各方面的特殊作用。高分子材料是形成涂膜、决定涂膜性质的主要物质,称为主要成膜物。由于早期的主要成膜物质是植物油或天然树脂,所以常把涂料称作油漆。现在,合成树脂已大部分或全部取代了单一植物油或和天然树脂,所以统称为涂料。按人们的习惯,在具体的涂料品种名称中有时还沿用"漆"字表示涂料,如调和漆、磁漆等。

涂料命名原则

在涂料命名时,除了粉末涂料外,都采用"漆"作为涂料名称的后缀。在日常生活中,叙述具体的品种时,也称为某某漆。而在统称时,用"涂料",不用"漆"这个词。涂料命名原则如下:

①涂料全名＝颜料或颜色名称＋成膜物质名称＋基本名称。例如,红(颜色名称)醇酸(成膜物质名称)磁漆(基本名称),锌黄(颜色名称)酚醛(成膜物质名称)防锈漆(基本名称)。

②对于具有特殊用途及特性的涂料产品,需要在成膜物质后面对特殊用途或性能加以说明。例如,红醇酸导电(特殊性能是"导电")磁漆,白硝基外用(特殊用途是"外用")磁漆。

如果涂料中的主要成膜物质是有机物,则这种涂料就叫作有机涂料;同理,如涂料中的主要成膜物质是无机物,则把这种涂料称作无机涂料。完全以有机溶剂为分散介质的涂料称为溶剂型涂料;完全或主要以水为分散介质的涂料称为水性涂料;不含溶剂,即以空气为分散介质的涂料称为粉末材料。

7.1.2 涂料的组成

1.主要成膜物质

主要成膜物质包括植物油、天然树脂、合成树脂等,它是涂料中不可缺少的成分,涂膜的性质也主要由它所决定,故又称为基料。其中合成树脂品种多,工业生产规模大,性能好,是现代涂料工业的基础。合成树脂包括酚醛树脂、醇酸树脂、环氧树脂、氨基树脂、丙烯酸树脂、聚酯树脂、聚氨酯树脂、氟碳树脂、乙烯基树脂及氯化烯基树脂等。

2. 次要成膜物质

次要成膜物质包括颜填料、功能性材料添加剂。它自身没有形成完整涂膜的能力，但能与主要成膜物质一起参与成膜，赋予涂膜色彩或某种功能，也能改变涂膜的物理性能。颜填料包括防锈颜料、体质颜料和着色颜料三大类。体质颜料是一种无遮盖力和着色力的无色粉状物质，主要用来降低涂料的成本，故又称为填料。重晶石、瓷土、滑石粉、碳酸钙等都是常用填料。着色颜料要有良好的遮盖力、着色力、耐光性、耐热性和耐溶剂性。相对而言，有机颜料有更多的优点，如色谱宽广，色彩齐全、鲜艳、明亮，着色力强，化学稳定性好，有一定的透明度。故在红色、黄色、绿色、紫色等彩色颜料中，有机颜料占有重要位置。无机颜料因为价格低，遮盖力强，机械强度高以及有更好的耐光耐热度和耐介质稳定性，在色漆中仍有很多应用，且往往是与有机颜料混合使用，以取长补短。而在黑色和白色颜料中，无机颜料仍处独霸地位，没有哪种有机颜料能替代炭黑及钛白粉这两种无机颜料。

3. 辅助成膜物质

辅助成膜物质包括稀释剂和助剂。稀释剂由溶剂、非溶剂和助溶剂组成。溶剂直接影响到涂料的稳定性、施工性和涂膜质量。选用的溶剂应该赋予涂料适当的黏度，使之与涂料施工方式相适应。它应该有一定的挥发速度，与涂膜的干燥性相适宜，使之形成理想涂膜，避免出现橘纹、针孔、发白、失光等涂膜缺陷；还应能增加涂料对物体表面的润湿性，赋予涂膜良好的附着力。涂料用溶剂也应该安全、无毒并经济。常用的溶剂包括 200 号溶剂汽油、二甲苯、醋酸丁酯、甲基异丁基酮、丁醇、乙二醇丁醚。它们都有适宜的溶解性和挥发性。助剂有催干剂、稳定剂、分散剂、流变添加剂、增塑剂、抗结皮剂、流平剂、消泡剂、乳化剂、消光剂等。它们主要用来改进涂料生产加工、储存、施工或成膜过程中的某一特定功能。它们可以是小分子，也可以是高分子；可能是无机物，也可能是有机化合物。它们都有一个共同的特点，即用量很少，作用显著，往往对涂料的品质起着举足轻重的作用。

溶剂和助剂中常含有挥发性有机化合物，它们大部分有毒，而传统

溶剂型涂料的溶剂含量一般超过涂料总质量的40%,使用时还要加入部分助溶剂调整黏度。涂料施工时绝大部分有机溶剂不参与反应而释放到空气中。除溶剂挥发外,氨基醇酸和氨基丙烯酸等高温固化涂料,在烘烤固化过程中,由于氨基树脂的自缩反应还会释放一般占涂料总质量的3%～5%的甲醇、甲醛等。烘烤温度提高,时间延长,挥发量还会进一步提高。

VOC 值

涂料中的可挥发性有机化合物的含量称为 VOC (Volatile Organic Compound)值。此值越高,涂料施工过程中,对环境的污染就越严重,对人体的危害就越大,造成的资源浪费也越多。涂料的 VOC 值是评价涂料对环境友好与否的重要指标。因此,在购买涂料时,应尽量选购 VOC 值较低的涂料。

生活信息箱

7.2 常用家装涂料

7.2.1 木器涂料

木器涂料分为溶剂型木器涂料和水性木器涂料。两者各有优缺点。

溶剂型木器涂料是我国室内装饰装修涂料和家具涂料的主流产品。此种涂料具有色泽柔美、经久耐用、丰满度优良等特性,目前尚处于不可替代的地位。它们包括硝基漆、醇酸漆、环氧漆和双组分聚(氨)酯漆,其中以硝基漆和聚(氨)酯漆为常用品种。这些传统的溶剂型木器涂料在生产过程中不可避免地使用大量挥发性有机溶剂,而在涂料成膜过程中有机溶剂及有毒小分子化合物等物质不可避免地释放到大气中,不仅毒害人体,污染生态环境,增加涂装场所火灾及爆炸危险性,而且也造成能源和资源的浪费。

水性木器涂料是能溶于水或其微粒能均匀分散在水中的一类树

脂。为区别起见,将溶于水的称为水溶性树脂;将分散在水中的称为乳胶树脂或乳液树脂。我国目前的水性木器涂料市场并不乐观,从事水性木器涂料生产的企业寥寥无几,绝大部分涂料企业对其持观望的态度。水性木器涂料作为一种新型的绿色环保产品进入中国市场也只不过是近几年的事情,其最大优势就是"环保",从性能上分析,水性涂料漆膜薄,快干,光着柔和,与国外消费观念相一致。而国内消费者比较注重于涂膜的丰满度、手感与硬度,对涂膜的耐热、耐烫、耐醇、耐水、耐污染性要求较高,而这些正是水性涂料的弱点。因此,水性木器涂料在国内的推广现在还有很大的阻力。技术的改进和成本的降低将成为促进水性木器涂料市场快速发展的重要因素。

7.2.2　墙体涂料

室内外墙面的装饰是居室装修的重要部分。涂料除了具有保护建筑物的作用外,还可使墙面美观、耐擦洗、防火、防霉等。墙体涂料根据用途又分为内墙涂料和外墙涂料。

外墙涂料不仅使建筑物外貌整洁美观,也能够起到保护建筑物外墙、延长其使用寿命的作用。要在风吹、日晒、雨淋和冰冻的条件下较长时间内保持良好的装饰性能而不褪色,这需要涂层有很好的耐候性、耐水性、耐沾污性。

传统的内墙粉刷材料是石灰浆,它的主要成分为氢氧化钙,涂刷在墙面上的氢氧化钙可以和空气中的二氧化碳反应,变成白色的碳酸钙硬膜。为了使碳酸钙能牢固地粘附在墙面上,常常在石灰浆中加入一定量的胶。石灰浆价格低廉,但硬度及耐水性较差,现在越来越多地被有机涂料所取代。但是,从环境保护的角度看,石灰浆比有机涂料对室内的空气污染要小得多。现在内外墙涂料主要采用苯丙乳液或丙烯酸乳液,还有提高耐候性的氟涂料。除了基料,涂料中还加有钛白粉(TiO_2)、立德粉($BaSO_4$-ZnS 的混合物)、填料滑石粉($MgCO_3 \cdot nH_2O$)、轻质碳酸钙、着色颜料及许多各种用途的助剂等材料。目前,新型建筑材料——多彩涂料(喷塑涂料)开始应用于居室的装修,为近年来发展较快的美术涂料,它具有色彩多姿、格调高雅的特点。多彩涂料由成膜物质(合成树脂、丙烯酸酯、改性三聚氰胺等)、增塑剂、颜料、溶剂、保护胶体(保护胶、稳定剂和水等)组成,制成含有两种以上颜色粒子的液状或凝胶状的喷涂液,用喷枪对墙面进行一次性喷涂,即可得到格调高雅的多彩花纹。它能用于砂浆、灰浆、混凝土、石膏板、木材、塑料等多种建筑材料,也可用于钢材等金属表面的涂刷,使用后能得到显著的装饰效果,并保持长时间不变色。它具有较好的耐水性能,可用清水冲洗,确实为理想的墙体涂料。

7.2.3 地面涂料

地面涂料是指能较好地装饰和保护室内地面的涂料。根据地面的实际使用要求,地面涂料应具有良好的耐水性、耐酸碱性、耐磨性、抗冲击性,并且与基层有良好的粘结性能,价格合理,涂刷施工方便。地面涂料与传统的木地板、水磨石、陶瓷地砖等相比,其有效使用年限相对较短,但它具有自重轻、施工工期短、维修更新方便等优点。目前比较常用的地面涂料有木地板涂料和水泥砂浆地面涂料。多功能聚氨酯弹性地面涂料主要成分为聚氨酯,该涂料耐油,耐水,耐一般酸、碱,其涂膜有弹性,粘结力强,不会因基层涂膜发生微裂纹而导致涂膜开裂,适用于旅游建筑和文化体育建筑地面,以及机械、纺织、化工、电子仪表厂房地面。505地面涂料主要成分为聚醋酸乙烯,该涂料粘结力强,具有一定的耐水、耐酸、耐碱性,适用于木质及水泥地面,可做成各种图案,三遍成活。

7.2.4 特种涂料

家庭居室装修中除了使用上述几类涂料之外,出于安全、实用等方面的考虑,还常常使用一些特殊功能的涂料,如具有防霉、防火、防毒、防静电、隔音等功能的涂料。随着人们环保意识和消费水平的提高,在居室装修中,这些特种涂料的使用也将越来越多。

1. 防火涂料

防火涂料一方面可以防止火灾的发生,另一方面即使发生了火灾,也可阻止或延缓火势的蔓延,争取灭火时间,同时起到吸热、隔热的作用,使被涂钢材不至迅速升温而强度下降,避免建筑倒塌,从而挽救人命和财产。防火涂料可分为膨胀型和非膨胀型两大类。前者在火焰作用下能产生膨胀作用,形成比涂层厚度大几十倍的泡沫炭化层,从而有效地阻止热源对底材的作用,达到防火的目的。膨胀型防火涂料的主要成分有成碳剂(如季氏戊四醇、淀粉)、脱水成碳催化剂(如磷酸二氢铵、聚磷酸铵)、发泡剂(如三聚氰胺)、不燃性树脂(如含卤素树脂)、难燃剂(如五溴甲苯)等。非膨胀型防火涂料一般采用不燃烧或难燃烧的树脂制成,常用的有过氯乙烯树脂、氯化橡胶、酚醛树脂和氨基树脂等。为了得到更好的防火效果,往往还加入一些辅助材料,如五溴甲苯、硅酸钠、六偏磷酸钠、淀粉等。这些物质遇到热就会分解产生不能燃烧的气体或气泡,从而将火焰和物体隔绝开来,这样就阻止或延缓了燃烧,保护了涂层下面的物体。同时,防火涂料所用的颜料常有钛白、云母、石棉等,它们具有较高的散发热量的性能,也有利于防火。

2. 耐水涂料

这种涂料在固化后有极好的耐水性和粘胶力。JS 内墙耐水涂料的主要成分为聚乙烯醇缩甲醛、苯乙烯、丙烯酸酯等,它耐擦洗,质感细腻,适合于在潮湿基层施工,适用于浴室、厕所、厨房等潮湿房间,施工时应先在基层上刮水泥浆或防水腻子。瓷釉涂料是以多种高分子化合物为基料,配以各种助剂、填料、颜料,经加工而成的,由于其有仿瓷的效果,因此又名仿瓷涂料。瓷釉涂料具有耐磨、耐沸水、耐化学品腐蚀、耐冲击、耐老化及硬度高等优点,其涂层丰满,细腻,坚硬,光亮,酷似陶瓷、搪瓷。该涂料使用方便,可在常温下自然干燥,适用于住宅建筑的厨房、卫生间、浴室、浴缸,医院的手术室、药库、无菌室、净化室,食品厂的操作间等,一般可在水泥面、金属面、木材面等基层进行刷涂或喷涂。

3. 耐热涂料

在居室装修中耐热涂料的使用很有必要,它可以提高室内生活的安全性。一般的耐热涂料是用酚醛树脂、醇酸树脂等成膜物质加入铝粉、石墨等耐热颜料制成的,这些涂料的耐热性能可满足一般的要求。如需要较高温度、较长时间的耐热,则可选用铝粉漆、有机硅酸盐涂料等。

生活中的化学

　　近年来,由于建筑装饰材料中有害物质超标危及居住者健康的事件屡屡发生,家装质量投诉一直居高不下,家装安全的问题一直为人们所关注。造成室内环境污染,并对人体健康产生危害的污染物种类总体上有三大类,包括化合物类、细菌及吸入颗粒类和放射性物质类。其中化合物类(如二氧化碳、一氧化碳、二氧化氮、氨、甲醛、苯及其他挥发性有机溶剂等)已成为消费者投诉的重点。这些有害气体或有害物质主要来自人造地板类、胶类、涂料类及石材类。涂料是家装污染的主要来源。例如醇酸漆、硝基漆、聚氨酯漆、各种稀释剂,以及墙体涂料,含有或释放甲苯、苯、TDI、氯仿、甲醛、酚、氨气、硝基苯等有毒物质。

生活小贴士

　　在选用家用涂料时应注意:

　　①尽量到重信誉的正规市场或专卖店去购买。从近几年发布的质量技监局监督抽查结果来看,这些企业销售的内墙涂料抽样合格率较高。

　　②选购时认清商品包装上的标识,特别是厂名、厂址、产品标准号、生产日期、有效期及产品使用说明书等。最好选购通过ISO14001和ISO9000体系认证企业的产品,这些生产企业的产品质量比较稳定。

　　③购买符合GB18582—2001《室内装饰装修材料内墙涂料中有害物质限量》、GB18581—2001《室内装饰装修材料溶剂型木器涂料中有害物质限量》标准和获得环境认证标志的产品。

　　④选购时要注意观察商品包装容器是否有破损和膨胀现象。购买时可摇晃一下,检查是否有胶结现象,若出现这些现象的涂料则不能购买。

　　⑤通常多数涂料不能当场开罐检查产品的内在质量,所以消费者购买时一定要索取购货的发票等有效凭证和施工说明书。

　　⑥在使用前,先开罐检查涂料是否有分层、沉底结块和胶结现象。如果经搅拌后仍呈不均匀状态,则说明此涂料不能使用。

随着世界经济一体化进程的加快,世界经济格局正在发生巨大的变化,人们对生活质量有了越来越高的要求,人们的消费理念也出现了新的转变,绿色、环保、高效将主导未来的消费潮流。在家具与室内装饰中,人们不断提出装饰涂料绿色化的问题。绿色涂料就是指那些对环境和人类不造成危害、有益于人类健康的低毒无害、节能降耗的环保型涂料,它不含(或极少含)有害、有机挥发物和重金属离子,因此也被人们称为"环境友好涂料",即对环境有利的涂料。

7.3　工业涂料

工业涂料是指用于车辆、机械、设备、船舶、家具等工业品表面涂装的涂料。其特点是使用量大,涉及的行业面广。工业涂料能反映一个国家工业发展的水平,所以在涂料工业中具有核心地位,具有广阔的发展前景。

7.3.1　汽车涂料

汽车涂料作为汽车的"外衣",不仅要求有良好的防腐、耐磨和抗冲击性能,而且还要漆膜丰满,献映度高,不泛黄,具有各种装饰效果。汽车部件很多,它们对涂料的要求各不相同,大多数内部部件所用涂料与通用涂料类似,但外部使用的则有特殊要求,概括起来有两点:一是极高的表面美观要求;二是很高的防腐蚀要求和防损伤要求。汽车涂料被认为是涂料最高水平的表现,汽车涂料的状况基本上可以代表一个国家涂料工业发展的技术水平。汽车涂料的主要品种有汽车底漆、汽车面漆、罩光清漆、汽车中涂漆、汽车修补漆。目前国内汽车底漆普遍采用阴极电泳漆,只在客车及部分载货车上还采用醇酸类、酚醛类或环氧类底漆。阴极电泳漆在耐腐蚀方面基本能满足需求,但在耐候性、可低温烘烤性、可中厚膜涂装以及更低溶剂含量、无铅、无锡等方面还有待开发。国内汽车面漆常用的本色漆有氨基醇酸型、丙烯酸型、聚酯型及聚氨酯型。面漆今后的发展方向是耐划伤、耐酸雨、高固体分、粉末等环保型涂料品种。

7.3.2　集装箱涂料

随着我国经济的高速发展,世界范围内的贸易往来日益频繁,集装箱的使用量持续增长,集装箱涂料的用量也逐年增加。由于集装箱的营运往复于陆地和海洋,要求有较强的防腐蚀性和耐温变性(—40～70℃),同时还要求装饰性好、不变色、不粉化、耐磨损、耐划伤、耐冲击等,并能经受恶劣条件的考验。对于运输食品与日用品的专用集装箱,涂料还必须符合卫生标准。富锌——氯化橡胶涂料是集装箱长期使用的涂料,但现在逐渐被性能更优越的改性磷酸锌底漆和丙烯酸面漆取代。受环保的要求和 VOC 的限制,集装箱涂料的水性化、高固体分化、无溶剂化是发展方向。

7.3.3　卷材涂料

卷材一般指薄冷轧钢板、镀锌钢板、不锈钢板、铝板。为了防止在运输、贮存过程中发生氧化、被污染,卷材一般都需要预涂。卷材涂料是用于涂覆钢板、铝板表面,制成预涂卷材而使用的一种专用涂料。用于卷材预涂的涂料主要有底漆(环氧树脂涂料)、面漆(聚氨酯、有机溶胶、聚酯、丙烯酸涂料和有机硅改性聚酯)和背面漆(环氧树脂涂料)。随着我国经济建设的持续高速增长,卷材涂料的需求不断扩大,预计21 世纪卷材涂料将成为涂料行业又一热门。卷材涂料将向环境友好型方向发展,包括无卤厚涂层、无铬颜料、无铅颜料、高固体分涂料、水性涂料、粉末涂料、低温固化涂料、光固化涂料等。虽然我国卷材涂料发展迅猛,但仍存在一些问题,如质量不稳定,价格和成本偏高等。只要进一步提高产品质量,就能提高市场竞争力,扩大市场占有率。

7.3.4　家电涂料

在我国,电视、冰箱、洗衣机、空调以及各种类型的小家电近年来有了极大的发展,已经成为城镇乃至很多农村家庭的必备产品。这些产品中不仅金属部件需要涂料涂装,为了改善表面的一些性能(如增加色彩,提高防静电性、难燃性,防雾,防潮等),有些塑料构件也要经过表面改性后用涂料进行涂装。更多家电产品(如洗衣机、冰箱等)的外壳是采用大型的冷轧钢板整体冲压而成,它们既要求涂料能耐腐蚀,耐污染,耐温变,同时也要求漆膜平整光滑,色彩鲜艳,装饰性强。家电产品涂装中常用的底漆有铁红环氧树脂底漆、铁红醇酸树脂底漆等;中层和面层则常用热固性的丙烯酸树脂漆、氨基醇酸树脂漆以及高固体份的聚(氨)酯漆等。阴极环氧电泳漆常用于需高度防腐蚀的空调和洗衣机内部,而且只涂一层即可,不必再加面漆。在家电产品和轻工业产品的许多金属部件的涂装中,粉末涂料的应用越来越广泛,它们质感和手感都很好,性能突出。由于粉末涂料中不含任何有机溶剂,所以在制造和施工过程中都不会出现溶剂污染和火灾的隐患,但粉末涂料涂装的漆膜常出现橘子皮,光泽不够好。采用彩钢制作家电是另一条重要路线。

第8章　　化学与健康

随着生活水平的提高,人们日益重视自身的健康问题:吃什么,怎么吃,色香味如何权衡,常量元素和微量元素从何处摄入更好,如何看待食品添加剂,生病时吃的药是什么,有何作用等等问题都是摆在人们面前的现实问题。本章主要针对以上这些疑虑进行一些阐述,旨在提高读者的健康意识。

8.1　能量与营养物质

8.1.1　宏量营养素与能量

1. 碳水化合物

碳水化合物简称碳水化物,由碳、氢、氧三种元素组成,分子组成一般可用 $C_n(H_2O)_m$ 的通式表示。低相对分子质量的碳水化合物有甜味,所以碳水化合物又称糖。

碳水化合物按照是否水解及水解产物的数目分为单糖、二糖和多糖。单糖是多羟醛或多羟酮及它们的环状半缩醛或衍生物,不能水解,多存在于水果、蜂蜜中,最常见的有葡萄糖、果糖、核糖和脱氧核糖。两分子单糖脱去一个水分子缩合成二糖,存在于蔗糖、牛奶、糖果、甜食中,比如乳糖、蔗糖和麦芽糖。多糖则是多个单糖脱水缩合的多聚物,存在于谷类、米、面、土豆等中。

碳水化合物是生物体维持生命活动所需能量的主要来源,是合成其他化合物的基本原料,它在体内的消化吸收较其他两种产能营养素迅速且完全。即使在缺氧条件下,碳水化合物仍能进行部分分解,供给机体能量。碳水化合物在体内消化后,主要以葡萄糖的形式被吸收,葡萄糖可被所有的组织利用。因为心脏、神经系统只能以葡萄糖作为能源,所以正常血糖水平对维持心肌、神经系统的功能非常重要。

碳水化合物在体内虽然仅占人体干重的 2% 左右,但它参与体内重要的代谢活动。例如,糖脂是细胞膜与神经组织的组成部分;糖蛋白是重要功能物质(如酶、抗体、激素)的一部分;核糖和脱氧核糖是遗传物质 RNA 和 DNA 的主要成分之一。

碳水化合物是机体最直接、最经济的能量来源。当它摄入充足时,机体首先利用它提供能量,减少了蛋白质作为能量的消耗,使更多的蛋白质用于组织的构建和再生,起了节约蛋白质的作用。

日常膳食中碳水化合物供给量主要与民族饮食习惯、生活水平、劳动性质及环境因素有关。我国以淀粉类食物为主食,人体内总热能的 60%～70% 来自食物(如大米、面粉、玉米、小米等)中的糖类。大部分糖(如单糖、二糖),应定量摄取,不宜过量,尤其是对糖尿病人,有可能会起反效果;相对于其他糖类,纤维素可以大量食用,其在人体内无法水解,但可以助消化,预防便秘、痔疮、直肠癌,降低胆固醇等。

2. 脂肪

谈到脂类,最容易想到的是脂肪,实际上脂肪就包含在脂类中。人体内的脂类,分成两部分:脂肪与类脂。**脂肪,又称为真脂、中性脂肪及甘油三酯,由碳、氢、氧元素所组成,有的脂肪中还含有磷和氮元素,是由一分子的甘油和三分子的脂肪酸结合而成。**脂肪又包括不饱和与饱和两种。动物脂肪以含饱和脂肪酸为多,在室温中呈固态;相反,植物油则以含不饱和脂肪酸为多,在室温下呈液态。**类脂则是指胆固醇、脑磷脂、卵磷脂等。**其主要生理功能有:①作为体内贮存能量的仓库,提供热能;②保护内脏,维持体温;③协助脂溶性维生素的吸收;④参与机体各方面的代谢活动等等。

脂肪既是机体细胞建成、转化和生长必不可少的物质,又是含热量最高的营养物质。1 克脂肪在体内分解成二氧化碳和水并产生 38 千焦(9 千卡)能量,比 1 克蛋白质或 1 克碳水化合物分解产生的能量高一倍多。我国成年男子体内平均脂肪含量约为 13.3％，女性稍高。人体脂肪含量随着营养状况和活动量的多少而有所变化。饥饿时，能量消耗，体内脂肪不断减少，人体逐渐消瘦；反之，进食过多，消耗减少，体内脂肪增加，身体则逐渐肥胖。我国营养学会建议膳食脂肪供给量不宜超过总能量的 30％，其中饱和、单不饱和、多不饱和脂肪酸的比例应为 1∶1∶1。脂肪的主要来源是烹调用油脂和食物本身所含的油脂。食用油脂含约 100％的脂肪。动物性食物以畜肉类含脂肪最丰富，且多为饱和脂肪酸。禽肉一般含脂肪量较低，多数在 10％以下。鱼类脂肪含量基本在 10％以下，多数在 5％左右，且以不饱和脂肪酸为多。蛋类以蛋黄含脂肪最高，约为 30％左右，但全蛋仅为 10％左右，其组成以单不饱和脂肪酸为多。植物性食物中以坚果类含脂肪量最高，最高可达 50％以上，不过其脂肪组成多以亚油酸为主，所以是不饱和脂肪酸的重要来源。米、面、蔬菜、水果中脂肪含量则很少。必需脂肪酸缺乏，可引起生长迟缓、生殖障碍、皮肤受损等，还可引起肝脏、肾脏、神经和视觉等多种疾病。

　　脂肪尽管有多方面的功能和作用，但它在体内的含量是有一定限度的，摄入过量将产生肥胖，并导致一些慢性病的发生，还会增大某些癌症的发生几率。随着我国经济的飞速发展，人民的生活水平不断提高，因营养过剩而产生的一些"富贵病"也呈高发态势，高脂血症、高胆固醇的患者愈来愈多。近几年来，脂肪肝发病率不断上升，已成为一种临床常见病。脂肪肝是指由于各种原因引起的肝细胞内脂肪堆积过多的病变。脂肪肝正成为仅次于病毒性肝炎的第二大肝病，已被公认为隐蔽性肝硬化的常见原因。一般而言，脂肪肝属可逆性疾病，早期诊断并及时治疗常可恢复正常。正常人的肝内总脂肪量约占肝重的 5％，内含磷脂、甘油三酯、脂酸、胆固醇及胆固醇脂。肝内总脂肪量超过 5％为轻度脂肪肝；超过 10％为中度脂肪肝；超过 25％为重度脂肪肝。有些脂肪肝患者，肝内总脂肪量可达 40％～50％，有些达 60％以上。

脂肪肝不可怕!

事实上,脂肪肝并不可怕,早期发现,积极治疗,一般都能痊愈。首先,要找出病因,采取正确的措施。如长期大量饮酒者应戒酒。营养过剩、肥胖者应严格控制饮食,使体能恢复正常。有脂肪肝的糖尿病人应积极有效地控制血糖。其次,调整饮食结构,提倡高蛋白质、高维生素、低糖、低脂肪饮食。不吃或少吃动物性脂肪、甜食(包括含糖饮料)。多吃蔬菜、水果和富含纤维素的食物,以及高蛋白质的瘦肉、河鱼、豆制品等,不吃零食,睡前不加餐。还可以适当增加运动量,来促进体内脂肪的消耗。除此之外,脂肪肝患者可选择燕麦、玉米、海带、大蒜、苹果、牛奶、洋葱、甘薯、胡萝卜、花生、葵花籽、山楂、无花果等有降脂作用的食物。

3. 蛋白质

蛋白质是由氨基酸通过肽键连接起来的生物大分子,相对分子质量可达到数万甚至百万,并具有复杂的立体结构。它是生物体细胞和组织的基本组成成分,是各种生命活动中起关键作用的物质,而且蛋白质在遗传信息的控制、记忆及识别等方面都具有十分重要的作用。蛋白质除含碳、氢、氧、氮四种元素外,有的还含有硫和磷,此外少量蛋白质中还含有铁、锌、碘等微量元素。它与核酸同为生物体最基本的物质,担负着生命活动过程的各种极其重要的功能。蛋白质的基本结构单元是氨基酸,在蛋白质中出现的氨基酸共有 20 多种,氨基酸通过脱水缩合形成肽链,一条或多条多肽链组成蛋白质大分子。

按照化学组成分,蛋白质通常可以分为简单蛋白质和结合蛋白质。简单蛋白质是水解后只产生氨基酸的蛋白质;结合蛋白质是水解后不仅产生氨基酸,还产生其他有机或无机化合物(如碳水化合物、脂肪、核酸、金属离子等)的蛋白质。结合蛋白质的非氨基酸部分称为辅基。

蛋白质按其分子形状分为球状蛋白质和纤维状蛋白质两大类。球状蛋白质，分子对称性佳，外形接近球状或椭球状，溶解度较好，能结晶，大多数蛋白质属于这一类。纤维状蛋白质，对称性差，分子类似细棒或纤维，它又可分成可溶性纤维状蛋白质（如肌球蛋白、血纤维蛋白原等）和不溶性纤维状蛋白质（包括胶原、弹性蛋白、角蛋白以及丝心蛋白等）。

　　根据生物功能分，蛋白质分为酶、运输蛋白质、储存蛋白质、收缩蛋白质或运动蛋白质、结构蛋白质和防御蛋白质。

　　蛋白质是生命的物质基础，是与生命及与各种形式的生命活动紧密联系在一起的物质，可以说没有蛋白质就没有生命。机体中的每一个细胞和所有重要组成部分都有蛋白质参与。生长、发育、运动、遗传、繁殖等一切生命活动都离不开蛋白质。生命运动需要蛋白质，也离不开蛋白质。很多生理活性物质（如胺类，神经递质，多肽类激素，抗体，酶，核蛋白以及细胞膜上、血液中起"载体"作用的蛋白）都离不开蛋白质。蛋白质对调节生理功能，维持新陈代谢起着极其重要的作用。人体运动系统中肌肉的成分以及肌肉在收缩、做功、完成动作过程中的代谢无不与蛋白质有关，离开了蛋白质，体育锻炼就无从谈起。保持健康所需的蛋白质量因人而异，根据年龄、生活及劳动环境而定。随着年龄的增长，合成新蛋白质的效率会降低，肌肉块（蛋白质组织）也会萎缩，而脂肪含量却保持不变甚至有所增加。婴幼儿、青少年、怀孕期间的妇女、伤员和运动员通常每日需要摄入更多蛋白质。如果蛋白质缺乏，会造成成年人肌肉消瘦，肌体免疫力下降，贫血，严重者将产生水肿。未成年人则会生长发育停滞，贫血，智力发育差，视觉差。蛋白质亦是食品的主要成分，能对食品的质构、风味和加工性状产生重大的影响。

生活小贴士

　　含蛋白质多的食物包括:牲畜的奶,如牛奶、羊奶、马奶等;畜肉,如牛、羊、猪、狗肉等;禽肉,如鸡、鸭、鹅、鹌鹑、鸵鸟等;蛋类,如鸡蛋、鸭蛋、鹌鹑蛋等;鱼、虾、蟹等;大豆类,包括黄豆、大青豆和黑豆等。此外,芝麻、瓜子、核桃、杏仁、松子等干果类食品中的蛋白质含量均较高。由于各种食物中所含氨基酸的种类、数量各异,且其他营养素(脂肪、糖、矿物质、维生素等)含量也不相同,因此,给婴儿添加辅食时,以上食品都是可供选择的。

　　但蛋白质在体内不能贮存,多了机体也无法吸收,过量摄入蛋白质,将会因代谢障碍产生蛋白质中毒甚至死亡。

8.1.2　微量营养素与能量

1. 维生素

　　维生素是维持人体生命活动必需的一类小分子有机物质,是保持人体健康的重要活性物质。维生素在体内的含量很少,但在人体生长、代谢、发育过程中却发挥着重要的作用。各种维生素的化学结构以及性质虽然不同,但它们却有着以下共同点:①维生素均以维生素原(维生素前体)的形式存在于食物中。②维生素不是构成机体组织和细胞的组成成分,它也不会产生能量,它的作用主要是参与机体代谢的调节。③大多数的维生素,不能由机体合成或合成量不足,不能满足机体的需要,必须经常从食物中获得。④人体对维生素的需要量很小,日需要量常以毫克或微克计算,但一旦缺乏就会引发相应的维生素缺乏症,对人体健康造成损害。维生素与碳水化合物、脂肪和蛋白质三大物质不同,在天然食物中仅占极少比例,但又为人体所必需。维生素是人体代谢中必不可少的有机化合物。人体犹如一座极为复杂的化工厂,不断地进行着各种生化反应。其反应与酶的催化作用有密切关系。酶要产生活性,必须有辅酶参加。已知许多维生素是酶的辅酶或者是辅酶的组成分子。因此,维生素是维持和调节机体正常代谢的重要物质。可以认为,最好的维生素是以"生物活性物质"的形式存在于人体组织中。

生活小贴士

食物中维生素的含量较少,人体的需要量也不多,但却是绝不可少的物质。膳食中如缺乏维生素,就会引起人体代谢紊乱,以致发生维生素缺乏症。如缺乏维生素 A($C_{20}H_{30}O$)会出现夜盲症、干眼病和皮肤干燥;缺乏维生素 D(D_2:$C_{28}H_{44}O$、D_3:$C_{27}H_{44}O$)可患佝偻病;缺乏维生素 B_1($C_{12}H_{17}CN_4OS$)可得脚气病;缺乏维生素 B_2($C_{17}H_{20}N_4O_6$)可患唇炎、口角炎、舌炎和阴囊炎;缺乏维生素 B_{12}($C_{63}H_{88}CoN_{14}O_{14}P$)可患恶性贫血;缺乏维生素 C($C_6H_8O_6$,又名抗坏血酸)可患坏血病。

根据溶解性不同,维生素分为两大类,即脂溶性维生素和水溶性维生素。脂溶性维生素是溶于脂肪及有机溶剂的维生素(如维生素 A、维生素 D、维生素 E 等),在食物中常与脂类共存,易储存于体内而不易排出体外。摄取过多易在体内蓄积而产生毒性作用。

2. 矿物质

人体中含有自然界的各种元素,其中有 20 余种元素是人体所必需的。**在这些元素中,除了碳、氢、氧和氮主要以有机化合物形式存在外,其余各种元素无论含量多少,统称为矿物质,亦称无机盐或灰分。**

矿物质与有机营养素不同,它们不能在人体内合成,必须从食物和饮水中摄取。除排泄外,矿物质也不能在体内代谢过程中消失。根据在体内的含量和膳食中的需要量不同,矿物质可分成两类:钙、磷、钾、钠、镁、氯、硫 7 种元素,含量占体重的 0.01% 以上,人体日需要量在 100 毫克以上,称为常量元素;其他元素(如铁、锌、碘、铜、钴等)在体内含量低于 0.01%,日需要量在 100 毫克以下,称为微量元素。

人体中矿物质的总量不超过体重的 4%～5%,但却是构成机体组织和维持正常生理功能必不可少的成分。其主要生理功能包括:

①矿物质是构成机体组织的重要物质。如钙、磷、镁是骨骼和牙齿的主要成分;磷和硫是蛋白质的组成成分。

②矿物质与蛋白质共同维持着细胞内外液的渗透压,因而在体液移动和贮留过程中起重要作用。

③矿物质中酸性、碱性离子的适当配合,加上碳酸盐、磷酸盐以及蛋白质的缓冲作用,维持机体的酸碱平衡。

④组织液中的矿物质,特别是钾、钠、钙、镁等离子对保持神经、肌肉的兴奋性和细胞膜的通透性非常重要。

⑤某些矿物质是机体具有特殊生理功能物质的重要成分。如谷胱甘肽过氧化酶中含硒;细胞色素氧化酶中含铁;甲状腺素中含碘;维生素 B_{12} 中含钴等。

机体对食品中矿物质的吸收利用,依赖于食品可提供的矿物质总量以及可吸收程度,并且与机体的机能状态有关。某些矿物质长期摄入不足可引起亚临床缺乏症状,甚至缺乏病,如儿童发育迟缓,患缺铁性贫血、佝偻病等。导致矿物质缺乏的主要因素有:

①地球环境中各种元素的分布不平衡,人群因长期摄入在缺乏某种矿物质的土壤上生长的食品而引起该种矿物质的缺乏,如地方性甲状腺肿等。

②食物中含有抑制矿物质吸收的因素。如食物中的磷酸盐、草酸盐和植酸盐等可与铁结合,降低其溶解度,从而降低铁的吸收。

③食物加工对矿物质有影响。如粮谷表层富含的矿物质常因碾磨过于精细而损失;蔬菜浸泡于水中损失水溶性矿物质。

④摄入量不足或摄入食物品种单调可引起矿物质缺乏。如缺少肉、禽、鱼类的摄入会引起锌和铁的缺乏;乳制品摄入量不足可引起钙的缺乏。

8.2 食品中的营养素

8.2.1 谷 物

"民以食为天",不同地区人们的膳食习惯也不一样,但都是以谷物为主食,比如米饭、馒头、面包等,原因很简单,因为谷类是身体热能的一个主要来源。谷类的主要成分是淀粉,它的营养成分是碳水化合物。

常见谷物的种类很多,具体划分有玉米、大米、小米、黑米、紫米、红米、大麦、高粱、燕麦、荞麦等。

1.大米

大米别名稻米。稻谷经过清理、砻谷工序,除去杂质和谷壳后即成糙米,糙米再经碾扎、筛理,除去大部分皮层和胚部后,根据留皮程度,即成为不同等级的大米。

大米有很高的营养功效,是补充营养的一种基础食物。米粥有补脾胃、清肺的功效。米汤有益气、养阴、润燥的功能。大米性味甘平,非常有益于婴儿的发育和健康,还能刺激胃液的分泌,有助于消化,对脂肪的吸收有促进作用,也能促使奶粉中的酪蛋白形成疏松的小凝块,易于被消化和吸收。

2.小麦

在所有的谷物中,小麦占有非常重要的地位。在小麦中,糊粉层大约是谷粒的 4.5%,含有纤维素、蛋白质、B 族维生素;胚乳大约是83%,主要成分是淀粉,还有蛋白质,其他的物质比较少;而胚芽大约是2.5%,含有蛋白质、维生素等。

3.糯米

糯米别名江米、酒米。糯米质柔黏,食性温,味甘,具有补中益气、健脾养胃、止虚汗的功效,适宜体虚自汗、盗汗、多汗、血虚、头晕眼花、神经衰弱、病后产后的人食用。

4.黑米

黑米是谷物中的一个珍贵品种,属于糯米类,素有"贡米"、"药米"、"长寿米"之美誉。黑米的营养价值和药用价值很高,具有滋阴补肾、健脾暖肝、明目活血的功效。用它入药,对头昏、贫血、白发、眼疾等疗效甚佳。

5.荞麦

荞麦是一种一年生的草本植物,含有丰富的淀粉,可供食用,还可以供药用。荞麦非常容易烹煮,也易于消化。它有开胃宽肠、清热解毒的功效,对肠炎、痢疾都很有益。荞麦中还富含油酸和亚油酸,可以有

效地降低体内的胆固醇与脂肪含量。其中所含有的芸香甘和维生素 P
能强化人体的微血管,起到预防高血压和动脉硬化的作用。

8.2.2　蔬　菜

蔬菜是人们每天膳食中不可缺少的重要组成部分,是人体营养的
重要来源之一。

蔬菜中的维生素、胡萝卜素以及挥发油还具有激发抵抗力、提高免
疫细胞的吞噬功能、甚至抗癌的作用,还有助于口腔以及牙齿的保健,
对多种疾病也都有治疗或辅助治疗的作用。深绿色和黄色的蔬菜中还
富含胡萝卜素,对这类蔬菜来说,油炒或是在肉汤中煮食都会提高胡萝
卜素的吸收利用。在对蔬菜进行加工制作的时候,虽然维生素容易被
破坏,但是蔬菜中有较稳定的钙、铁等和大量的膳食纤维,这些不会由
于加热而损失。

1. 芹菜

每 100 克芹菜中含有蛋白质 1.2 克、粗纤维 0.2 克、钙 80 毫克、铁
1.2 毫克、磷 38 毫克、胡萝卜素 0.11 毫克、维生素 C 8 毫克。

芹菜具有独特的芳香精油,它具有增进食欲、帮助消化的作用。用
芹菜榨汁饮用可以提高胃肠的功能。芹菜还含有丰富的维生素和矿物
质,能够促进体内废物的排泄,净化血液。食用芹菜还对高血压、神经
痛、腹泻和风湿等有效。

2. 韭菜

韭菜是多年生的草本植物,原产于我国。早在汉朝,我国就已经利
用温室种植韭菜;北宋开始生产韭黄;现在,韭菜的品种已经越来越丰
富了。

韭菜素有"洗肠草"之称。韭菜中含有挥发性的精油、硫化合物及
丰富的膳食纤维,可以有效促进胃肠的蠕动,增强消化功能,防止便秘,
改变肠道的菌群,减少粪便中致癌物质与肠黏膜接触的机会,对预防肠
癌有着非常好的效果。此外,由于韭菜含有的膳食纤维耐嚼,人吃的时
候还可以锻炼咀嚼肌,有效预防龋齿。

3. 菠菜

菠菜的营养价值很高,富含维生素与矿物质。食用菠菜可通血脉,开胸膈,下气调中,止咳润燥。菠菜水分含量高,但热量低,是镁、铁、钾和维生素 A 的优质来源,其所含的锌、磷、泛酸、维生素 B_6 等也很丰富。菠菜是理想的维生素和矿物质的补给源,故有"绿黄蔬菜之王"的美誉。秋冬季节生长的菠菜呈深绿色,其营养价值更高。

4. 丝瓜

丝瓜别名天吊瓜,其食性凉,味甘,归肝、肺、胃经。丝瓜的常见功效有:①清热除痰;②防止便秘、口臭和周身骨痛;③促进乳汁分泌;④适宜身热烦渴、痰喘咳嗽之人食用。

8.2.3 肉 类

肉类具体包括家禽肉、家畜肉和野生畜禽肉。家禽肉来源于家禽,具体包括鸡、鸭、鹅、鸽、鹌鹑等;家畜肉来源于家畜,具体包括猪、牛、羊、狗、兔等;野生畜禽包括鹿、蛇等。

1. 猪肉

猪肉是目前人们餐桌上最为重要的动物性食品之一。猪肉中的纤维较细软,结缔组织也比较少,而且在肌肉组织中还含有较多的肌间脂肪,因此,烹调加工后的猪肉味道特别鲜美。

根据肥瘦程度不同,猪肉的营养成分及含量也有很大的差别。猪肉中含有优质蛋白质和人体必需的脂肪酸。此外,猪肉中还含有有机铁和促进铁吸收的半胱氨酸,可以有效改善缺铁性贫血。

2. 牛肉

牛肉可以说是中国人的第二大肉类食品。它的蛋白质含量非常高,且脂肪的含量低,味道鲜美,因此,有"肉中骄子"的美称。

牛肉含有非常丰富的蛋白质,氨基酸的组成要比猪肉更接近于人体的需要。它能提高机体抗病的能力,有较强的补充失血和修复组织能力。中医理论认为,牛肉具有强健筋骨、化痰息风、补神益气、滋养脾胃的功效,非常适用于气短体虚、中气下陷、筋骨酸软、贫血久病以及面黄目眩的人食用。

3. 羊肉

羊肉是我国人民经常食用的主要肉类之一。其肉质较猪肉更细嫩,胆固醇、脂肪的含量比猪肉和牛肉少。

羊肉食性温,味甘,适宜冬季进补食用,不但可以增加热量,还可以补养气血,历来都被人们当作冬季进补的重要食品,寒冬经常吃羊肉可以起到益气补虚、促进血液循环、增强御寒能力的作用。中医理论认为,羊肉有补肾壮阳的作用,特别适合男士食用。

4. 猪蹄

猪蹄又叫猪脚、猪手,含有丰富的胶原蛋白质,脂肪含量也比肥肉低,并且不含有胆固醇。猪蹄中的胶原蛋白质在烹调的过程中可转化成明胶,明胶可以增强细胞的生理代谢,有效改善机体生理功能和皮肤组织细胞的储水功能,防止皮肤干瘪,增强皮肤的弹性和韧性,因此,人们又把猪蹄称为"美容食品"。

5. 动物肝脏

肝脏是动物体内储存养料和解毒的重要器官,含有非常丰富的营养物质,具备营养保健功能,也是人们最理想的补血佳品。尤其是猪肝,其营养价值是猪肉的 10 多倍。动物的肝脏可以调节和改善贫血病人造血系统的生理功能。此外,动物肝脏中维生素 A 的含量远远超过奶、蛋、肉、鱼等食品,对于保护眼睛,维持视力,防止眼睛干涩、疲劳具有重要意义。肝脏中还含有一般肉类食品所不含的维生素 C 和微量元素硒,能增强人体的免疫功能,防止衰老。

8.2.4　水产类

随着人们生活水平的提高,水产品,特别是淡水鱼类在人们的食物结构中的地位和作用正日益提高。我国是一个"食鱼王国",水产品资源量多质优。

水产品是营养素含量非常均衡的一种食物。富含多种维生素和矿物质,其突出的特点是蛋白质含量高,脂肪含量低。水产品中的蛋白质不仅含量丰富,而且品质良好,易被人体消化吸收,特别是鱼的脂肪里富含有 DHA 和 EPA 物质,对提高人体的大脑机能和降低血胆固醇均有很好的作用。经常食用水产品还可以提高人体免疫力,起到固体强精、润泽的作用。

与畜禽兽肉相比,鱼肉中的肉浆较多,肌肉纤维也比较细致,这是鱼肉的最大特点。

1. 常见鱼类

鲫鱼　在我国民间,人们常给产后妇女炖食鲫鱼汤,既可以补虚,又可以通乳催奶。鲫鱼中所含的蛋白质具有质优、齐全的优点,非常适合人们的消化和吸收。

鲤鱼　鲤鱼具有滋补健胃、利水消肿、通乳、清热解毒的功效,对水肿、浮肿、腹胀等症状都有很好的调理作用。

2. 虾

现代药理研究发现,虾肉的提取物可使淋巴中细胞蛋白浓度升高,凝固性下降,胸导管淋巴流量显著增加,血浆中出现磷酸腺苷类物质,所以虾有增强机体免疫能力的作用。

虾中含磷量丰富。虾皮和虾的连壳制品含钙量特别高。人的血压与摄入的钙有关,适当进补含钙量多的食品可使血压下降,并能防止脑血栓、脑出血等疾病。虾皮是补钙最好的食品之一。

活虾煮汤服可治儿童麻疹、水痘。活虾与生黄芪一起煮汤,食虾饮汤,可治皮肤脓肿、溃疡久不愈合。

3. 常见贝类

蛤蜊　蛤蜊食性寒,味咸,具有滋阴、化痰、软坚的功能,适宜肺结核、咳嗽、咯血、阴虚盗汗、体质虚弱、营养不良、淋巴结肿大、甲状腺肿大、癌症、痔疮、高脂血症、冠心病、动脉硬化、红斑狼疮、黄疸、尿路感染、醉酒之人食用。

牡蛎　牡蛎食性微寒,味甘咸,具有滋阴、养血、补五脏、活血充饥的功能,适宜体质虚弱之人食用。

8.3　人体中的化学元素

在目前已知的115种化学元素中,天然元素有92种。这92种天然元素中已有 81 种在人体中被发现(除 He、Ne、Ar、Kr、Xe、Rn、Fr、At、Ac、Pa、Tc 外),其中 60 多种与地壳中天然存在的元素相同。现在,科学家已经确定有 27 种元素是人的生命活动必不可少的,被称为必需元素,包括 11 种常量元素和 16 种微量元素。

8.3.1　常量元素

常量元素又称宏量元素,有 11 种(O、C、H、N、Ca、P、S、K、Na、Cl、Mg),它们共占人体总质量的 99.95%。常量元素是构成人体的细胞与组织的重要成分,并且参与多种生化过程,比如神经传导、体液平衡、肌肉收缩的调节等。

1. 氮

氮是构成蛋白质的重要元素,占蛋白质分子质量的 16%~18%。此外,氮也是构成核酸、脑磷脂、卵磷脂、叶绿素、植物激素、维生素的重要成分。

2. 磷

成年人体中磷的含量约为 700 克,约占体重的 1%,是体内重要化合物 ATP、DNA 等的组成元素。人体内 80% 的磷以不溶性磷酸盐的形式沉积于骨骼和牙齿中,其余主要集中在细胞内液中。它是细胞内液中含量最多的阴离子,是核酸的基本成分,既是肌体内代谢过程的储能和释能物质,又是细胞内的主要缓冲剂。缺磷和摄入过量的磷都会影响钙的吸收;而缺钙也会影响磷的吸收。人体每天需补充 0.7 克左右的磷,每天摄入的钙、磷比以 $Ca:P=1\sim1.5$ 最好。

3. 钠

钠最主要的作用是控制细胞、组织液和血液内的电解质平衡,以保持体液的正常流通和控制体内的酸碱平衡。和钾一样,钠也是人体内维持渗透压的主要阳离子。它存在于细胞外液(血浆、淋巴、消化液)中,能够维持肌肉和神经的功能,维持肌肉的正常兴奋和细胞的通透性。缺钠者会感到头晕、乏力,出现食欲不振、心率加速、脉搏细弱、肌肉痉挛、头痛等症状。长期缺钠者易患心脏病,并可以导致低钠综合征。高温工作者的饮料中要加入适量食盐($NaCl$)。腹泻病人需要静脉注射生理盐水以补充钠的流失。由于新陈代谢,人体内每天都有一定量的 Na^+、Cl^- 和 K^+ 通过各种途径排出体外,因此需要膳食给予补充。但摄入过多钠会导致钾的不足,引起高血压和心脏病等。一般成年人的食盐摄入量以 4~10 克/天为宜,高血压病人以 1~3 克/天为宜。1988 年 5 月在斯德哥尔摩召开的"食盐与疾病"国际研讨会上,有报告说,随着钠盐摄取量的增加,骨癌、食道癌、膀胱癌的发病率增加。也有报告说,在饮食中摄入部分钾盐和镁盐以取代钠盐,对糖尿病、高血压和骨质疏松都有一定疗效。市场上的低钠盐就是为了适应这一需要而制造的。

4. 钙

钙是人体内含量最多的矿物质,约占人体重量的 1.5%～2%。细胞膜中的钙控制着各种营养素穿透细胞。血液的凝固、神经的兴奋、肌肉的收缩都离不开钙离子。如果血液中钙离子浓度明显下降或者升高,便会出现不同程度的功能障碍。如血浆钙离子含量明显下降,可能会引起手足抽搐症和惊厥;相反,过量的钙离子会引起心脏和呼吸的衰竭,以及昏迷。近年来研究发现,血压、视力与钙也有关。

人体中的钙主要来自食物,许多食物都含有丰富的钙。但是,食物中的钙大部分都不能被吸收。成年人只能吸收 20% 左右,而 80% 左右的钙仅仅是在人体内转个圈又都被排泄出去了。钙的吸收率非常低的原因是多方面的。首先是因为维生素 D。维生素 D 能促使小肠吸收钙和磷,使血液中钙、磷含量增高,促进骨骼的更新。当维生素 D 缺乏时,钙的吸收率就会降低。其次,食物中的其他成分也能影响钙的吸收。有不少蔬菜和谷类中都含有草酸,而草酸能与钙生成难溶解的草酸钙。难溶的沉淀物是不能吸收的,只能排泄出去。常见的蔬菜(如菠菜、苋菜)中都含有较多的草酸。再次,年龄的大小也影响钙的吸收。婴儿可以吸收食物中 50% 以上的钙,儿童吸收 40% 左右,成年人吸收约 20%。40 岁以上的成年人对钙的吸收率平均每 10 年减少 5%～10%,所以老年人的骨质会逐渐变得疏松。另外,就人体状况而言,当机体缺钙时,钙的吸收率提高;腹泻时食物通过迅速,钙的吸收减少;体育锻炼增加血液循环,牵引刺激骨骼,可促进钙代谢,提高钙的吸收率。根据人体对钙的需要,世界卫生组织建议每日钙的供给量为:成年人400～500毫克,乳母、孕妇1000～1200毫克。人体中钙缺乏将导致骨质疏松症、成年人骨软化症和佝偻病。在饮食方面,牛奶及其奶制品为最好的钙源,它们不仅含钙量高,而且易于被吸收。豆类制品、虾皮、蔬菜等含钙也比较丰富。

生活小贴士

食品制作时加上些醋,可使钙较多地溶解出来,利于人体的吸收。比如吃醋酸蛋,因为蛋壳是钙的化合物,经醋浸泡30～48小时后,蛋壳被溶化,生成醋酸钙,醋酸钙溶于水,呈弱酸性,促进了肠胃对钙离子的吸收。

此外,经常接受日光照射、多运动也可以提高钙的吸收率。

5. 镁

镁是许多酶的激活剂。如生命赖以生存的氧化磷酸化酶的代谢就必须有镁参与才能进行;镁能使钾进入细胞内,使钠钾 ATP 酶泵正常运转,以保证细胞的正常代谢功能,保证 ATP 与 ADP 的转换。镁对神经系统有镇静作用。人从孩提到老年,均需要镁盐沉积在骨骼中,才能保证骨骼正常生长。机体的应激状态,可使体内镁的排泄大增;饮酒会使食物中的镁在肠道中吸收困难,并使镁的排泄增强(尿镁增多);咖啡和茶喝得太浓太多、长期用药、体内细菌与病毒的感染均可增加镁的消耗,从而引起缺镁。缺镁会导致横纹肌、平滑肌的代谢障碍,使人体周身酸痛乏力、胃肠蠕动减弱、食欲减退和腹胀。缺镁也会使大脑皮层神经冲动的产生和传递异常,导致皮层下植物性神经中枢功能平衡失调,产生所谓的"植物性神经功能紊乱"。缺镁还可使冠心病人易发生严重的心律失常等现象。现已公认,镁代谢平衡的失调与肥胖病、高胰岛素血症和葡萄糖耐受失调等糖代谢紊乱症有关,并且成为高血压、冠心病、糖尿病及其致命的血管并发病的共同发病基础。在患有上述疾病时,补镁可全面改善糖代谢指标,降低血管并发病症的发生率。美国糖尿病协会建议糖尿病患者常服镁剂。据医学家研究,一个成年人每天应摄入 350 毫克镁,儿童和老年人摄入量还应更多一些。绿色蔬菜的含镁量居食物之最,但蔬菜加工过程中,损失量却很大。许多其他食品(如肉类、蛋类、豆类等)都含有镁,其中以豆芽、大豆、花生中的含量最高,100 克上述食品分别含镁 523、322 和 336 毫克,儿童和老人要多吃上述食品。

8.3.2 微量元素

在自然环境中,微量元素仅占地球组成部分的 0.01%;在人的身体里,微量元素所占的比例也很少,总重量大约只有体重的万分之五左右。微量元素通过激活酶的活性在人体内许多生化过程中起调控作用。大多数学者公认的必需的微量元素有 18 种,它们分别是铁、铜、锌、钴、锰、铬、钼、镍、钒、锡、硅、硒、碘、氟、锶、硼、铷、砷,这些微量元素直接或间接由土壤供给,人体自身无法合成,必须从自然界中含微量元素丰富的食物中摄取。

微量元素虽然在体内含量很少,但它们在生命过程中的作用不可被低估,它们在抗病、防癌、延年益寿等方面都起着不可忽视的作用。没有这些必需的微量元素,酶的活性就会降低或完全丧失,激素、蛋白质、维生素的合成和代谢也会发生障碍,人类生命过程就难以继续。

1.铁

铁在人体中的含量只有 0.006%,微乎其微。但铁是组成血红蛋白的一个不可缺少的成员。人体中的铁,有 70% 在血红蛋白中。铁是一种变价元素,当铁从一种价态转变为另一种价态时,需要消耗(或放出)的能量极少,因而是血液中氧的良好载体。当血液进入肺部后,红细胞中的铁与呼吸作用吸进来的新鲜氧气相结合,铁便由低价变为高价;当血液进入到身体其他部位时,红细胞中的铁由高价被还原为低价,并释放出氧气,供组织进行氧化反应。当然,血红蛋白的功能,并不限于运送氧气,还有运送二氧化碳和维持血液酸碱平衡,这些功能也是与铁分不开的。

成年人全身含铁约 3～5 克,除以与血红蛋白结合的形式存在外,还有约 10％分布在肌肉和其他细胞中,是酶的构成元素之一。还有一部分贮备铁,贮备在肝脏、脾脏、骨髓、肠和胎盘中,约占总量的 15％～20％。此外,还有少量的铁,以与蛋白质相结合的形式存在于血浆中,称作血浆铁,数量约为 3 毫克。铁与蛋白质、脂肪等其他营养素不同,除出血造成铁的损失外,铁在人体内并无消耗,而是循环利用。尽管如此,仍然有极少量的铁损失,即每天脱落的肠黏膜、皮肤细胞以及毛发中所含的铁,每天的铁损失量成年男子约为 0.9 毫克,女子约为 0.7 毫克。因此,人每天需要从食物中吸收约 1 毫克的铁,以资补充。又因为铁的吸收率因食物而异,通常为 10％左右,再加上安全系数,所以中国营养学会建议每日膳食营养素供给量中,铁的摄取量成年男子为 12 毫克,女子为 18 毫克,孕妇、乳母为 28 毫克(女子、孕妇、乳母因月经出血、胎儿成长和哺乳等原因,故每日应摄取铁的数量较多)。

当每日摄取的铁量少于损失(应补充)的铁量时,经过一段时间,贮备铁用完,血液中红细胞的数目或者红细胞中的血红蛋白含量便会相应减少,从而不同程度地出现贫血症状。如不能及时添加含铁多的辅食,贫血症状还会延续很长时间。其他如大量出血或慢性出血者,患慢性疾病、发热性疾病者,以及病理情况下铁代谢异常者等,也会出现缺铁性贫血。

要经常注意铁的补充,并使体内有一定数量铁的贮备,以保证身体的健康,实属必要。含铁丰富的食物有动物肝脏、动物全血。肉类、淡菜、虾米、蛋黄、黑木耳(干)、海带(干)、芝麻、大豆、南瓜子、西瓜子、芹菜、苋菜、菠菜、韭菜、小米以及红枣、紫葡萄、红果、樱桃等也含较为丰富的铁。动物肝脏、血和肉中的铁,是以血红素铁的形式存在的,最容易被吸收,其吸收率一般为 22％,最高可达 25％。植物中所含的铁,大多是以植酸铁、草酸铁等不溶性盐的形式存在,所以难以被人吸收利用,其吸收率一般在 10％以下。实验证明,铜也参与人体的造血过程,并能够影响铁的吸收、运送和利用。因此,在补充铁的同时,还要适当补铜。此外,维生素 C 能促进肠内铁的吸收。

2. 铜

人体里铜的含量比铁还要少。可是，缺了它造血机能就会受到影响，也会产生贫血现象。在人体中，有许多生物化学反应都要靠酶的催化，人体内至少有 11 种氧化酶，都含有铜离子。近几年科学家研究结果表明，人体里的铜元素对人体骨架的形成有十分重要的作用。凡摄入足够铜元素的少年，身高都在平均身高以上，而那些低于平均身高的少年，铜的摄入量大都低于标准值。个别矮个少年的铜的摄取量要比高个子少年低 50％～60％。

铜元素还起抑制癌变的作用。如在我国一些边远地区的妇女和儿童，由于佩戴铜首饰，加上日常生活中经常使用铜器，这些地区的癌症发病率很低。另外，铜还有预防心血管病、消炎抗风湿等等作用。

营养生物学研究证实，人体内铜的含量为 100～150 毫克，其中肝脏含 10～15 毫克，占全身总含量的 10％。正常人 1 毫升血浆中的铜含量为 1～2 毫克，人体每日用膳食提供的铜量常为 2～5 毫克，其中约有 0.6～1.6 毫克被吸收而维持体内铜代谢平衡。目前人们膳食中铜元素偏低，对身体健康很不利。因此，必须借助膳食来提高铜的摄入。在各种食品中，数动物肝脏的铜含量最高，其次是猪肉、蛋黄、鱼类和贝壳类食物，其他如香菇、芝麻、黄豆、黑木耳、果仁、杏仁、燕麦、荠菜、菠菜、龙须菜、芋头、油菜、香菜等铜含量也较高。同时，也可有意识地使用铜制炊具，帮助机体补充铜元素。但是，人体对铜的需求量与中毒量十分接近，因此，切不可擅自滥服铜制剂，以预防中毒。

3. 锌

正常成人含锌 1.5～2.5 克，其中 60％的锌存在于肌肉中，30％存在于骨骼中。身体中锌含量最多的器官是眼、毛发和睾丸。与铜相似的是，锌也是多种酶的成分，近年来发现有 90 多种酶与锌有关，体内任何一种蛋白质的合成都需要含锌的酶。临床早已证明，缺锌儿童生长发育停滞，性成熟产生障碍，伤口愈合能力差。对我国儿童的调查结果表明，60％的学龄前儿童的锌含量低于正常值，从而影响到发育。人的溃疡病、糖尿病都与缺锌有关。近期研究还表明，维生素 A 在体内的逆转及其在血液中正常浓度的维持也与锌有关。缺锌时，人的暗适应能力和辨色能力减弱,青春期男女脸上会长出粉刺。

　　我国锌的供给量标准为:成人除孕妇、乳母外为 1.5 毫克/天。一般成人锌的吸收率约为 20％～30％,锌的吸收受肠道内很多因素的影响,植酸、草酸和纤维素可降低锌的吸收率。人对动物性食物中的锌的吸收率高于植物性食物中的锌,所以动物性食物是锌的主要来源,如牡蛎、鱼、海产品。豆类及谷类也含有锌,其含锌量与当地土壤含量有关,经发酵可提高锌的吸收率。另外,由于锌与铜在某些方面竞争,因此铜过量会导致锌的缺乏,锌过量也会导致铜的缺乏。

　　缺锌最常见的病因是膳食不平衡。一般健康人体对锌的需求量很低。如果长期补锌过多,容易引起或加重缺铁性贫血。如果缺钙的宝宝补锌太多,还可能使机体抵抗力降低而感染其他疾病。儿童期补锌太多,成年后还易患冠心病、动脉硬化症等。另外,锌摄入量过多,会在体内蓄积引起中毒,出现恶心、吐泻、发热等症状,严重的甚至突然死亡。

　　4. 碘

　　碘被称为"智慧元素",人体中 90％ 的碘集中在甲状腺内。碘在人体的生长发育过程中起着重要作用。人体在发育与生长不同时期缺碘会对健康造成损伤,主要表现为甲状腺肿大(也就是我们常说的大脖子病)和克山病。为防止碘缺乏,包括我国在内的许多国家均普遍采用了食盐加碘的政策,在全球范围内控制该疾病的发生。

　　自然界中的碘元素通常以化合物的形式存在,一般可溶解于水中,因此碘随水的流动而流动。水流的方向是由高向低,因此地面的碘含量在深山区、半山区、平原、沿海依次升高。因此,一般内陆山区较容易缺碘,沿海低洼地区则积碘较多。如青海大部分地区水中碘仅 0.7 微克/升左右;而上海地区的水中碘为 20 微克/升左右;有些沿海地区水中非但不缺碘,甚至碘过量,如我国渤海湾地区的饮用水中的含碘量高达 1000 微克/升。据报道,浙江沿海的苍南已经发现多例因碘过量而产生的疾病。一些教授对这些案例做了跟踪调查,提出一个可能:住在海岛上的人,平时已经摄入足够多的含碘食物(如海带、海鱼等),外加食盐中的碘,这样一来,海岛很多居民存在碘摄入过量的问题。研究发现,碘过量可引起高碘甲亢、高碘自身免疫性疾病、甲状腺癌等多种临床表现。此外,人体还可能因为碘过多而产生急慢性中毒、智力损伤等。因此,已经有许多专家提议,食盐加碘这一做法要按照不同地区分别对待,不能全国搞统一标准。我们还应该提倡科学补碘,在内陆山区可以食用碘盐来防止碘缺乏症,但在沿海地区非但不用补碘,反而要防止碘过量。

专家提示

碘盐不再"怕光"

在2009年浙江省"两会"上,有些代表提出了一些防止海岛居民碘过量的措施:把盐袋敞开让碘挥发掉;烧菜时先把盐放下去让碘蒸发等。这些都是对化学知识不了解而闹出的笑话。其实以前的碘盐是在食盐中掺入碘化钾制成,但由于碘化钾在空气中易被氧化,会造成碘流失,且价格较贵,故我国从1989年起规定食盐中改加碘酸钾。碘酸钾是一种较强的氧化剂,在空气中或遇光都是不会被氧化的;而且碘酸钾是离子晶体,沸点高,不具挥发性,所以炒菜时不必强调在出锅前或食用时才加盐。一些科普文章中强调碘盐要避光保存、烹饪加碘盐忌早宜迟等,实际上是对于碘化钾来说的,对于碘酸钾不存在这些情况。

5.氟

氟在人体内主要集中在骨骼、牙齿、指甲和毛发中,尤以牙釉质中含量最多。骨骼中以长骨的含氟量最多。男性骨骼中氟含量高于女性,且随年龄增长而升高。人的内脏、软组织、血浆中含氟量较低。成年人体内含氟量约为2.9克,仅次于硅和铁。氟的生理需要量为每天0.5～1毫克。氟对人体的安全范围比其他微量元素要窄得多,人体对氟的需要量与导致氟中毒的量之间相差不多。

人的饮食,尤其是儿童饮食中,糖类物质是不可少的。这些食物残渣留在牙缝里,再加上细菌的作用,会形成酸性物质。釉质虽很坚硬,但抵抗不了酸性物质,羟基磷酸钙会在酸的作用下溶解,牙冠的保护层就被破坏了。酸性物质继续深入,致使牙齿组织土崩瓦解,形成空洞。这种牙齿硬组织逐渐发生变色、软化和缺损的疾病就称为龋齿。当氟化物遇到釉质中的主要成分羟基磷酸钙时,氟离子就会与之作用,生成氟磷酸钙,代替羟基磷酸钙保护牙齿。氟磷酸钙不仅很坚硬,而且不怕酸的侵蚀,它还有抑制细菌的作用,减少口腔内酸性物质的生成。因此,为了防止龋齿的发生,一般可在牙膏里加入适量氟化物。有些国家还采取了在自来水中加氟的办法。

人体中缺氟,不仅会造成龋齿,对骨骼也能产生重要影响。氟能增强骨骼的硬度,加速骨骼的生成。缺氟会造成老年性骨质疏松症,这在低氟地区比较常见。骨质疏松患者服用适量的氟化钠,会使病症减轻。

不论是在牙膏中加氟、在自来水中加氟,还是直接服用氟化钠,都必须要适量。如果摄入量过多,不但没有好处,还会引起氟中毒。中毒的主要表现是,牙齿表面失去光泽,牙齿上出现灰色、褐色斑点,这就是"斑牙症"。严重者会使牙齿变黑,牙被腐蚀而破碎。过多的氟对骨骼、肾脏也有损害。

氟在自然界分布很广。人的膳食和饮水中,都含有氟。食品中以鱼类、各种软体动物(如贝类、乌贼、海蜇等)含氟较多。茶叶含氟量最高,而粮食、蔬菜和水果中的含氟量因土壤和水质不同有较大差异。

6. 硒

近年来研究发现,硒对人的生命有重要作用,可延缓细胞衰老,保护细胞的完整性,抵抗重金属中毒,从而延长人类寿命,故硒被称为"长命之素"。据美国调查显示,在该元素低的地区,人们易患心脏病、脑溢血、原发性高血压、贫血等40多种疾病,死亡人数比一般地区高两倍。我国陕西紫阳和湖北恩施地区,由于硒的含量较多,癌症患病率和死亡率比缺硒地区少一半。我国流行的慢性关节病——大骨节病,也是由低硒、低铜造成的。谷物、肉类、海产品中硒的含量比较高。

7. 锗

锗亦为生命必需的微量元素。有机锗在人体中有很强的脱氢能力,可防止细胞衰老,增强人体免疫力。锗还具有抗肿瘤、抗炎症、抗病毒等生理作用。据日本学者报道,有机锗是一种广谱抗癌药,对于治疗转移性肺癌、肝癌、生殖系统癌和白血病都有效。据瑞典和美国研究报道,有机锗对于治疗恶性淋巴癌、卵巢癌、子宫颈癌、大肠癌、前列腺癌和黑色素癌均有效。因此,有机锗被誉为"人类健康的保护神"。

正确补充微量元素

在人体的新陈代谢过程中,每天都有一定数量的微量元素通过粪便、尿液、汗液、头发等途径排出体外,因此必须通过饮食予以补充。只要长期坚持科学平衡膳食,每天摄入多样化的食物,不挑食,不偏食,是很难发生营养缺乏的。至于是否需要补充微量元素添加剂,专家认为,老年人、孕产妇、青少年这些特殊人群可以根据自己的需要在特定时期进行适量补充;至于成年人,最好还是食补。由于某些微量元素在体内的生理作用剂量与中毒剂量接近,过度摄入不但无益反而有害,所以我们要掌握必要的科学知识,合理把握,科学地补充营养,避免发生不必要的悲剧。

8.3.3 有害元素

由于环境污染,或从食物中摄入量过大、时间过长,对人体健康有害的元素称为有害元素或有毒元素(Bi、Sb、Be、Cd、Hg、Pb 等)。

1. 镉

镉常混入铜矿、锌矿等矿物中,在冶炼过程中,进入废渣,再被雨水冲刷进入河(湖)水,造成镉污染。当镉进入人体,会跟人体蛋白质结合成有毒的镉硫蛋白,危害造骨功能,从而造成骨质疏松、骨萎缩变形、全身酸痛等。日本神通河两岸常见的骨痛病,镉是罪魁祸首。

镉非微量元素

世界卫生组织宣称，人体缺乏排镉功能，镉的每日摄入量应为零，即不可摄入镉，因此，不要因为在人体中查到残留的微量镉而误认为它为微量元素。

2. 铅

铅是一种重金属，污染性较大。它能使红血球分解，同时通过血液扩散到全身器官和组织，并进入骨骼，造成桡骨神经麻痹及手指震颤症，严重时会导致铅毒性脑病而死亡。古罗马人曾使用铅制器皿贮藏糖和酒，用金属铅铸造水管，这会导致食品和水中含铅量增高，引起慢性中毒，死亡后尸骨上留有硫化铅黑斑。随着人类生活的进步，在不知不觉中，无论是大人还是孩子都或多或少地受到铅的危害。轻者可以导致食欲不振、体重减轻、无力、四肢酸痛、面色苍白、头晕、恶心、呕吐、腹泻、腹胀、腹痛、便秘、消化不良、失眠、口有金属味、齿龈见铅线。重者可能会导致明显贫血、神经系统器质性疾病、肝肾疾病、心血管器质性疾病及呼吸系统疾病，甚至智力下降，特别是孩子铅中毒会严重影响智商。

当铅在儿童血液中的含量超过 100 微克/升时，就发生儿童铅中毒。它最大的危害是影响孩子的智力发育，此外还会危害孩子的神经系统、心脏和呼吸系统。

3. 汞

汞在天然和人工条件下以单质和化合物两种形态存在。

金属汞中毒常由汞蒸气引起。由于汞蒸气具有高度的扩散性和较大的脂溶性，通过呼吸道进入肺泡，经血液循环运至全身。血液中的金属汞进入脑组织后，被氧化成汞离子，逐渐在脑组织中积累，达到一定的量，就会对脑组织造成损害。另外一部分汞离子转移到肾脏。因此，慢性汞中毒临床表现主要是神经系统症状，如头痛，头晕，肢体麻木和疼痛，肌肉震颤，运动失调等。易兴奋是慢性汞中毒的一种特殊的精神状态,表现为易激动,口吃,胆怯,焦虑不安,思想不集中,记忆力减退,精神压抑等。此外胃肠道、泌尿系统、皮肤、眼睛均可出现一系列症状。急性汞中毒的症候为肝炎、肾炎、蛋白尿、血尿和尿毒症。

甲基汞在人体肠道内极易被吸收并分布到全身,大部分蓄积到肝和肾中,分布于脑组织中的甲基汞约占 15%。但脑组织先于其他各组织受损害,主要损害部位为大脑皮层、小脑和末梢神经。因此,甲基汞中毒主要为神经系统症状。其中毒症状主要有:①一般症状,如头痛,疲乏,注意力不集中,健忘和精神异常等。②感觉异常,如口周围(鼻、唇、舌)和手足末端麻木,刺激和感觉障碍,重者可波及上肢和下肢,甚至扩大到躯干。③语言障碍,如说话不清楚、缓慢、不连贯等。④运动失调,如手笨拙、不能做快速或微细的动作(如写字、吃饭、扣纽扣等),步态不稳,协调运动障碍和震颤等。⑤视野缩小,如双侧向心性视野缩小,重者可呈管状视野。⑥听力障碍,如中枢性听觉障碍,听不到声音或者听到声音但听不懂所说的话。⑦其他,如肌肉萎缩、痉挛、僵直、流涎或多汗等。

20 世纪 50 年代,日本熊本县水俣市发生了震惊世界的"水俣病事件",就是因为将汞摄入体内而引起中毒。为了防止汞中毒事件发生,我国根据《中华人民共和国环境保护法》所制定的生活饮用水和农田灌溉水的水质标准都规定,汞含量不得超过 0.001 毫克/升。

8.4　食品中的添加剂

食品添加剂在食品工业的发展中起了决定性的作用。没有食品添加剂,就没有现代食品工业,食品添加剂是现代食品工业的催化剂和基础,被誉为"现代食品工业的灵魂"。它已渗透到食品加工的各个领域,包括粮油加工、畜禽产品加工、水产品加工、果蔬保鲜与加工、酿造以及饮料、烟、酒、茶、糖果、糕点、冷冻食品、调味品等。家庭的一日三餐中,添加剂也是必不可少的。食品添加剂对于改善食品的色、香、味、形,调整食品营养结构,提高食品质量和档次,改善食品加工条件,延长食品的保存期,发挥着极其重要的作用。

8.4.1　食品添加剂的分类

食品添加剂有很多类别,根据我国 1990 年颁布的《食品添加剂分类和代码》,按主要功能的不同,食品添加剂分为:

酸度调节剂　酸度调节剂是用以维持或改变食品酸碱度的物质。

抗结剂　抗结剂是用于防止颗粒或粉状食品聚集结块,保持其松散或自由流动的物质。

消泡剂　消泡剂是在食品加工过程中降低表面张力、消除泡沫的物质。

抗氧化剂　抗氧化剂是能防止或延缓食品氧化变质的物质。

漂白剂　漂白剂是能够破坏、抑制食品的发色因素,使其褪色的物质。

膨松剂　膨松剂是在食品加工过程中加入的,能使面胚发起形成致密多孔组织,从而使制品松散、柔软或酥脆的物质。

胶姆糖基础剂　胶姆糖基础剂是赋予胶姆糖起泡、增塑耐咀嚼等作用的物质。

着色剂　着色剂是使食品着色和改善食品色泽的物质。

护色剂　护色剂是能与肉及肉制品中呈色物质作用,使之在食品加工、保藏等过程中不致分解、破坏,呈现良好色泽的物质。

乳化剂　乳化剂是能改善乳化体中各种构成物之间的表面张力,形成均匀分散体或乳化体的物质。

酶制剂　酶制剂是从生物中提取的具有生物催化能力的物质,辅以其他成分,用于加速食品加工过程和提高食品产量质量的物质。

增味剂　增味剂是补充或增强食品原有风味的物质。

面粉处理剂　面粉处理剂是使面粉增白和提高焙烤食品质量的物质。

被膜剂　被膜剂是涂抹于食品外表,起保质、保鲜、上光、防止水分蒸发等作用的物质。

水分保持剂　水分保护剂是有助于保持食品中水分而加入的物质。

营养强化剂　营养强化剂是指为增强营养成分而加入食品中的天然的或者人工合成的物质,属于天然营养素范围。

防腐剂　防腐剂是防止食品腐败变质、延长食品储存期的物质。

稳定和凝固剂　稳定和凝固剂是使食品结构稳定或使食品组织结构不变,增强黏性固形物的物质。

甜味剂　甜味剂是赋予食品以甜味的物质。

增稠剂　增稠剂是可以提高食品的黏稠度或形成凝胶,从而改变食品的物理性状,赋予食品黏润、适宜的口感,并兼有乳化、稳定的物质。

食品香料　食品香料是能够用于调配食品香味,并使食品增香的物质。

8.4.2　食品添加剂的作用

食品添加剂大大促进了食品工业的发展,并被誉为"现代食品工业的灵魂"和"食品工业创新的秘密武器"。它给食品工业带来许多益处,其主要作用有:

①有利于食品的保藏,防止食品变质;

②改善食品的感官性状;

③保持或提高食品的营养价值,提高产品质量;

④增加食品的品种和方便性;

⑤有利于食品加工操作,适应生产的机械化和自动化;

⑥满足其他特殊需要,作为某些特殊膳食用食品配料。

8.4.3　食品添加剂的安全使用

现代医学已经证明,很多食品添加剂本身没有营养价值,而且还对人体有害,所以世界各国对食品添加剂的使用均有严格的规定,以防止食品安全事件的发生。尽管如此,食品安全事件还是层出不穷。在国外,食品安全事件多由细菌性污染造成。而我国食品安全事件绝大多数是由人为"掺假"造成的,如使用过量的食品添加剂或者使用有毒有害的化学产品(非食品添加剂),"三鹿奶粉"、"红心鸭蛋"、"毒火腿"、

"毒鱼"都属此类,严重威胁公众健康。过度使用食品添加剂和向食品中非法添加化工原料,成为造成食品添加风险的两大主要原因。食品企业使用食品添加剂时主要存在 4 大类问题:

①使用目的不正确。一些企业使用添加剂并非为了改善食品品质,提高食品本身的营养价值,而是为了迎合消费者的感官需求,降低成本,违反食品添加剂的使用原则。

②使用方法不科学,不符合食品添加剂使用规范,超范围、超量使用。

③在达到预期效果的情况下没有尽可能降低食品添加剂的用量。

④未在食品标签上明确标示。

1. 三聚氰胺

2008 年 9 月 1 日起,有媒体相继报道许多婴儿因吃"三鹿牌"奶粉而患肾结石。三鹿公司于 11 日晚上承认三鹿奶粉受三聚氰胺污染,并发布召回三鹿问题奶粉的声明。2009 年初,又有 60 多名幼儿因食用"多美滋牌"奶粉而患肾结石入院治疗。一时间,全国人民对三聚氰胺如临大敌。

三聚氰胺是一种三嗪类含氮杂环有机化合物,简称"三胺",俗称"蜜胺"、"蛋白精",含氮量高达 66％左右。三聚氰胺是一种低毒的化工原料。动物实验结果表明,其在动物体内代谢很快且不会存留,主要影响泌尿系统。三聚氰胺进入人体后,发生水解反应生成三聚氰酸,三聚氰酸和三聚氰胺形成大的网状结构,造成结石,会对泌尿系统、生殖系统造成严重破坏,甚至引发膀胱癌。三聚氰胺剂量和临床疾病之间存在明显的量效关系。三聚氰胺在婴儿体内的最大耐受量为每公斤奶粉 15 毫克。根据美国食物及药物管理局的标准,三聚氰胺每日可容忍摄入量为 0.63 毫克/公斤体重。虽然三聚氰胺和三聚氰酸共同作用才会导致肾结石,但是三聚氰胺在胃的强酸性环境中会有部分水解成为三聚氰酸,因此只要含有了三聚氰胺就相当于含有了三聚氰酸,其危害仍源于三聚氰胺。

蛋白质主要由氨基酸组成。蛋白质平均含氮量为 16％左右,而三聚氰胺的含氮量为 66％左右。常用的蛋白质测试方法"凯氏定氮法"

是通过测出含氮量乘以 6.25 来估算蛋白质含量,因此,添加三聚氰胺会使得食品的蛋白质测试含量虚高,从而使劣质食品和饲料在检验机构只做粗蛋白质简易测试时蒙混过关。有人估算,要使植物蛋白粉和饲料中测得的蛋白质含量增加 1 个百分点,用三聚氰胺的花费只有真实蛋白质原料的 1/5。三聚氰胺作为一种白色结晶粉末,没有什么气味和味道,所以掺杂后不易被发现。

2. 苏丹红

2005 年,肯德基新奥尔良烤翅和新奥尔良烤鸡腿堡调料中发现"苏丹红一号"成分,其来自宏芳香料昆山有限公司提供的两批红辣椒粉。之后,大连三岛食品有限公司生产的日本拉面大酱汁、北京亨氏的米粉中也查出有苏丹红成分。河北省石家庄周边地区一些养鸭场,使用含有工业染料"苏丹红Ⅳ号"的饲料喂养鸭子,鸭子产下的所谓"红心"鸭蛋经过白洋淀地区加工厂腌制加工,冒充白洋淀特产"红心"鸭蛋。诸如此类的事件着实让广大消费者胆战心惊。

苏丹红并非食品添加剂,而是一种化学染色剂,主要是用于石油、机油和其他的一些工业溶剂中,目的是使其增色,也用于鞋、地板等的增光。它的化学成分中有一种叫萘的化合物,该物质具有偶氮结构,这种化学结构决定了它具有致癌性,对人体的肝肾器官具有明显的毒性。为什么作为化工原料的苏丹红常被用在鸡蛋、烤鸡翅、烤肉等食品中,尤其是运用到辣椒产品加工当中呢?一是由于苏丹红用后不容易褪色,能够长时间保持食品鲜红,可以弥补辣椒放置久后变色的现象,保持辣椒鲜亮的色泽。二是一些企业将玉米等植物粉末用苏丹红染色后混在辣椒粉中,以降低成本,牟取利益。

卫生部发布的《苏丹红危险性评估报告》通过对"苏丹红"染料系列亚型的致癌性、致敏性和遗传毒性等危险因素进行评估,最后得出结论:苏丹红对人体健康造成危害的可能性很小,偶然摄入含有少量苏丹红的食品,引起的致癌性危险性不大,但如果经常摄入含较高剂量苏丹红的食品就会增加其致癌的危险性。就其毒性程度来说,按照目前在食品中的检出量和可能的摄入量,食品中苏丹红含量增加 10 万~100 万倍才能诱发动物肿瘤,而对人体的致癌可能性极小。但报告同时指出,苏丹红是一种人工色素,在食品中非天然存在,如果食品中的苏丹红含量较高,达上千毫克,则苏丹红诱发动物肿瘤的机会就会上百倍增加,特别是由于苏丹红的有些代谢产物可能是人类致癌物,因此在食品中应禁用。

3. 甲醛

甲醛是一种具有刺激性、易挥发、易溶于水的无色物质,对人体健康有较大的影响。当室内空气中甲醛浓度为 0.1 毫克/米^3 时,就有异味,会刺激眼睛流泪;浓度再高时,将引起咽喉不适、恶心、呕吐、咳嗽和肺气肿;当甲醛含量达到 30 毫克/米^3 时,便能致人死亡。人们长期吸入低剂量甲醛,会引起慢性呼吸道疾病,还会使妇女月经紊乱,影响生育,并引起新生儿体质下降和染色体异常,甚至可诱发鼻咽癌和白血病。1987 年美国环保局已将它列为可致癌的有机物之一。

啤酒厂家在生产过程中往啤酒里加入甲醛,可以通过化学反应去除多酚,避免絮状沉淀,目的是提高啤酒的卖相。但因为甲醛危害大,早在上世纪 80 年代初国家有关部门就联合发文,明令啤酒行业禁止使用甲醛。

4. 亚硝酸钠

亚硝酸钠是一种食品添加剂。在食品中加入少量亚硝酸钠作为防腐剂和增色剂,不但能防腐,还能使肉的色泽鲜艳。添加亚硝酸钠可以抑制肉毒芽孢杆菌,并且可以防止鲜肉在空气中被逐步氧化成灰褐色的变性肌红蛋白,从而使肉制品保持鲜红色。但亚硝酸钠有毒,人食用 0.2~0.5 克就可能出现中毒症状,亚硝酸钠中毒的症状有头痛,头晕,乏力,胸闷,气短,心悸,恶心,呕吐,腹痛,腹泻,口唇、指甲及全身皮肤、黏膜紫绀等,甚至抽搐,昏迷,如果一次性误食 3 克,就可能造成死亡。世界食品卫生科学委员会 1992 年发布的人体安全摄入亚硝酸钠的标准为低于 0.1 毫克/千克体重;若换算成亚硝酸盐,其标准为低于 4.2 毫克/60 千克体重。按此标准使用和食用,人体不会受到危害。

亚硝酸盐类的添加剂会使肉制品中的亚硝酸盐残留进入人体,与氨基酸、磷脂等有机物质在一定环境和条件下产生的胺类反应生成亚硝胺。亚硝胺具有强烈的致癌作用,会给消费者的健康带来危害,所以说亚硝酸盐是潜在的致癌物。对于添加了亚硝酸盐的食品,食用前要多加日晒。自己腌制的食品也一定要在足够的日晒后才能食用，以免亚硝酸钠过量而中毒。

5."瘦肉精"

2008 年上海发生的"瘦肉精"食物中毒事故造成多人中毒。2009年 2 月，广州又再次发生了"瘦肉精"事件。

"瘦肉精"是一种白色或类似白色的结晶体粉末，无臭，味苦，全名叫盐酸克伦特罗，是一种可用作兴奋剂的药物，并可用于治疗哮喘，加在猪饲料中能提高瘦肉组织生长速度和效率。由于其化学性质稳定，加热到 172℃时才能分解，因此一般的加热方法不能将其破坏。瘦肉精在胃肠道中吸收快，人或动物服 15～20 分钟后即起作用，常作为兽药或禽畜饲料添加剂，属于违禁品。人摄入后在体内存留时间较长，不良反应主要有引起心率加速，特别是原有心律失常的病例更易发生心脏反应，可见心室早搏、肌肉震颤，引发四肢、面颈部骨骼肌震颤，尤其是交感神经功能亢进的病例更易发生，还会引起低血钾，从而导致心律失常。"瘦肉精"一般来说不会对人体造成很大危害，但是对心率失常、高血压、青光眼、糖尿病、甲状腺机能亢进等疾病的患者危害较大。更有部分研究表明，瘦肉精对生殖系统有严重影响。

6.硼砂

硼砂也叫粗硼砂，是一种既软又轻的无色结晶物质。在化学组成上，它是含有 10 个水分子的四硼酸钠。硼砂有非常广泛的用途，可作为消毒剂、保鲜防腐剂、软水剂、洗眼水、肥皂添加剂、陶瓷的釉料和玻璃原料等，在工业生产中硼砂也有着重要的作用。硼砂在被禁止使用前，在食品加工上运用得相当广泛。硼砂添加到食品中起防腐、增加弹性和膨胀等作用，多用于腐竹、肉丸、凉粉、凉皮、面条、饺子皮等食品中，以增加食物韧性、脆度及改善食物保水性及保存度等。

单就食品品质上的改良功能来说，硼砂确实是用途广泛，但其具有危险的毒性，也是不争的事实。目前世界各国都已禁止在食品中添加硼砂。这是因为硼砂经由食品摄取后，可与胃酸作用产生硼酸，硼酸不易被排出，具有积存性，连续摄取后会在体内蓄积，妨碍消化酶的作用，引起食欲减退、消化不良,抑制营养素吸收,促进脂肪分解,因而使体重减轻。其中毒症状为呕吐、腹泻、红斑、循环系统障碍、休克及昏迷等硼酸症症状。硼砂的致死量大人约为 20 克,小孩约为 5 克。

除了上述有害物质意外,被禁用的物质还有硫氰酸钠、玫瑰红 B、美术绿、碱性嫩黄、酸性橙、一氧化碳、硫化钠、工业硫磺等。

8.5　常用药物

人类的平均寿命从上世纪初的 45 岁提高到现在的 79 岁,主要归功于生活质量的提高和医疗条件的改善。现代药物的发明和广泛使用直接影响着医疗水平的提高。

8.5.1　解热镇痛药

解热镇痛药为一类具有解热、镇痛药理作用,同时还有显著抗炎、抗风湿作用的药物,因此,又称为解热镇痛抗炎药。

阿司匹林是历史悠久的解热镇痛药,早在古埃及时代就有人用白柳的叶子(最古老的阿司匹林配方)来抑制疼痛,后来人们又用白柳叶的汁来镇痛和退热。1853 年夏天,弗雷德里克·热拉尔用水杨酸与醋酐合成了乙酰水杨酸,但没能引起人们的重视。1898 年,德国化学家霍夫曼合成出了酸性较弱的乙酰水杨酸,并为他父亲治疗风湿关节炎,疗效极好。1899 年,德国拜尔公司正式为它注册了商标,取名"阿司匹林"。我国于 1958 年开始生产阿司匹林。阿司匹林解热镇痛作用较强,能降低发热者的体温,对正常体温者几乎无影响。阿司匹林可减少对炎症部位具有痛觉增敏作用的物质——前列腺素的生成,故有明显的镇痛作用,对慢性疼痛效果较好,对锐痛或一过性刺痛无效。阿司匹林的抗炎抗风湿作用也较强,对于急性风湿热患者,用药后 24～48 小时即可退热,关节红肿疼痛症状明显减轻。阿司匹林还能抑制血小板的释放反应,抑制血小板的聚集,临床上用于预防心脑血管疾病的发作。阿司匹林广泛用于减轻各种原因引起的发热、头痛、牙痛、肌肉痛、关节痛、腰痛、月经痛、术后小伤口痛。到目前为止,阿司匹林已应用百年,成为医药史上三大经典药物之一,至今它仍是世界上应用最广泛的解热、镇痛和抗炎药,也是作为比较和评价其他药物的标准制剂,被誉为"世纪神药"。

8.5.2　抗/抑酸药

1. 胃舒平

胃舒平,是由能中和胃酸的氢氧化铝和三硅酸镁两药合用,并组合解痉止痛药——颠茄浸膏而成。其中的氢氧化铝不溶于水,与胃液混合后形成凝胶状覆盖了胃黏膜表面,具有缓慢而持久的中和胃酸及保护胃黏膜的作用;但由于中和胃酸时产生的氯化铝具有收敛的作用,可引起便秘。三硅酸镁中和胃酸的作用机理与氢氧化铝类似,同样可于胃内形成凝胶,中和胃酸和保护胃黏膜。但由于其中不被吸收的镁离子起了轻泻作用,对于去除氢氧化铝的便秘副作用有一定效果,两药组合,相得益彰。至于颠茄浸膏,则具有解痉止痛的作用。

2. 威地美

威地美主要成分为铝碳酸镁,是不溶于水的结晶性粉末,化学名称为碱式碳酸铝镁四水合物。它具有独特的大分子层状网络结构,口服之后不被胃肠道吸收,为抗酸与胃黏膜保护类药品。服用后能迅速中和胃酸,可逆性结合胆酸,保持胃内最佳的治疗生理环境,持续阻止胃蛋白酶和胆酸对胃的损伤,且增强胃黏膜保护因子作用,促进病变部位更快更好地痊愈,改善或缓解由胃酸过多引起的各种病症。

3. 西咪替丁

西咪替丁为一种 H_2 受体拮抗剂,能明显地抑制由食物、组胺或五肽胃泌素等刺激引起的胃酸分泌,并使其酸度降低。它对因化学刺激引起的腐蚀性胃炎有预防和保护作用,对应激性溃疡和上消化道出血也有明显疗效。它有抗雄激素作用,在治疗多毛症方面有一定价值。它能减弱免疫抑制细胞的活性,增强免疫反应,从而阻抑肿瘤转移。本品适用于治疗十二指肠溃疡、胃溃疡、反流性食管炎、上呼吸道出血等。类似的药品有雷尼替丁、法莫替丁等。

4.奥美拉唑

奥美拉唑是近年来研究开发的全新抗消化性溃疡药。其作用机制不同于 H_2 受体拮抗作用。它特异性地作用于胃黏膜壁细胞,降低壁细胞中的氢钾 ATP 酶的活性,从而抑制基础胃酸和刺激引起的胃酸分泌。本类药物又称为质子泵抑制剂。它主要适用于治疗十二指肠溃疡和卓—艾综合征,也可用于胃溃疡和反流性食管炎。类似的药品还有泮托拉唑、雷贝拉唑和兰索拉唑等。

8.5.3　抗菌素

抗菌素包括抗生素和人工合成抗菌药物。它不但可以预防和治疗由细菌引起的疾病,还可以预防和治疗由支原体、立克次氏体、原虫、真菌、霉菌等许多微生物引起的疾病。在 20 世纪 30 年代以前,人类经常遭受到病菌的侵害。很多人由于受病菌感染,往往不治而终。

专家提示

抗生素和消炎药的区别

抗生素的品种繁多,使用广泛,很多人把抗生素称为消炎药。但严格意义上讲两者是不同的两类药物。抗生素不是直接针对炎症来发挥作用的,而是针对引起炎症的微生物,是用于杀灭微生物;而消炎药是针对炎症的。

青霉素的大量生产和广泛应用,使许多恶性疾病再也不能猖獗,无数面临死亡威胁的病人得到挽救。特别是在第二次世界大战期间,青霉素医治了成千上万的伤病员。人们一直把青霉素和原子弹、雷达并称为第二次世界大战中的三大发明发现。1945 年,瑞典皇家医学院决定将该年度的诺贝尔生理学及医学奖授予弗洛里、弗莱明和钱恩三人。授奖词中把青霉素的发现称为"现代医学史上最有价值的贡献",并特别强调指出,这是"不同科学方法为了共同目标而协作的杰出范例"。

青霉素的发现经过

英国细菌学家亚历山大·弗莱明一直致力于探求消灭病菌的方法,研制杀死这些人类死敌的药物。1928年夏季,弗莱明无意中发现一种绿色霉菌的分泌物能有效地杀死凶恶的葡萄球菌。他把这种绿色霉菌称为"青霉菌",把青霉菌的分泌物命名为"青霉素"。弗莱明知道,要把滤液中含量极少的青霉素提炼出来,并制成一种临床使用的药物,光凭他个人的力量是不行的,还需要许许多多科学家的共同努力。因此,他毫不犹豫地在英国皇家《实验病理季刊》上把自己的发现公布于众,并呼吁更多的科学家参与到这一研究工作中来。随后,英国病理学家弗洛里和才华出众的德国生物化学家钱恩一起,共同进行青霉素的系统研究。1940年,弗洛里等终于得到了最初的青霉素制品,它的杀菌能力空前强大。然而,从青霉菌中提炼出来的青霉素实在太少了,远远满足不了医学上的需要。为了寻找高产菌种,解决青霉素含量过少的问题,弗洛里等人四处奔波,从各地的土壤、垃圾堆和发霉的食品中分离出几百种霉菌标本,逐一加以研究比较。功夫不负苦心人,他们在垃圾箱的西瓜皮上找到了高产的优良菌种,使青霉素的产量成倍增长。同时,他们进一步研究和改进提炼方法,不断提高青霉素制品的纯度,使它能成为临床用药。

随着科学的进步,尤其是药物化学的飞速发展,药物化学家们已经制出了大量的β-内酰胺类抗生素、大环内酯类抗生素、氨基糖苷类抗生素、四环素类和氯霉素类抗生素和人工合成抗菌药物,给人类的健康带来了福音。但是抗生素如同一把双刃剑,用之科学合理可以为人类造福,不恰当则要危害人类的健康。

抗生素使用应适量

目前我国临床医生特别是基层医疗单位的医生,在临床工作中滥用抗生素的状况特别严重,导致耐药性越来越强。因此,一定要合理控制抗菌素的使用剂量,否则,总有一天我们人类要重新面对无药可治的现实。

8.5.4 抗癌药

癌症也叫恶性肿瘤,是机体在各种致瘤因素作用下,局部组织的细胞异常增生而形成的局部肿块。恶性肿瘤可以破坏组织、器官的结构和功能,引起坏死出血合并感染,患者最终可能由于器官功能衰竭而死亡。据统计,目前全世界每年约有600万人死于各种癌症,癌症堪称人类健康的第一杀手。现在医学上治疗癌症的手段主要有外科手术治疗、放射治疗、化学治疗和免疫治疗等。大多数抗肿瘤药物是通过影响肿瘤细胞增殖周期中DNA、RNA和蛋白质的合成而阻止其分裂繁殖,从而杀灭癌细胞。

靶向药物对特定的肿瘤分子变异部位的高度选择性使其具有疗效高、毒性小的特点,深受广大医生和患者欢迎。注射用顺铂是治疗多种实体瘤的一线用药,其为亮黄色或橙黄色的结晶性粉末、铂的金属络合物,作用似烷化剂,主要作用靶点为DNA。它作用于DNA链间及链内交链,形成DDP-DNA复合物,干扰DNA复制,或与核蛋白及胞浆蛋白结合。

紫杉醇是从短叶红豆杉的树皮中分离出来的抗肿瘤活性成分,具有独特的抗癌机理,是目前世界上公认的广谱、强活性的抗癌药物。通过与微量蛋白结合,并促进其聚合,紫杉醇能抑制癌细胞的有丝分裂,从而有效阻止癌细胞的增殖。1971年美国从红豆杉中提取紫杉醇,1992年它被美国食品和药物管理局(FDA)批准用于临床。经证明,紫杉醇对多种癌症有疗效,尤其是对卵巢癌、乳腺癌的治疗获得了很大成功,治愈率达 33%,有效率 75%。紫杉醇被誉为是继阿霉素、顺铂之后人类与各种癌症相抗争时疗效最好、副作用最小的药物。人类获得紫杉醇的方法有天然提取、人工合成、半人工合成、生物发酵,但是目前后三种方法大都停留在实验室阶段,临床使用的主要来自天然产物。为减少对野生红豆杉资源的破坏,人们又开始从红豆杉的枝茎叶部分中提取前体化合物 10-去乙酰基巴卡亭Ⅲ,然后用半合成法制备药用紫杉醇。

治疗癌症的新希望

目前,绝大多数癌症患者接受手术、放射和化学治疗。但是,放射和化疗也能摧毁人体正常细胞,因而有着严重的毒副作用。很显然,治疗癌症迫切需要一种能精确定位的途径。于是,科学家们想到了人体的免疫系统。利用免疫体系来清除癌细胞,即癌症的免疫治疗,将有望成为新型高效的治疗途径。

科学界十分热门的分子——神经酰胺半乳糖苷,就是癌症免疫治疗中的一颗闪亮的星星。代号为 KRN7000 的神经酰胺半乳糖苷已于 2001 年在欧洲和亚洲进入临床试验,结果显示该化合物没有任何毒副作用。该化合物通过激活人体的免疫体系,借助自然杀伤 T 细胞的活性,释放干扰素,有效清除肿瘤细胞。2008 年 1 月日本的 REGiMMUNE 公司宣布它们购买了该化合物的开发权。同时,美国、欧洲著名高校和研究机构希望通过改造 KRN7000 以寻求疗效更佳、口服更加稳定的 KRN7000 类似物。爱尔兰都柏林大学的朱向明教授率先以立体专一的路线完成了硫代 KRN7000 的合成。该化合物具有稳定性更高、抗癌活性更好的特点,将有望取代 KRN7000 进入临床试验。

生活信息箱

参考文献

[1] 白景瑞,腾进.化妆品配方设计及应用实例[M].北京:中国石化出版社,2001.

[2] 陈军,陶占良.能源化学[M].北京:化学工业出版社,2004.

[3] 陈玲.化妆品化学[M].北京:高等教育出版社,2002.

[4] 陈文敏,张自劢.煤化学基础[M].北京:煤炭工业出版社,1993.

[5] 陈英旭.环境学[M].北京:中国环境科学出版社,2001.

[6] 陈尊理.合理开发利用能源,减少温室效应危害[J].节能技术,2004,22,(1):53—55.

[7] 程备久.生物质能学[M].北京:化学工业出版社,2008.

[8] 程新群.化学电源[M].北京:化学工业出版社,2008.

[9] 崔佶,吴建一,杨金田.日用化学知识与技术[M].北京:兵器工业出版社,1994.

[10] 戴立益等.我们周围的化学[M].上海:华东师范大学出版社,2002.

[11] 董琍琍编著.化妆品[M].北京:中国物质出版社,1999.

[12] 傅冠民,邱家丹,周耀华.怎样选用化妆品:护肤、护发、美容[M].北京:华龄出版社,1995.

[13] 甘卉芳,栗建林,卢庆生.化妆品、洗涤用品和服饰中有害物质及其防护[M].北京:化学工业出版社,2004.

[14] 龚盛昭,李忠军.化妆品与洗涤用品生产技术[M].广州:华南理工大学出版社,2002.

[15] 何燧源.环境化学[M].上海:华东理工大学出版社,2006.

[16] 胡成春.生存之源:探求新能源[M].北京:金盾出版社,科学出版社,1998.

[17] 黄海涛,梁延鹏,魏彩春等.水体重金属污染现状及其治理技术[J].广西轻工,2009,(5):99—100.

[18] "家庭生活之友"丛书编委会编.家庭美学知识[M].武汉:湖北科学技术出版社,1995.

[19] 江朝阳,肖信,李雄武等.美国总统绿色化学挑战奖10周年[J].当代化工,2006,35(1):1—7.

[20] 江东亮,李龙土,欧阳世翕等.无机非金属材料工程(上)[M].北京:化学工业出版社,2006.

[21] 江泽民.对中国能源问题的思考[J].上海交通大学学报,2008,(3):345—359.

[22] 解守宗.我们周围的化学[M].上海:上海科学技术出版社,2003.

[23] 李博文.无机非金属材料概论[M].北京:地质出版社,1997.

[24] 李东光,翟怀凤.实用化妆品制造技术[M].北京:金盾出版社,1998.

[25] 梁英豪.化学与能源[M].南宁:广西教育出版社,1999.

[26] 刘创.家用洗涤剂[M].北京:化学工业出版社,2001.

[27] 刘旦初.化学与人类[M].上海:复旦大学出版社,2007.

[28] 刘静.化学与环境保护[M].成都:西南交通大学出版社,2004.

[29] 刘云.洗涤剂——原理·工艺·配方[M].北京:化学工业出版社,1998.

[30] 马家骧,马萱.最新日化产品配方1300例[M].北京:新时代出版社,1997.

[31] 马君贤.化学农药在土壤中的迁移与转化[J].黑龙江环境通报,2007,31(1):79—80.

[32] 马腾文,殷胜.服装材料[M].北京:化学工业出版社,2007.

[33] 孟多,周立岱,于常武.水体重金属污染现状及治理技术[J].辽宁化工,2006,35(9):534—536.

[34] 潘一,魏正义.2009年美国总统绿色化学挑战奖项目介绍[J].精

细化工,2009,26(7):625—629.

[35] 裘炳毅.化妆品化学与工艺技术大全(下)[M].北京:中国轻工业出版社,1997.

[36] 沈玉龙,刘长虹,吴树新.2006年美国总统绿色化学挑战奖项目评述[J].现代化工,2006,26(7):61—64.

[37] 施惠生.材料概论[M].上海:同济大学出版社,2002.

[38] 孙德彬.环保家装涂料——低VOC聚氨酯生产及施工工艺的研究[D].长沙:中南林业科技大学,2006.

[39] 唐有祺,王夔.化学与社会[M].北京:高等教育出版社,1997.

[40] 唐育民.合成洗涤剂及其应用[M].北京:中国纺织出版社,2006.

[41] 陶秀成.环境化学[M].北京:高等教育出版社,2002.

[42] 王革华.新能源概论[M].北京:化学工业出版社,2006.

[43] 王凯雄,胡勤海.环境化学[M].北京:化学工业出版社,2007.

[44] 王莉,康树静,王浩.土壤重金属污染[J].科技信息,2008,(19):53.

[45] 王麟生,乐美卿,张太森.环境化学导论(第2版)[M].上海:华东师范大学出版社,2006.

[46] 王慎敏,唐冬雁.日用化学品化学——日用化学品配方设计及生产工艺[M].哈尔滨:哈尔滨工业大学出版社,2001.

[47] 韦立峰.浅谈水体富营养化的成因及其防治[J].中国资源综合利用,2008,(8):25—27.

[48] 文博,魏双燕.环境保护概论[M].北京:中国电力出版社,2007.

[49] 席慧智,邓启刚,刘爱东.材料化学导论[M].哈尔滨:哈尔滨工业大学出版社,2005.

[50] 徐宝财.日用化学品——性能、制备、配方(第2版)[M].北京:化学工业出版社,2008.

[51] 徐宝财.洗涤剂概论(第2版)[M].北京:化学工业出版社,2007.

[52] 闫兴凤,李高平,王建党等.土壤重金属污染及其治理技术[J].微量元素与健康研究,2007,24(1):52—54.

[53] 杨双春,杨兰英.2008年美国总统绿色化学挑战奖项目介绍[J].精细化工,2008,25(8):729—733.

[54] 杨小红,许信旺,光晓元.健康化学[M].合肥:合肥工业大学出版社,2004.

[55] 叶君,赵星飞等.第十二届美国总统绿色化学挑战奖[J].化工进展,2007,26(9):1359－1360.

[56] 臧剑士.化妆品生产鉴定知识[M].北京:轻工业出版社,1985.

[57] 张瑾,戴猷元.环境化学导论[M].北京:化学工业出版社,2008.

[58] 郑玉建,张杰,依不拉音.微生物在水体重金属污染治理中的应用[J].国外医学地理分册,2006,(1):39－42.

[59] 周璐瑛.现代服装材料学[M].北京:中国纺织出版社,2000.

[60] 周强,金祝年.涂料化学[M].北京:化学工业出版社,2007.

图书在版编目（CIP）数据

生活中的化学 / 赵雷洪,竺丽英主编. —杭州：浙江
大学出版社,2010.1(2024.1 重印)
ISBN 978-7-308-07024-9

Ⅰ. 生… Ⅱ.①赵…②竺… Ⅲ. 化学—普及读物 Ⅳ.06—49

中国版本图书馆 CIP 数据核字(2009)第 161967 号

生活中的化学

赵雷洪　竺丽英　主编

责任编辑	季　峥(really@zju.edu.cn)	
封面设计	刘依群	
出版发行	浙江大学出版社	
	（杭州市天目山路 148 号　邮政编码 310007）	
	（网址：http://www.zjupress.com）	
排　　版	杭州青翊图文设计有限公司	
印　　刷	嘉兴华源印刷厂	
开　　本	787mm×960mm　1/16	
印　　张	18.5	
字　　数	279 千	
版 印 次	2010 年 1 月第 1 版　2024 年 1 月第 13 次印刷	
书　　号	ISBN 978-7-308-07024-9	
定　　价	48.00 元